高等院校经济学系列教材

博弈论
Game Theory

[新西兰] 姚顺添 编著

机械工业出版社
China Machine Press

图书在版编目（CIP）数据

博弈论 /（新西兰）姚顺添编著. -- 北京：机械工业出版社，2022.5（2024.4 重印）
高等院校经济学系列教材
ISBN 978-7-111-70512-3

I. ①博… Ⅱ. ①姚… Ⅲ. ①博弈论 - 高等学校 - 教材 Ⅳ. ①O225

中国版本图书馆CIP数据核字（2022）第057774号

北京市版权局著作权合同登记　图字：01-2021-3906号。

    本书主要是为经济学、管理学类本科生写作的博弈论导论教材。作者简明清晰地介绍了博弈论的基础理论和一般应用，涵盖了非合作博弈、合作博弈和演化博弈、零和博弈、三人博弈、混合策略、囚徒困境等经典核心的理论及案例。另外，全书逻辑严谨，选例丰富，并给出详尽的求解方法，旨在帮助学生能够更好地理解博弈论的基础内容，为他们打下扎实的基础。

    本书适合经济类、管理类本科生作为课程教材使用，也适合博弈论爱好者作为参考资料。

出版发行：机械工业出版社（北京市西城区百万庄大街22号　邮政编码：100037）
责任编辑：王洪波　　　　　　　　　　　　责任校对：殷　虹
印　　刷：北京虎彩文化传播有限公司　　　版　　次：2024年4月第1版第3次印刷
开　　本：185mm×260mm　1/16　　　　　印　　张：15
书　　号：ISBN 978-7-111-70512-3　　　　定　　价：79.00元

客服电话：(010) 88361066　68326294

版权所有·侵权必究
封底无防伪标均为盗版

作者介绍
About the Author

姚顺添：中山大学数学力学系学士和硕士，加州大学洛杉矶分校博士，曾先后任教于纽约州立大学石溪分校、暨南大学、新西兰惠灵顿维多利亚大学、新加坡南洋理工大学和厦门大学嘉庚学院。他是国际博弈论协会特邀会员（Charter Member, Game Theory Society），研究领域包括博弈论、一般均衡论、中国经济改革等。他在 *Journal of Economic Theory*、*Economic Journal*、*Games and Economic Behavior*、*Journal of Mathematical Economics* 等国际一流学术期刊上发表过32篇论文，此外他还在美国耶鲁大学著名教授马丁·舒比克（Martin Shubik）的专著中以及澳大利亚蒙纳士（Monash）大学杨小凯教授的专著中均有重要贡献。

前言 PREFACE

我1983~1987年在美国加利福尼亚大学洛杉矶分校(UCLA)读博士,其间师从劳埃德·S. 沙普利(Lloyd S. Shapley)做博弈论研究,论文题目是"论策略型市场博弈"(On Strategic Market Games)。

恩师年轻时曾在C. L. 陈纳德(C. L. Chennault)飞虎队工作,在重庆帮助中国抗日。他毕业于普林斯顿大学,先在兰德公司(Rand Cooperation)工作,后来到UCLA任教,是美国国家科学院院士。恩师在合作博弈论中贡献巨大,除了提出合作博弈的著名Shapley值解外,在匹配博弈(matching games)的研究中也取得了很多成果,他在2012年获诺贝尔经济学奖,2016年逝世。沙普利教授和耶鲁大学的马丁·舒比克(Martin Shubik)教授是挚友,他俩生前曾提及,希望我能用中文写一些介绍博弈论的读物。可以说,本书是作者在不忘他们的叮嘱和鼓励之下终于写成的。

博弈论是描述分析和研究人类社会及自然界个体理性决策和策略互动的学科。博弈论从早期讨论纸牌和棋类游戏开始,到近代讨论军事战略战术、经济行为、政治制度设计等,很多著名的学者,比如约翰·冯·诺依曼(John von Neumann)、A. W. 塔克(A. W. Tucker)、J. 纳什(J. Nash)、劳埃德·S. 沙普利(Lloyd S. Shapley)、约翰·海萨尼(John Harsanyi)等,都做出过巨大贡献。现代,由于数学方法的完善和发展,博弈论研究方法已经深入人类和自然界个体和群体互动活动的一切领域。即使想详细描述博弈论某个特定分支的历史和研究新进展,也需要一本很厚的书。本书是导论性质的,它只对博弈论的基础理论和一般应用进行简明的介绍。与国内流行的博弈论介绍性书籍相比,本书有其自身的特点:逻辑严谨,内容涵盖非合作博弈、合作博弈和演化博弈几个分支，选例丰富，讨论求解方法比较详尽。学习本书，特别是想了解书中许多有趣的案例，其起点要求并不太高；如果你能学透本书的内容，将为你进一步研究博弈论打下一个较为坚实的基础。

写作本书的时间，始于我在新加坡南洋理工大学退休后到中国厦门大学嘉庚学院任教的 2013 年。写作的过程中，作者一直得到厦门大学副校长兼嘉庚学院院长王瑞芳教授的支持和勉励。妻子姚黄凤仪在家务繁多的情况下对本人教学之余花时间写作，不但充分谅解，并且大力支持和鼓励，这是本书得以完成的重要原因之一。在美国工作的女儿和女婿也不时关心本书写作的进展情况。曾任辽宁省统计局副局长的王宏是我在新加坡南洋理工大学指导过的研究生，沈阳工业大学副校长李三喜是我的好友，他们对博弈论方法极感兴趣，曾经与本人共同探讨过许多应用问题，他们多次阅读本书草稿，提出了很多重要的修改意见。趁本书出版的机会，本人对上面提及的恩师、领导、朋友和亲人表示最诚挚的谢意。

本书的出版不由得引发我对逝去多年的父母的深切怀念与感恩之情，他们为我这个独子付出了全部的爱，但来不及等我报恩就已经仙逝。谨以此书献给父母，以表达儿子的寸草之心。

最后，希望本书能引起或加深中国读者学习博弈论的兴趣，并为他们在学习过程中提供某些帮助。

简明目录 CONTENTS

作者介绍
前言

第1章　绪论 …………………………………………………………………… 1
第2章　非合作博弈 …………………………………………………………… 11
第3章　子博弈完美均衡 ……………………………………………………… 49
第4章　博弈均衡与市场行为 ………………………………………………… 65
第5章　重复博弈 ……………………………………………………………… 83
第6章　非完整信息博弈 ……………………………………………………… 95
第7章　非完整信息博弈在信息经济学中的应用 …………………………… 115
第8章　合作博弈简介 ………………………………………………………… 149
第9章　演化博弈论简介 ……………………………………………………… 191
复习题 …………………………………………………………………………… 199
参考文献 ………………………………………………………………………… 203
本书例题、练习题索引 ………………………………………………………… 205
练习题、习题与复习题参考答案 ……………………………………………… 209

目 录
CONTENTS

作者介绍
前言
简明目录

第1章 绪论	1
1.1 博弈论的研究内容和分支	2
1.2 偏好、效用、期望效用理论简述	2
章末习题	8

第2章 非合作博弈 11
2.1 扩展型博弈 12
2.2 策略型博弈 14
2.3 二人策略型博弈纳什均衡的计算方法 22
2.4 完美信息博弈 26
2.5 练习题 31
2.6 二人零和博弈 32
附录 2A 41
章末习题 46

第3章 子博弈完美均衡 49
3.1 行为策略 49
3.2 完美记忆博弈与非完美记忆博弈 50
3.3 子博弈完美均衡 53
章末习题 62

第4章 博弈均衡与市场行为 65
4.1 寡占垄断市场的产量竞争 65
4.2 产量竞争和价格竞争博弈的一般讨论 69
4.3 超市选址和豪特林(Hotelling)问题 73
4.4 策略型市场博弈简介 77
章末习题 81

第5章 重复博弈 83
5.1 Minmax 策略与安全性 85
5.2 重复博弈的相关定义和民间定理 88

5.3 有限重复博弈 …………… 91
章末习题 ……………………… 92

第6章 非完整信息博弈 …………… 95
6.1 基本概念与简例 …………… 96
6.2 信念、序贯相容、序贯理性和序贯均衡 …………… 100
章末习题 ……………………… 111

第7章 非完整信息博弈在信息经济学中的应用 …………… 115
7.1 拍卖 ………………………… 115
7.2 保险市场 …………………… 121
7.3 委托-代理博弈 ……………… 131
7.4 不确定环境下的寡占竞争 …… 138
7.5 传信博弈（signaling games）… 143
章末习题 ……………………… 147

第8章 合作博弈简介 …………… 149
8.1 纳什议价模型 ……………… 149
8.2 效用可转移的双矩阵博弈的合作解 ………………… 157

8.3 NTU 结盟博弈 ……………… 159
8.4 婚姻博弈 …………………… 162
8.5 大学招生博弈 ……………… 166
8.6 换房子博弈 ………………… 168
8.7 效用可以转移之合作博弈（TU Games） ……………… 172
8.8 TU 合作博弈的沙普利值解 … 181
8.9 简单合作博弈（simple games）和沙普利-舒比克指数（Shapley-Shubik index） …………… 187
章末习题 ……………………… 188

第9章 演化博弈论简介 ………… 191
9.1 生物遗传机制和物种演化 …… 191
9.2 种群竞争与演化稳定策略 …… 194
章末习题 ……………………… 198

复习题 …………………………… 199
参考文献 ………………………… 203
本书例题、练习题索引 ………… 205
练习题、习题与复习题参考答案 … 209

第 1 章

绪 论

博弈论学者奥曼与哈特(Aumann & Hart，1992)指出："博弈论可以看作社会科学中涉及理性方面的一种综合全面的理论……"社会学家乔恩·艾尔斯特(Jon Elster，1982)提到："如果承认互动行为是社会生活的根本，那么博弈论为研究社会结构和社会变革提供了坚实的微观分析基础……"历史上博弈论因研究理性和互动行为而产生，同时博弈论的进展加深了人们对理性和互动行为的理解。

某些博弈论问题的研究可以追溯到很早的历史年代，这里我们仅举一些较有代表性的例子。1713 年，詹姆斯·瓦尔德格拉夫(James Waldegrave)通过纸牌游戏"绅士"(Le Her)提出了**最小最大化混合策略**(minimax mixed strategy)的概念，并把它作为这个双人博弈的解。1913 年，恩斯特·策梅洛(Ernst Zermelo)提出关于国际象棋的一个"定理"，断言博弈只有三种可能的均衡结果，即或者黑方有必胜策略，或者白方有必胜策略，或者双方有必和策略。这个定理后来被 L. 卡尔玛(L. Kalmar)证明。1928 年，约翰·冯·诺依曼(John von Neumann)证明了二人零和有限博弈的最小最大混合策略定理。1944 年，冯·诺依曼和 O. 摩根斯坦(O. Morgenstern)合著的经济学著作《博弈论与经济行为》问世，系统地讨论了非合作零和博弈与合作博弈。后来，A. W. 塔克(A. W. Tucker)、H. W. 库恩(H. W. Kuhn)、J. 纳什(J. Nash)、L. S. 沙普利(L. S. Shapley)等，各自在非合作博弈和合作博弈做出重大贡献。

本章主要讨论的是博弈中局中人的"**赢得**"[○](payoff)这个概念，它与冯·诺依

○ 目前博弈论中 payoff 也常被译为"支付"，"收益"或"损益"——编者注。

曼等人在《博弈论与经济行为》中提出的"期望效用"概念密切相关。

1.1 博弈论的研究内容和分支

博弈论研究的是多人决策问题，这里所说的"人"，指的是单个决策主体。比如经济学中所说的"经济人"，它可以代表一个消费者或一个厂商，等等。在一个博弈中，每个决策者都称为一个**局中人**（player），每个局中人决策的目的都是追求最大满足感，即最大效用。局中人之间的关系可以是竞争关系，也可以是合作关系；这里的"竞争"不必是对抗，而"合作"也不必牺牲个体利益。经济、政治、军事活动中的许多决策问题其实就是博弈问题。

研究多人决策的博弈论与研究单人决策的决策论的重要区别在于：在决策论中，当决策者的偏好和策略集合都给定时，一般就能确定决策者的**最优策略**（optimal strategy）。在博弈论中，只有在其他局中人的策略都给定的情况下，才能确定本局局中人的**最优回应**（best response）。

博弈论包含三个主要分支：**非合作博弈**（noncooperative games）、**合作博弈**（cooperative games）和**演化博弈**（evolutionary games）。前两个分支都假定局中人为**无限理性的**（rational）；第三个分支则假定局中人只有**有限理性**（bounded rationality），或者只会"在干中学"。本书主要讨论非合作博弈和合作博弈，最后也会对演化博弈论做简单介绍。

1.2 偏好、效用、期望效用理论简述

为了讲清楚**效用**（utility）与**期望效用**（expected utility）的有关概念，我们先看一个简单例子。

【例 1-1】一个工人与老板签订薪酬合约，老板提出两个方案：

方案 1：企业绩效高时月薪 10 000 元，企业绩效低时月薪为 0 元；

方案 2：不管企业绩效如何，月薪固定为 4 500 元。

假定企业绩效高或低的概率各占 50%，工人会选择哪个方案呢？

【分析】从表面看，方案 1 给予工人每月的平均薪酬为 5 000 元，高于方案 2 给予的月薪。但仔细想一下，如果工人每月的收入全靠薪酬，选择方案 1 时要冒很大的风险，因为如果企业连续几个月绩效不好，工人就没有办法维持生计。下面介绍期望效用理论可以论证：厌恶风险的工人往往宁愿选择方案 2。

1.2.1 偏好和效用

因本书以讨论经济学中的博弈论为主，我们先学习一下关于经济人决策的理论。经济人每项经济活动根据决策的不同会得到不同的结果，这些结果可以是一笔财富，也可以是一个消费篮子，等等。

假定在一定条件下，某决策者的各种决策可导出的所有结果构成集合 S，于是每个结果就是 S 的一个元素。在很多情况下，S 是某个**有限维向量空间**（finite-dimensional vector space）的一个**凸子集**（convex subset）：如果 a 和 b 都是 S 的元素，那么对任意实数 $r\in[0,1]$，$ra+(1-r)b$ 也是 S 的元素。这里 $ra+(1-r)b$ 称为 a 和 b 的一个**凸组合**（convex combination）。

作为例子，假设某消费者消费食物和衣物，S 包含的每个元素 (x,y) 都包含一定数量 x 的食物和一定数量 y 的衣物。如果 $a=(2,4)$ 和 $b=(4,2)$ 是两个消费篮子，那么 $c=0.5a+0.5b=(3,3)$ 也是一个消费篮子。

经济人如何决策依赖于他对 S 中结果的**偏好**（preference），即他比较不同结果的准则。我们通常假定决策者的偏好满足下面五个**公理**：

完全性：任给 S 的两个结果 a、b，对它来说下面三种情况有一种而且只有一种成立：① a 比 b 好；② a 和 b 一样好；③ b 比 a 好。当①或②成立时又称"a 不比 b 差"。

传递性：任给 S 的三个结果 a,b,c，如果 b 不比 a 差而 c 不比 b 差，则 c 不比 a 差。

凸性：如果 a 不比 b 差，那么 a 和 b 的任何凸组合 $ra+(1-r)b$ 也不比 b 差。

连续性：如果一个收敛序列 $\{a^{(n)}\}$ 中每一个结果都不差于 b，那么这个序列的极限 a 也不差于 b。

单调性：如果结果 a 的每个分量都不小于 b 的对应分量，那么 a 不差于 b；如果 a 的每个分量都大于 b 的对应分量，那么 a 比 b 好。

数学上可以严格证明[⊖]：当经济人的偏好满足上述五个公理时，存在一个定义在 S 上的实值递增函数 u，满足 $u(a)\geqslant u(b)$ 当且仅当 a 不比 b 差。函数 u 称为这个经济人的效用函数。于是，在其他条件相同的情况下，经济人在决策时总是追求效用最大化。

一个偏好可以用许多不同的效用函数表示，事实上，如果 u 是表示某偏好的效

⊖ 参看 Jehle & Reny 2011 年英文版 14 页定理 1.1。

用函数，那么对任何严格增函数 k，k 与 u 的复合函数也表示同样的偏好，因为 $u(a) \geqslant u(b) \Leftrightarrow k(u(a)) \geqslant k(u(b))$。[1] 作为例子，如果函数 u 表示某个经济人的偏好，那么函数 $v = u^3$ 也表示同一偏好。

1.2.2 不确定性与期望效用

当经济环境有**不确定性**(uncertainty)时，经济人决策的结果可能也不确定。可以证明，在满足某些一般条件之下，经济人在不确定环境下的决策行为可以用**期望效用最大化**(maximization of expected utility)加以解析。

如果决策在经济环境的几个不同状态下得出几个不同结果 a，b，$\cdots$，设这些不同状态发生的概率分别是 p，q，$\cdots$，那么得到的**期望效用**[2]就是 $U = pu(a) + qu(b) + \cdots$

特别地，如果经济人在不同环境状态下得到的是不同数量的财富，比如说金钱的数量是随机变量 X，它的分布函数是 F，那么经济人的期望效用就是[3]

$$U(F) = \int u(x) \mathrm{d}F(x)$$

这里 $u(x)$ 是一定数量的金钱 x 给他的效用，$u(x)$ 叫作伯努利(Bernoulli)效用函数，U 叫作冯·诺依曼-摩根斯坦(von Neumann-Morgenstern)期望效用函数。

定义 1-1 我们通常把上文中的金钱随机变量连同其分布函数 (X, F) 叫作**彩票**(lottery)，这张彩票的**期望值**(expected value)是固定数量的金钱，定义为：

$$E(X) = \int x \mathrm{d}F(x)$$

定义 1-2 一张彩票 (X, F) 是**非退化的**(non-degenerate)，如果 X 至少在两个不同状态下给出不同数量的金钱。如果任何非退化的彩票 (X, F) 对某经济人都有 $u(E(X)) > U(F)$，即他总是喜欢彩票期望值甚于彩票本身，就称他是**风险厌恶的** (risk averse)；如果任何彩票 (X, F) 对这个经济人都有 $u(E(X)) = U(F)$，即他觉得彩票本身和彩票的期望值一样好，就称他是**风险中性的**(risk neutral)；如果任何非退化的彩票 (X, F) 对这个经济人都有 $u(E(X)) < U(F)$，即他总是喜欢彩票本身甚于彩票的期望值，就称他是**风险偏好的**(risk loving)。

---

[1] ⇔表示两边的式子互相蕴含或等价。
[2] 参看 Jehle & Reny 2011 年英文版 2.4 节。
[3] 本书的数学符号在行文内一般用正体英文和希腊字母，在方程式或公式中一般用斜体字母，但偶有例外。好在连贯前后文阅读不会引起误解。

风险厌恶的经济人其伯努利效用函数是**凹函数**(concave functions)，风险中性的经济人其伯努利效用函数是**线性函数**，风险偏好的经济人其伯努利效用函数是**凸函数**(convex functions)。

表示一个不确定环境下对彩票的偏好可以有很多不同的期望效用函数，它们分别对应于不同的伯努利效用函数。事实上，如果 u 是表示这个偏好的期望效用 U 的伯努利效用函数，那么对任何正实数 α 和任何实数 β，$v=\alpha u+\beta$ 也是表示同样偏好的伯努利效用函数，相应的期望效用 V 满足：$V(L)=\alpha U(L)+\beta$。⊖

注意：在没有不确定性的经济环境下，表示偏好的效用函数是**序数性的**(ordinal)，它只表明某个经济人对不同市场篮子排列的好坏顺序。正因如此，把效用函数 u 复合上一个严格递增函数，复合函数依然表示同一偏好(比如 $v=u^3$)。

另一方面，在有不确定性的经济环境下，表示偏好的伯努利效用函数是**基数性的**(cardinal)，它不单表示出不同经济结果的好坏顺序，同时还表示出不同结果的好坏相差多少。特别是，如果两个伯努利效用函数 u、v 表示同一偏好，那么对于三个不同的经济结果 w_1、w_2、w_3，有：$u(w_1)-u(w_2)=u(w_2)-u(w_3)$；当且仅当 $v(w_1)-v(w_2)=v(w_2)-v(w_3)$。

作为例子，我们说明，在有不确定性的经济环境之下，伯努利效用函数 $u=w^{1/2}$ 和伯努利效用函数 $v=u^3=w^{3/2}$ 事实上代表完全不同的偏好。我们来比较下面两个结果。

$A=$ 得到 2 美元，$L=$ 得到 0 美元或 4 美元机会各一半。

按照期望效用 U，有 $U(A)=\sqrt{2}$，$U(L)=1$，所以经济人选 A；按照期望效用 V，有 $V(A)=2\sqrt{2}$，$V(L)=4$，所以经济人选 L。聪明的读者应该都知道，u 表示一个厌恶风险的偏好，而 v 表示一个喜好风险的偏好！

定义 1-3 博弈论中在每个博弈结果处每个局中人的**赢得**(payoff)，指的就是他在这个结果得到的效用或期望效用。

下面我们通过一系列练习题复习本节的相关概念。

练习题 1-1 假设有男女两个局中人，两个局中人 1 和 2 各把 1 美元放在台面作为押注。局中人 1 从一副洗匀的扑克牌中抽取一张，私下看过牌的颜色后，决定加注(raise)1 美元或者立即开牌(fold)；如果他立即开牌，当他的牌是红牌时，就把台面上的钱全部拿走，而当他的牌是黑牌时，台面上的钱归局中人 2 所有。如果

⊖ 可以证明，伯努利效用函数 u、v 导出有不确定性的经济环境下的同一偏好，当且仅当存在实数 $\alpha>0$ 和实数 β 使得 $v=\alpha u+\beta$。

局中人 1 加注 1 美元, 局中人 2 可以选择跟进 (meet, 也加注 1 美元) 或者认输 (pass): 如果她跟进, 局中人 1 必须立即开牌, 红牌时他把台面上的钱全部拿走, 黑牌时台面上的钱归局中人 2 所有; 如果她认输, 台面上的钱全部归局中人 1, 不管他的牌是红或黑。

【分析】 我们用图 1-1 说明练习题 1-1 的博弈过程。

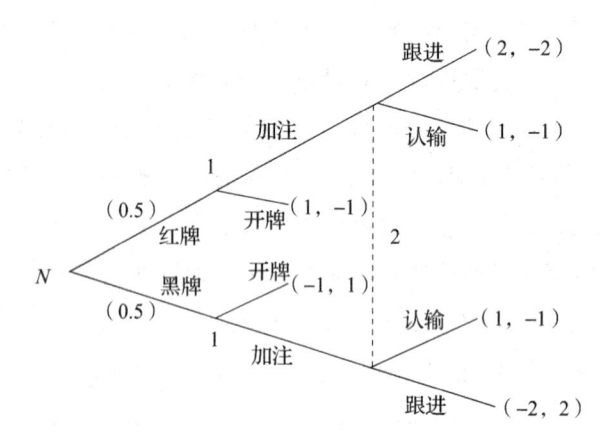

图 1-1 两个局中人的博弈过程

因局中人 1 随机抽出的牌颜色是红是黑概率各占 0.5, 图中把颜色当作**自然界** (N) 的选择。局中人 1 看牌后可以根据颜色的不同选择**加注**或**开牌**; 对应于这两种情况, 局中人 1 分别有上下两个不同的**决策节点** (decision nodes): 上面的节点表示他得到红牌, 下面的节点表示他得到黑牌。当局中人 1 选择开牌时, 博弈结束, 局中人 2 没有机会决策; 当局中人 1 选择加注时, 局中人 2 也有上下两个决策节点, 分别对应于局中人 1 手中的牌是红色和黑色。因为局中人 2 不知道局中人 1 手中牌的颜色, 所以局中人 2 不知道自己是在上面的节点决策还是在下面的节点决策; 正因如此, 这两个节点一起用虚线连接起来, 构成她唯一一个**信息集** (information set)。○

注意图 1-1 中我们把每个结果中每个局中人净赢的钱直接作为赢得向量的分量, 这是假定了各人的效用都是财富的线性函数, 即各人都是风险中性的。在一般的情况下, 如果 u、v 分别是局中人 1 和 2 的依赖于总财富的效用函数, 如果 W_1、W_2 分别是他们博弈前的总财富, 那么图 1-1 中的赢得向量 $(2, -2)$ 就须改为 $(u(W_1+2), u(W_2-2))$, 等等。

假设 1 的策略是: 红牌加注, 黑牌开牌; 同时假定 2 的策略是 (在 1 加注时)

○ 有些书把同一信息集的所有节点用封闭的虚线边界围起来, 英文称为 balloons (气球); 我们为作图简便, 单点信息集不再用虚线包围, 多点信息集则用虚线连接内中所有的节点。

跟进。于是在一般效用函数的情况下，期望赢得向量是：$0.5(u(W_1+2), v(W_2-2))+0.5(u(W_1-1), v(W_2+1))$。

特别地，当双方都是风险中性时，期望赢得向量**经过线性变换**总可以表示为 $(0.5, -0.5)$。[注]

练习题 1-2 我们来看"1.2 偏好、效用、期望效用理论简述"中提及的工人薪酬问题。

【分析】假定工人的效用函数是 $u(W)=W^{1/2}$。W 是以元为单位的月收入。倘若工人选择方案 1，所得期望效用为 $0.5(10\,000^{1/2})+0.5(0^{1/2})=50$；如果工人选择方案 2，所得效用是 $4\,500^{1/2}=67.082$。显而易见，他应该选择方案 2。

练习题 1-3 薇姬即将从加利福尼亚大学洛杉矶分校毕业，她决定报考博士研究生。如果她读理科，将来一生净收入的贴现值为 4 百万美元。如果她读法律，将来她可能成为律师事务所的普通文书，也可能成为知名律师，一生净收入的贴现值分别是为 2.25 百万美元和 36 百万美元，相应的概率各为 0.9 和 0.1。薇姬的效用函数是 $u(W)=W^{1/2}$（W 是以百万美元为单位的财富）；如果她自己决策，她会如何决定？如果洛杉矶有人用数学能准确预言薇姬读法律后到底是能成为普通文书还是知名律师。薇姬应该最高愿意付多少钱找他占卜？

【分析】如果薇姬自己决策，读理科时她得到的效用是 $4^{1/2}=2$；读法律时，她得到的期望效用是 $0.9\times(2.25^{1/2})+0.1\times(36^{1/2})=1.95$；所以她会读理科。如果请人预测并告诉她读法律将来只能当文书时（概率 0.9）她就读理科；如果读法律将来能成为知名律师时（概率 0.1）她就读法律。假设费用为 f 百万美元，这时她的期望效用为：$0.9(4-f)^{1/2}+0.1(36-f)^{1/2}$。当且仅当 $0.9(4-f)^{1/2}+0.1(36-f)^{1/2}>2$ 时，（即只要 $f<1.53$ 时！）薇姬就会去请人预测。

这个例子虽然是虚构的，但从中可以看到信息对决策的重大影响。

练习题 1-4 一个老婆婆从超市买了 24 个鸡蛋回家。因为结冰路面很滑，她走一趟在路上滑倒把鸡蛋全部打碎的概率是 0.5。假设滑倒时不会造成其他伤害，且老婆婆不在乎走一趟还是两趟，她应该一趟把全部鸡蛋拿回家还是应该分两趟？

【分析】假设老婆婆厌恶风险，她的效用函数 u 是严格凹函数的。走一趟时她的期望效用是：

[注] 这个例子将在 2.1 节继续讨论。

$$U_1 = 0.5u(12) + 0.5u(0)$$

走两趟时她的"财富"可用下面的复合彩票树形图（见图 1-2）来表示：从左往右看树形图，第一个节点表示老婆婆第一轮捧着 6 个鸡蛋走回家，如果没跌倒，到家时有 6 个鸡蛋；如果跌倒，到家时只有 0 个鸡蛋。再往右看，上下两个节点各表示第一轮得到不同结果后，老婆婆第二轮捧另外 6 个鸡蛋回家的情况。括号内的数字是事件发生的概率。节点上的数字分别表示各种情况下老婆婆最终得到的鸡蛋数目。

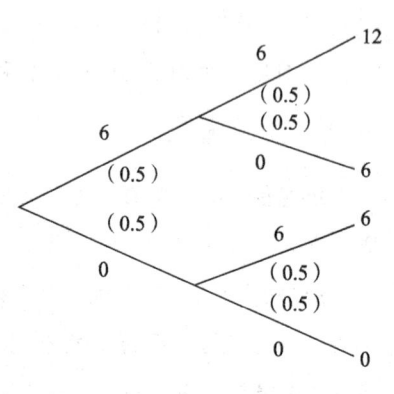

图 1-2 复合彩票树形图

斜向上的短线表示"没跌倒"，斜向下的短线表示"跌倒"，相应的概率都是 0.5，而每条路径出现的概率都是 0.25。于是她的期望效用是：

$$U_2 = 0.25u(12) + 9.5u(6) + 0.25u(0)$$

由计算以及 u 的严格凹性质：

$$U_2 - U_1 = 0.5[u(6) - (0.5u(12) + 0.5u(0))] > 0 \ominus$$

即老婆婆应该走两趟。

■ 章末习题

习题 1-1 在公牛对湖人的篮球决赛前夕，马可押注 10 000 美元赌湖人赢，当时的赔率为 1:1。马可的总财富为 80 000 美元，他的效用函数是财富的对数函数。这样下注表明他相信湖人赢的概率至少有多大？

习题 1-2 假设 $f(x)$ 是定义在区间 $[a, b]$ 上的非负函数（概率密度），$u(x)$ 是定义在 $(-\infty, +\infty)$ 上的严格凹函数（效用函数）。证明 Jensen 不等式：

$$\int_a^b u(x) f(x) \mathrm{d}x < u\left(\int_a^b x f(x) \mathrm{d}x \right)$$

习题 1-3 娜拉打算花 10 000 美元做环球旅行。旅游的效用函数是花费的对数函数。如果在旅游途中她有 25% 的可能性被偷走 3 600 美元；而一家保险公司承诺向娜拉提供公平的旅游财产损失保险（保险金是 900 美元，保额是 3 600 美元）。试证明娜拉买旅游保险会提高旅游得到的期望效用。另外，请计算倘若保险计划是不公平的，娜拉愿意支付的最高保险金是多少？

⊖ 注意彩票(12, 0; 0.5, 0.5)的期望值是 6；按风险厌恶定义，老婆婆喜欢无风险的期望值甚于有风险的彩票本身。

习题1-4　一个农场主认为下个种植季节有可能是个多雨季节,也可能是个正常季节。假设农场主的期望效用是$U=\ln(Y_{NR})+\ln(Y_R)$,其中Y_{NR}、Y_R分别是他在正常季节与多雨季节的农产品收入。

(1) 假定农场主只能种植小麦或玉米两种之一,相应的收入由表1-1给出:

表1-1　农场主种植不同作物相应的收入　　　(单位:美元)

作物	Y_{NR}	Y_R
小麦	28 000	10 000
玉米	15 000	19 000

他应该如何决策?

(2) 如果农场主可以一半耕地种小麦,另一半种玉米。他会那样做吗?

(3) 如何划分耕地种两种作物可以让农场主的期望效用最大化?

(4) 如果保险公司愿意对只种小麦的农场提供收成保险,保险金是4 000美元,保额是8 000美元。农场主会全部种小麦吗?

第 2 章

非合作博弈

非合作博弈(noncooperative games)指的是每个局中人在决策过程中不与其他局中人协调或合作，各自追求自己最高赢得结果的博弈。最典型的例子就是象棋、"石头—布—剪刀"这类游戏。早在古罗马和古希腊时代，一种最简单的叫作 morra 的"手指博弈"就非常流行。即使到现在，成人之间在工作之余也还在玩这种游戏（见图 2-1）[⊖]。

图 2-1 手指博弈

Morra 最简单的版本叫作**"奇或偶"**；两个局中人同时伸出 1 根手指或 2 根手指，如果手指总数为奇数则一个局中人赢，如果手指总数为偶数，则另一个局中人赢。输者必须向赢者支付一笔钱，其数目正比于手指的总数。显然，无论你伸出 1

⊖ 图片来自英文维基百科：https://en.wikipedia.org/wiki/Morra(game)。

根手指还是 2 根手指,你都不能保证必赢。用博弈论的语言来说,这叫作任何一个局中人都没有必胜的"纯策略",这与棋类游戏很不相同。○而人们正是在反复玩这类游戏的过程中,发现了"混合策略"的概念。我们下面将花较大篇幅讨论"奇或偶"这个博弈。

非合作博弈可用两种不同形式展示,分别叫作**扩展型**和**策略型**。

2.1 扩展型博弈

以**博弈树**(game trees)展示的博弈就叫作它的**扩展型博弈**(games in extensive form)。扩展型博弈的优点是直观详尽,表明了参与博弈的每个局中人及其参与博弈的次序、行动(着)的选择、博弈路径和相应的博弈结果。一言以蔽之,扩展型博弈表现了博弈的整个动态过程。

2.1.1 博弈树

博弈树包含一个**节点集** P 和一个**有向线段集** E。P 中每个节点或者是 E 中某些有向线段的**前端点**,或者是 E 中某条有向线段的**后端点**,或者同时"身兼二职"。每条有向线段的两个端点都是 P 中的节点。节点中有唯一一个不充当任何有向线段终点者,它称为**博弈始点**(starting node);节点中只充当有向线段终点者,每个都叫**博弈终点**(terminal nodes)。

在第 1 章的练习题 1-1 中,节点集包含共 11 个节点和 10 条有向线段;博弈始点标以 N(自然界),6 个博弈终点上每个都标出相应的**赢得向量**(payoff vectors)。

今后在没有特别说明的情况下,我们约定赢得向量的每个分量都是该局中人在相应结果中得到的效用。用数学语言描述是:一个扩展型博弈可以表示为 $T = [P, E, V]$,其中 P 是节点集,E 是有向线段集,V 是赢得向量集。

2.1.2 节点集的划分

节点集可以划分成互不相交的一些子集,比如**机会节点**○(chance nodes)子集、**决策节点**(decision nodes)子集和博弈终点子集,其中决策节点子集还可以按属于不同的局中人进一步划分。在上题中,属于局中人 1 的决策节点子集包含两个节点,

---

○ 正因为简单的一阶段游戏不存在必胜纯策略,这些游戏才能一直流传至今。
○ 自然界(N)做选择的节点称为机会节点。

属于局中人 2 的决策节点子集也包含两个节点，不同之处在于局中人 1 能够区分他的两个节点，而局中人 2 却无法区分她那两个节点。同一个局中人不能区分的那些决策节点构成他（她）的一个**信息集**（information set）。因此，局中人 1 有两个信息集，每个都是单点集；局中人 2 只有一个信息集，是个双点集。当一个信息集包含多个节点时，我们用虚线把这些节点连接起来。

2.1.3 信息集与（纯）策略

信息集是局中人决策的地点所在。每个信息集中每个节点都是相同数目的有向线段的前端点，每条有向线段代表局中人在该信息集选择的一**着**（move, action）。一个局中人在他的每个信息集都选定一着，这就给出他的一个（**纯**）**策略**（pure strategy）。局中人选定的策略是他参与博弈的一个完整计划。在练习题 1-1 中，局中人 1 有两个信息集，分别对应于红牌和黑牌；他在每个信息集上都可以选择开牌或加注两个不同的着之一，所以他共有 4 个不同的策略：**开牌-开牌，开牌-加注，加注-开牌，加注-加注**。每个策略前半部分是得到红牌时的决策，后半部分是得到黑牌时的决策。另一方面，局中人 2 只有一个信息集，她在此选的每一着就是一个策略，所以有 2 个策略：**跟进**和**认输**。

2.1.4 策略组合

如果每个局中人都选定一个策略，我们就得出一个（**纯**）**策略组合**（pure strategy profile）。给出一个策略组合，加上自然界在机会节点上的随机选择，就得到连接博弈始点和某些博弈终点的一条或多条**路径**（paths）。这些路径表明博弈的进行过程和结果，人们可以据此算出各局中人的赢得或期望赢得。

在练习题 1-1 中，假设局中人 1 的策略是加注-加注，假设局中人 2 的策略是跟进；这时依照自然界的随机选择，得出两条路径：①N-红牌-1 的上节点-加注-2 的上节点-跟进-赢得向量$(2, -2)$；②N-黑牌-1 的下节点-加注-2 的下节点-跟进-赢得向量$(-2, 2)$。这两条路径各以概率 0.5 出现，所以策略组合〈加注-加注，跟进〉相应的期望赢得向量为：

$$0.5(2, -2) + 0.5(-2, 2) = (0, 0)$$

附注：今后在博弈树中，我们用粗线条（或双线条）表示各局中人在每个信息集选定的着。比如，图 2-2 表示出练习题 1-1 中局中人选定的策略组合〈加注-加注，跟进〉。

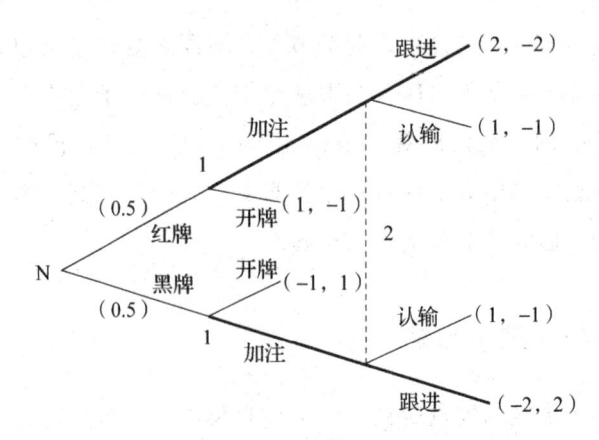

```
            跟进 (2, -2)
         加注
            认输 (1, -1)
       1
  (0.5)    开牌 (1, -1)
      红牌          2
N
      黑牌    开牌 (-1, 1)
  (0.5)            认输 (1, -1)
       1
         加注
            跟进 (-2, 2)
```

图 2-2　练习题 1-1 中局中人选定的策略组合

2.2 策略型博弈

忽略了扩展型博弈的动态过程，只考虑博弈中局中人集合、每个局中人的策略集合，以及对应于每个策略组合的赢得或期望赢得，就得出博弈的**策略型**（strategic form）。

在练习题 1-1 中，局中人 1 有 4 个策略，局中人 2 有 2 个策略。把局中人 1 的策略排在左边一列，把局中人 2 的策略排在首行；局中人 1 的第 i 个策略与局中人 2 的第 j 个策略形成的策略组合导出的期望赢得向量就可以放置在一个 4×2 双矩阵的 (i,j) 位置上，如图 2-3 所示。

1\2	跟进	认输
开牌 – 开牌	0, 0	0, 0
开牌 – 加注	-0.5, 0.5	1, -1
加注 – 开牌	0.5, -0.5	0, 0
加注 – 加注	0, 0	1, -1

图 2-3　练习题 1-1 中局中人的策略型博弈组合

这个博弈的求解略为复杂，我们在"2.3 二人策略型博弈纳什均衡的计算方法"再继续讨论。

2.2.1 策略型博弈与纳什均衡

我们先介绍一下策略型博弈与纳什均衡的概念。

定义 2-1　一个策略型博弈 $G=[P,S,\pi]$ 由局中人集合 $P=\{1,\cdots,i,\cdots,$

$n\}$,纯策略组合 $S=S^1\times\cdots\times S^i\times\cdots\times S^n$,以及赢得向量值函数 $\pi(s)=(\pi^1(s),\cdots,\pi^i(s),\cdots,\pi^n(s))$ 表示。其中,S^i 表示局中人 i 的纯策略集合,π^i 表示局中人 i 的(期望)赢得函数,$s=\langle s^1,\cdots,s^i,\cdots,s^n\rangle$ 表示一个选定的纯策略组合。

定义 2-2 一个策略组合叫作一个**纳什均衡**(Nash Equilibrium),如果每个人选定的策略刚好是其他人选定策略的最优反应,即在其他人选定的策略之下,每个人选定的策略使得他的(期望)赢得最大化。

用数学语言描述,一个策略组合 $s^*=\langle s^{*1},\cdots,s^{*i},\cdots,s^{*n}\rangle$ 叫作博弈的一个纳什均衡,当且仅当对每个 i 和每个 $s^i\in S^i$,都有 $\pi^i(s^*)\geqslant\pi^i(s^*|s^i)$。这里 $s^*|s^i$ 表示所有其他人继续采用 s^* 中的策略,而局中人 i 则从 s^{*i} 偏离到 s^i。

【例 2-1】 波音(B)和空中客车(A)同时决定是否生产自己的一种新型客机。他们的决策与相应的预期利润由下面的博弈树和双矩阵表示(见图 2-4)。

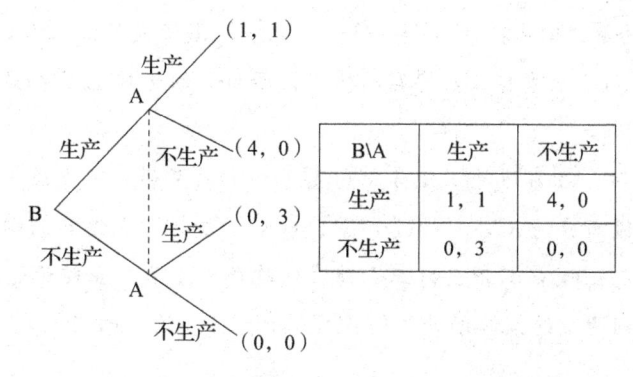

图 2-4 波音和空中客车的决策与相应的预期利润

【分析】 波音的纯策略集合是{生产,不生产},空中客车的纯策略集合是{生产,不生产}。容易验证,当波音选择"生产"时,空中客车选择"生产"(赢得为 1)比选择"不生产"要好(赢得为 0);反之,当空中客车选择"生产"时,波音选择"生产"(赢得为 1)比选择"不生产"要好(赢得为 0)。因此"生产"与"生产"互为最优回应;于是〈生产,生产〉是一个纯策略纳什均衡。

一个扩展型博弈可以是**有完美记忆**的(with perfect recall),即如果每个局中人在任何时刻都不会忘记以前各局中人选过的着以及自然界做过的选择。第 3 章我们会进一步讨论有完美记忆和没有完美记忆的扩展型博弈的区别。可以证明,有完美记忆的博弈都可以转化成策略型,而这个策略型博弈的纳什均衡就叫作原来扩展型博弈的纳什均衡。

【例2-2】我们来看下面的三人博弈(见图2-5)。

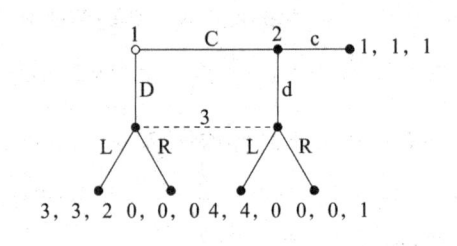

3 plays L

1\2	c	d
C	1, 1, 1	4, 4, 0
D	3, 3, 2	3, 3, 2

3 plays R

1\2	c	d
C	1, 1, 1	0, 0, 1
D	0, 0, 0	0, 0, 0

图 2-5 三人博弈

【分析】当3选定L时,在左边的三矩阵中留意1和2的赢得,可发现1和2的二人博弈有两个互为最优回应:⟨C, d⟩、⟨D, c⟩。⟨C, d⟩不支持三人博弈的均衡,因为3会转而选择R;⟨D, c⟩支持三人博弈的均衡,因为3的选择L已经是⟨D, c⟩的最优回应。

当3选定R时,在右边的三矩阵中留意1和2的赢得,可发现1和2的二人博弈有两个互为最优回应:⟨C, c⟩、⟨D, d⟩。⟨C, c⟩支持三人博弈的均衡,因为R已经是3的最优回应;⟨D, d⟩不支持三人博弈的均衡,因为3会转而选择L。

最终我们得到两个纯策略纳什均衡:⟨D, c, L⟩、⟨C, c, R⟩。

2.2.2 混合策略均衡

一个博弈不一定有纯策略纳什均衡,而如果有,也可能不唯一。用数学语言来说,即不能保证博弈问题解的存在性和唯一性。本小节将引进**混合策略**(mixed strategy)纳什均衡的概念,以解决存在性问题。先来看一个例子。

【例2-3】一个女孩(G)和一个男孩(B)玩**奇或偶**游戏,两人可以同时伸出1根手指或2根手指:如果手指总数为奇数则女孩赢,如果手指总数为偶数则男孩赢,输者付给赢者的钱以美元计算等于手指的总数。

【分析】这个博弈的扩展型和策略型如图2-6所示。

很明显,这个博弈不存在纯策略纳什均衡。现在设想两人反复玩这个游戏。站在女孩的角度考虑问题:如果她每次都伸出1根手指,当男孩发觉后他会每次都伸出1根手指,那么她每次都输2美元;如果她每次都伸出2根手指,当男孩发觉后他会每次都伸出2根手指，那么她每次都输4美元。女孩可以采用随机策略，比如她每次随机伸出1根手指或2根手指，让概率各为0.5；这时在男孩伸出1根手指时，她每次的期望赢得是0.5美元，而男孩伸出2根手指时她每次的期望赢得是−0.5美元，这比她每次使用同样的纯策略好得多。实际上女孩有更好的随机策略：每次随机伸出1根手指或2根手指，概率各为7/12和5/12，这时无论男孩如何应对，她每次的期望赢得都是1/12。在一次博弈中，女孩的上述随机策略(0.5, 0.5)和(7/12, 5/12)等叫作**混合策略**。

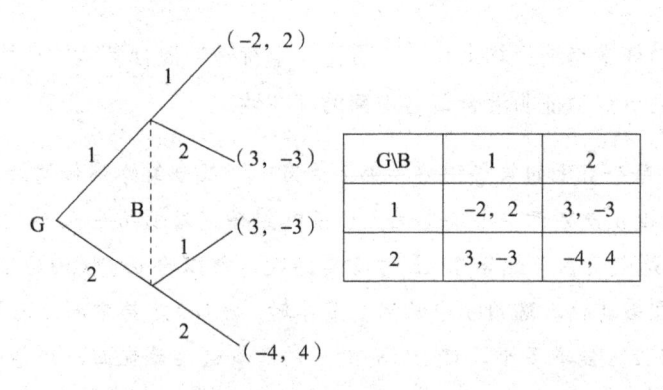

G\B	1	2
1	−2, 2	3, −3
2	3, −3	−4, 4

图 2-6 男孩和女孩博弈的扩展型和策略型

定义 2-3 局中人 i 一个混合策略 σ^i 就是定义在纯策略集合 S^i 上的一个**概率密度函数**。通常以 Σ^i 来记 i 的**混合策略集合**。当每个局中人各自选定一个混合策略时，就得到一个**混合策略组合**(mixed strategy profile) $\sigma \equiv (\sigma^1, \cdots, \sigma^n)$。这时每个局中人 i 的期望赢得 $\pi^i(\sigma)$ 就按照相应的概率密度函数来计算。特别是，以 $\sigma^i = (x, y, \cdots)$ 表示 i 的一个混合策略，其中 $x, y, \cdots$ 分别是局中人使用纯策略 s_1, s_2 等的概率，而记其他局中人使用的策略为 σ^{-i}；那么 i 的期望赢得是：

$$\pi^i(s_i, \sigma^{-i}) = x\pi^i(s_1, \sigma^{-i}) + y\pi^i(s_2, \sigma^{-i}) + \cdots$$

注意，一个纯策略也可以看作一个特殊的混合策略。又从期望赢得的定义直接知道，当对手的策略给定时，某局中人采用混合策略时所得到的期望赢得不会超过他采用最优回应纯策略时得到的(期望)赢得。

当一个博弈的局中人数目有限而每人的纯策略数目有限时，称它为有限博弈。注意，包含两个以上纯策略的纯策略集合是**非凸的**(non-convex)，而混合策略集合总是**凸集合**(convex set)。特别是在有限博弈中，混合策略集合都是**紧致凸集**⊖(compact

---

⊖ 有限维欧氏空间的有界闭集具有如下性质：集合中每个无限序列都有在该集合内收敛的子序列，这个性质称为序列紧致性。

convex set)。下面将看到，混合策略集的凸性和紧致性保证了混合策略均衡的存在性。

定义 2-4 在 n 人博弈中，以 Σ^i 表示局中人 i 的混合策略集合，以 π^i 表示局中人 i 的期望赢得函数。那么一个混合策略组合 $\sigma^* \equiv (\sigma^{*1}, \cdots, \sigma^{*n}) \in (\Sigma^1 \times \cdots \times \Sigma^n) \equiv \Sigma$ 叫作博弈的一个**混合策略纳什均衡**，当且仅当对每个 i 和每个 $\sigma^i \in \Sigma^i$，都有 $\pi^i(\sigma^*) \geqslant \pi^i(\sigma^* | \sigma^i)$。这里 $\sigma^* | \sigma^i$ 表示所有其他人继续采用 σ^* 中的混合策略，而局中人 i 则从 σ^{*i} 偏离到 σ^i。

注意，一个纯策略纳什均衡也可以看作一个特殊的混合策略纳什均衡。

下面用不动点定理证明混合策略均衡的存在性。

定理 2-1 每个有限的策略型博弈都至少有一个混合策略纳什均衡。

【证明】假设 σ 是任意一个给定的混合策略组合。考虑局中人 i。因为 $\pi^i(\sigma | \tau^i)$ 作为 τ^i 的函数是定义在紧致集 Σ^i 上的连续函数，所以存在 $\beta^i(\sigma) \in \Sigma^i$ 使得这个函数取最大值，即当其他人选用 σ 中的混合策略时，$\beta^i(\sigma)$ 是局中人 i 的最优回应。注意，i 的最优回应可能有多个，记 $B^i(\sigma)$ 为 i 的所有这些最优回应的集合。根据期望赢得的定义知道是 Σ^i 的非空的闭的凸子集，因而是非空的紧致凸集。让 i 跑遍 $1, \cdots, n$，得到 $B(\sigma) = B^1(\sigma) \times \cdots \times B^n(\sigma) \subseteq \Sigma$。根据 Berge 的最大值定理，上面定义在 Σ 上的把 σ 映射为 $B(\sigma)$ 的对应是上半连续的，又因为影像 $B(\sigma)$ 总是非空的紧致凸集；根据 Kakutani 不动点定理，这个对应存在至少一个不动点 $\sigma^* \in B(\sigma^*)$，容易验证 σ^* 就是一个混合策略纳什均衡。

推论 2-1 每个有完美记忆的有限扩展型博弈至少有一个混合策略纳什均衡。

【例 2-3】（续）继续讨论例 2-3。在上面的讨论中已知女孩使用混合策略 $(p, 1-p) = (7/12, 5/12)$ 时，无论男孩伸出 1 根手指还是 2 根手指，他的期望赢得都是 $-1/12$。**于是，当女孩采用混合策略 $(7/12, 5/12)$ 时，男孩的任意一个纯策略或混合策略都是他的最优回应**。另一方面，也可以计算男孩的一个混合策略 $(q, 1-q)$，使得女孩无论选用什么策略她的期望赢得都相同：$-2q + 3(1-q) = 3q - 4(1-q)$，这时恰好也有 $q = 7/12$，而女孩的期望赢得总是 $1/12$。也就是说，**当男孩采用混合策略 $(7/12, 5/12)$ 时，女孩的任一个纯策略或混合策略都是她的最优回应**，最终得出这个博弈的混合策略纳什均衡：$\langle (7/12, 5/12), (7/12, 5/12) \rangle$。

2.2.3 计算混合策略均衡的程序

下面说明计算混合策略的程序，我们可以称之为"等期望赢得原则"（equalizing criterion)，或称为"均等化原则"。

命题 2-1 假设 σ^* 是一个有限博弈的混合策略纳什均衡，对于每个 i，以 σ^{*-i} 表示 i 以外所有其他人的策略选择。那么，σ^{*i} 中每个以正概率使用的纯策略都是 i 的一个最优回应。

【证明】 如果 i 的某个纯策略 s^i 在 σ^{*i} 中以正概率 p 出现而 $\pi^i(\sigma^*|s^i) < \pi^i(\sigma^*)$，那么以 i 对 σ^{*-i} 的最优回应纯策略取代 σ^{*i} 中的 s^i 后，i 的期望赢得就会增大。因此得出矛盾。

【例 2-4】 作为命题 2-1 的应用的一个说明，我们来考察石头(S)—布(P)—剪刀(Sc.)博弈。它的博弈树和策略型如图 2-7 所示。

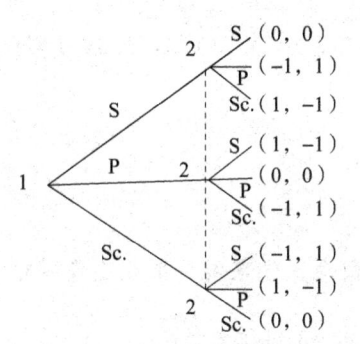

1\2	S	P	Sc.
S	0, 0	-1, 1	1, -1
P	1, -1	0, 0	-1, 1
Sc.	-1, 1	1, -1	0, 0

图 2-7 石头(S)—布(P)—剪刀(Sc.)博弈的博弈树和策略型

我们来验证这个博弈没有纯策略纳什均衡，为此只需先验证不存在局中人 1 选用纯策略 S 支持的纳什均衡。实际上，当局中人 1 选用 S 时，局中人 2 的最优回应为 P；而当局中人 2 选定 p 时，S 却不是局中人 1 的最优回应。因此不存在局中人 1 选用 S 的纯策略均衡。由于博弈对局中人和纯策略的对称性质，它不存在任何人选用任何纯策略所支持的纳什均衡。

我们把只混合两个纯策略的混合策略称为**二元混合策略**(two way mixed strategy)。现在再证石头-布-剪刀博弈不存在二元混合策略纳什均衡。先来验证包含 S 和 P 的二元混合策略不支持纳什均衡。假设局中人 1 选用混合 S 和 P 的二元混合策略：从上边的双矩阵可以看到，对局中人 2 而言，纯策略 S 总劣于 P，[⊖] 因此局中人 2 的最优回应就不会把 s 混合进去。但当局中人 2 的策略不包含 s 时，局中人 1 的纯策略 P 就劣于 Sc.，因而局中人 1 的最优回应就不应混合进纯策略 P。因此不存在局中人 1 只混合 S 和 P 的二元混合策略所支持的纳什均衡。由于这个博弈对局中人和策

⊖ 意指无论局中人 1 使用 S 或 P 时，对局中人 2 而言 s 导致的赢得都小于 p 导致的赢得。

略的对称性，不存在任何人选用任何二元混合策略所支持的纳什均衡。

根据前面两段讨论，这个博弈的纳什均衡中每个局中人采用的只能是**三元混合策略**(three way mixed strategy)，或称**完全混合策略**[⊖](completely mixed strategy)。以(x,y,z)记局中人1的三元混合策略，根据命题2-1，它应该使局中人2使用每个纯策略时导致相等的期望赢得：

$$\begin{cases} 0x-y+z=x+0y-z \\ x+0y-z=-x+y+0z \\ x+y+z=1 \end{cases}$$

由上面的方程组容易解出$x=y=z=1/3$。同理可知，局中人2使用相同的混合策略$(u,v,w)=(1/3,1/3,1/3)$。

这个博弈唯一的纳什均衡是$\langle(1/3,1/3,1/3),(1/3,1/3,1/3)\rangle$，相应的期望赢得向量为$(0,0)$。

2.2.4 优策略与劣策略

我们将引进策略间的"优"和"劣"概念，先来看一个双矩阵博弈[⊖]例子。

【例2-5】考察下面的策略型博弈，如图2-8所示。

1\2	t_1	t_2	t_3	t_4
s_1	-11, -19.4	5, 2, 4	35, -23, 4	41.2, 0
s_2	0, 44.4	0, 48	0, -3.6	0, 0

图2-8 策略型博弈

留意局中人2的四个纯策略，比较t_1与t_2，不难发现无论局中人1选用s_1或s_2，对局中人2来说，t_1导致的赢得总小于t_2导致的赢得。鉴于此，我们称t_2优于t_1，进一步可以发现，t_2实际上也优于t_3和t_4。

定义2-5 比较局中人i的两个纯策略s_1^i与s_2^i：如果对其他人选定的每个策略组合t^{-i}都有

$\pi^i(s_1^i,t^{-i})\leqslant\pi^i(s_2^i,t^{-i})$，则称$s_1^i$为**相对劣策略**(weakly dominated strategy)，或称s_2^i相对优于s_1^i；如果对其他人选定的每个策略组合t^{-i}都有$\pi^i(s_1^i,t^{-i})<$

⊖ 即在混合策略中每个纯策略都被以正概率随机使用。
⊖ 参阅David Kreps(1990)，第11章。

$\pi^i(s_2^i, t^{-i})$,则称 s_1^i 为**劣策略**(dominated strategy)或称 s_2^i 优于 s_1^i;如果存在 i 的某个纯策略 s^i,它相对优于 i 的任何其他纯策略,则称 s^i 为 i 的一个**优策略**(dominant strategy)。

从(期望)赢得最大化的目标考虑,劣策略不可能在纳什均衡中以正概率使用。所以在计算纳什均衡时,可以先除去每个局中人的劣策略,把博弈化简。但须注意,相对劣策略也可能支持纳什均衡,所以一般情况下,不要删除相对劣策略。以例 2-6 进行说明。

【**例 2-6**】考察下面的策略型博弈,如图 2-9 所示。

【**分析**】局中人 1 的纯策略 B 是相对劣策略,但支持纳什均衡:⟨B,b⟩。

1\2	a	b
A	2, 4	3, 3
B	1, 1	3, 2

图 2-9 策略型博弈

关于优策略,我们来证明以下命题。

命题 2-2 在有限二人策略型博弈中,如果某局中人有优策略,则这个策略至少支持一个纯策略纳什均衡。

【**证明**】不妨设 s 是局中人 1 的一个优策略,设 t 是局中人 2 对 s 的最优回应。毫无疑问,s 也是局中人 1 对 t 的最优回应,所以 ⟨s,t⟩ 是个纳什均衡。

作为例子,见例 2-6 的 2×2 双矩阵博弈中的策略组合 ⟨A,a⟩,A 是局中人 1 的优策略,a 是局中人 2 对 A 的最优回应。

2.2.5 囚徒困境

在一个策略型博弈中,即使每个局中人都有最优策略,这些有策略支持的纳什均衡对应的赢得向量却可以是非帕累托最优的,有时甚至可能是"最差"的赢得向量。最著名的例子就是所谓的"囚徒困境"。

【**例 2-7**】两个小偷合伙作案时被警察逮住。他们被分别关在不同的牢房内,警察对每人说明判刑的法规:如果你检举同伙而同伙没有检举你,你将被立即释放;如果你们双方互相检举,每个人都会被关押 5 个月;如果你不检举同伙而同伙检举你,你将被关押 10 个月;如果你们都不检举对方,每个人都会被关押 3 个月。

【**分析**】这个博弈的策略型如图 2-10 所示。

注意:被关押时间是负的效用。从中容易

1\2	检举	不检举
检举	−5, −5	0, −10
不检举	−10, 0	−3, −3

图 2-10 策略型博弈

看出，检举同伙对每人来说都是最优策略，结果是每个人被关押 5 个月；相反，如果每人都选择劣策略不检举，每个人只被关押 3 个月，结果比都选择优策略好。注意⟨检举，检举⟩是纳什均衡，而⟨不检举，不检举⟩非纳什均衡。

"囚徒困境"这个例子说明个人理性不一定导致集体理性，类似的例子在日常生活中是很常见的。

【例 2-8】两个同学到大学餐厅进餐。餐厅有两种便餐即经济餐和豪华餐供选择，它们的价格和消费价值(效用)如表 2-1 所示。

表 2-1　两种便餐的价格和消费价值　　　　　　（单位：元）

便餐种类	价格	消费价值
经济餐	10	15
豪华餐	25	25

如果两人各自付账，他们会选择哪种便餐？如果两人约定按 AA 制平均分担总账单，他们会如何选择？假定每人都追求剩余最大化。

【分析】如果各自付账，容易明白大家都会选经济餐。

现在考虑 AA 制，这时博弈的策略型如图 2-11 所示。

1\2	经济餐	豪华餐
经济餐	5, 5	−2.5, 7.5
豪华餐	7.5, −2.5	0, 0

图 2-11　策略型博弈

不难发现，"豪华餐"是每个人的优策略。唯一的纳什均衡就是双方都选豪华餐，结果是大家的剩余都为 0。优策略导致坏结果，在这个意义下与囚徒困境相同。

2.3　二人策略型博弈纳什均衡的计算方法

本节给出比较常见的双矩阵博弈的纳什均衡的计算方法。在本书涉及的范围内，这些计算方法已经够用。当遇到比较复杂的多人博弈问题时，它们的求解是非常复杂的，而且往往只能用计算机程序计算近似解。有兴趣的读者可以参阅有关"算法博弈论"(algorithmic game theory)的书籍。㊀

2.3.1　2×2 双矩阵博弈

最简单的二人策略型博弈就是 2×2 双矩阵博弈，它的形式如图 2-12 所示。

㊀ 比如，蒂姆·拉夫加登(Tim Roughgarden, 2014)。

容易证明，如果它不存在纯策略均衡，那么它有唯一的混合策略均衡$\langle(p^*, 1-p^*), (q^*, 1-q^*)\rangle$，其中：

$$p^* = \frac{b_{22}-b_{21}}{(b_{11}+b_{22})-(b_{12}+b_{21})}, \quad q^* = \frac{a_{22}-a_{12}}{(a_{11}+a_{22})-(a_{12}+a_{21})}$$

1\2	B_1	B_2
A_1	a_{11}, b_{11}	a_{12}, b_{12}
A_2	a_{21}, b_{21}	a_{22}, b_{22}

图 2-12　2×2 双矩阵博弈

如果用向量矩阵记号：

$$x^* = (p^*, 1-p^*), \quad y^* = (q^*, 1-q^*)$$

$$A = \begin{pmatrix} a_{11} & a_{12} \\ a_{21} & a_{22} \end{pmatrix}, \quad B = \begin{pmatrix} b_{11} & b_{12} \\ b_{21} & b_{22} \end{pmatrix}$$

那么相应的期望赢得为：

$$\pi^1 = x^* A(y^*)^T, \quad \pi^2 = x^* B(y^*)^T, \quad \text{其中}(y^*)^T \text{是把行向量}y^*\text{转置所得的列向量}。$$

我们把这个结果的证明留给读者作为练习。

【例 2-9】考虑王老吉（W）与加多宝（J）的产量竞争。假设按市场需求，比较合适的做法是一家选择高产量（H, h）另一家选择低（L, l）产量，问题是这时高产量的利润较高；而当两家都选择高产量时，因为供过于求，市场出清价格会偏低。因此这两家的产量竞争可以用下面的双矩阵定性地表示，如图 2-13 所示。

W\J	h	l
H	1, 1	3, 2
L	2, 3	2, 2

图 2-13　两家产量竞争的双矩阵

【分析】容易找出两个纯策略均衡：$\langle H, l\rangle$，$\langle L, h\rangle$。注意按上面的公式还可以算出一个对称的混合策略均衡：$\langle(1/3, 2/3), (1/3, 2/3)\rangle$，即各自随机地以 1/3 的概率生产高产量，以 2/3 的概率生产低产量，期望赢得是（7/3, 7/3）。把混合策略均衡与纯策略均衡对比，似乎应该更能被两家厂商所同时接受。

练习题 1-1（续）　现在我们可以计算练习题 1-1 的纳什均衡。

【分析】我们已知它的策略型如图 2-14 所示

1\2	跟进	认输
开牌 – 开牌	0, 0	0, 0
开牌 – 加注	−0.5, 0.5	1, −1
加注 – 开牌	0.5, −0.5	0, 0
加注 – 加注	0, 0	1, −1

图 2-14　策略型博弈

容易明白，局中人 2 的任何纯策略不支持纳什均衡，而当局中人 2 采用完全混合策略[一]时,局中人 1 的纯策略开牌-开牌劣于加注-开牌;开牌-加注劣于加注-加注。这个博弈于是可以简化为图 2-15。

1\2	跟进	认输
加注-开牌	0.5, −0.5	0, 0
加注-加注	0, 0	1, −1

图 2-15　简化后的博弈

使用 2.3.1 小节中讲到的公式,不难算出原博弈唯一的混合策略纳什均衡〈(0, 0, 2/3, 1/3), (2/3, 1/3)〉。两个局中人的期望赢得分别是

$$\pi^1 = (2/3, 1/3)\begin{pmatrix}0.5 & 0\\ 0 & 1\end{pmatrix}\begin{pmatrix}2/3\\ 1/3\end{pmatrix} = 1/3, \quad \pi^2 = -1/3。$$

2.3.2　2×n,m×2,m×m 双矩阵博弈的解法

给出一个有限二人策略型博弈去计算它的至少一个纳什均衡,这个问题博弈论中已经完满解决。计算过程步骤如下:

(1) 先逐步删除相对劣策略简化策略型。

(2) 用互为最优回应的原则寻找(简化后的策略型博弈)的纯策略均衡。

(3) 要计算混合策略均衡,如果(简化后的)策略型是 $2 \times n$ 或 $m \times 2$ 双矩阵(m, $n > 2$),那么可以用作图法计算混合策略均衡。可参考【例 2-10】。

【例 2-10】求下面 2×4 双矩阵博弈的全部纳什均衡(见图 2-16)。

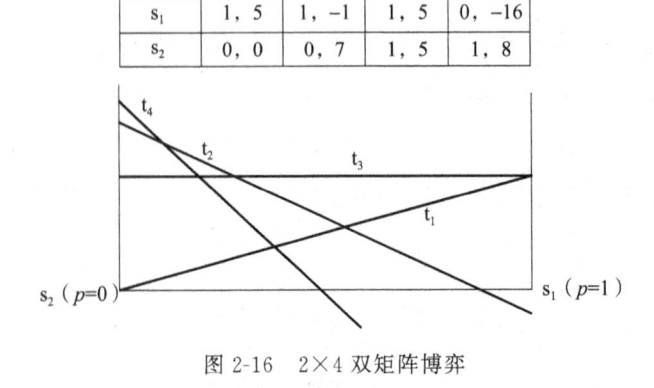

1\2	t_1	t_2	t_3	t_4
s_1	1, 5	1, −1	1, 5	0, −16
s_2	0, 0	0, 7	1, 5	1, 8

图 2-16　2×4 双矩阵博弈

[一] 一个混合策略称为完全混合策略,如果它以正概率使用每一个纯策略。

这是个 2×4 双矩阵博弈。容易发现三个纯策略均衡：$\langle s_1, t_1\rangle$，$\langle s_1, t_3\rangle$，$\langle s_2, t_4\rangle$。

现在要计算所有的混合策略均衡。设想局中人 1 使用混合策略 $(p, 1-p)$。当局中人 2 使用每个纯策略时，她得到的期望赢得是 p 的线性函数。比如，当她使用纯策略 t_1 时，她的期望赢得是 $5p+0(1-p)=5p$；在博弈双矩阵下方的图中对应于线段 t_1。类似地，我们可以做出线段 t_2，t_3，t_4。每当局中人 1 选定一个 p 值，局中人 2 的最优回应在所有上述线段的**上包络折线**上（见图 2-17 加粗的折线）。

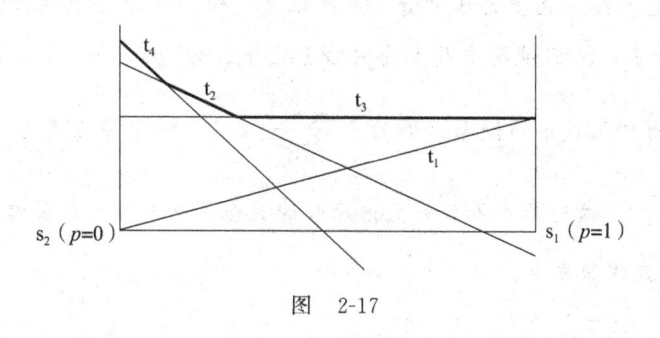

图 2-17

因为要寻找的是混合策略均衡，即局中人 2 也使用混合策略均衡，所以只要注意上包络线的折点处。于是，只需检查局中人 2 混合 t_4 与 t_3 时是否会产生混合策略均衡，以及她混合 t_2 与 t_3 时是否会产生混合策略均衡。

当局中人 1 混合 s_1 与 s_2 而局中人 2 混合 t_2 与 t_4 时，我们考虑相应的 2×2 双矩阵，如图 2-18 所示。

应用 2.3.1 小节中讲到的公式，容易算得混合策略均衡 $\langle(1/16, 15/16), (1/2, 1/2)\rangle$，相当于原 2×4 双矩阵博弈的混合均衡 $\langle(1/16, 15/16), (0, 1/2, 0, 1/2)\rangle$。

1\2	t_2	t_4
s_1	1, -1	0, -16
s_2	0, 7	1, 8

图 2-18 2×2 双矩阵

类似地，当局中人 1 混合 s_1 与 s_2 而局中人 2 混合 t_2 与 t_3 时，相当于原 2×4 双矩阵博弈的混合均衡 $\langle(1/4, 3/4), (0, 0, 1, 0)\rangle$。注意，这时局中人 2 实际使用纯策略 t_3。

(4) 如果化简后的双矩阵是 $m\times m$ 的，可以尝试用类似于"石头—布—剪刀"的求解方法，写出 m 个包含 m 个未知数的线性方程，然后求方程组的解。

(5) 对于一般的 $m\times n$ 双矩阵博弈，其求解可以化为一个非线性规划问题。我们将在本章附录中简介劳埃德·沙普利(Lloyd Shapley)提出的算法。

2.3.3 非有限博弈的情况

我们知道纳什均衡存在性定理对有限策略型博弈成立，这是因为证明中需要用到策略集合的紧致性。当紧致性不再存在时，纳什均衡的存在性就可能不成立。

【例 2-11】 两个局中人 1 和 2 同时各自说出一个自然数，说出较大的数者赢得对手 100 美元，如果两个人说出的数相同，结果是和局，这时双方赢得均为 0。

【分析】 容易明白不存在纯策略均衡：当双方都使用纯策略时，总有一方说出的数是不大于对手的，而这个纯策略就不是他的最优回应。

现在往证也不存在混合策略均衡。用反证法，假设有混合策略均衡并且局中人 1 的期望赢得非负，又假设局中人 1 使用的是混合策略 $(x_1, \cdots, x_n, \cdots)$，其中 x_n 是他随机地说出自然数 n 的概率。因为有 $\sum_{n=1}^{\infty} x_n = 1$，于是存在充分大的自然数 N 使得 $\sum_{n=N}^{\infty} x_n < 1/3$。这时局中人 2 如果把原来的混合策略改变为纯策略"说出自然数 N"，她的期望赢得就变成

$$\sum_{n=1}^{N-1} x_n \pi^2(n, N) + x_N \pi^2(N, N) +$$

$$\sum_{n=N+1}^{\infty} x_n \pi^2(n, N) > \frac{2}{3} \times 100 + 0 - \frac{1}{3} \times 100 = \frac{100}{3}$$

所以，原来局中人 2 的策略不是对局中人 1 的策略的最优回应。矛盾说明不可能存在混合策略纳什均衡。

2.4 完美信息博弈

前面我们从有完美记忆的有限扩展型博弈开始，指出它们可以转化为策略型博弈，然后详细讨论了策略型的纳什均衡计算。为方便计，今后把博弈的纳什均衡计算称为求解博弈。因为二人有限策略型博弈已被证明总可求解，所以有完美信息的二人扩展型博弈也就可求解。

此外，有些扩展型的有限博弈事实上无须转化为策略型就可以直接在博弈树上求解，而且算法更为简洁。本节要讨论的完美信息博弈就属于这种类型。

2.4.1 定义与例子

定义 2-6 一个扩展型博弈叫作**有完美信息的**(of perfect information)，如果它的每一个信息集都是单点集。换句话说，在完美信息博弈中，每个局中人在任何时候选着时，他都准确知道在哪一个节点上。

【例 2-12】下面的博弈树给出一个完美信息博弈的例子，如图 2-19 所示。

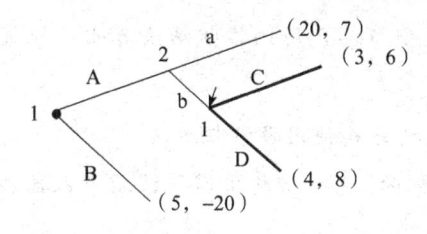

1\2	a	b
AC	20, 7	3, 6
AD	20, 7	4, 8
BC	5, −20	5, −20
BD	5, −20	5, −20

图 2-19

【分析】从策略型博弈可知，有 3 个纯策略纳什均衡：⟨AC，a⟩，⟨BC，b⟩，⟨BD，b⟩。

另一方面，对于这个完美信息博弈，我们可以用**倒推归纳法**找出一个纯策略均衡。博弈树最后一个决策点(图 2-19 箭头所指)属于局中人 1，而局中人 1 在这个决策点的最优选择为 D，导致博弈结果(4，8)。这时可以删除最后 1 的相应决策点及其引出的选着，代之以一个博弈终止点并附上赢得向量(4，8)，如图 2-20 所示。

在修剪后的博弈树中，最后一个决策点(图 2-20 箭头所指)属于局中人 2，她在此的最优选择是 b，相应的赢得向量是(4，8)。于是，又可以删除 2 这个决策点及引出的选着，代之以一个博弈终止点并附上赢得向量(4，8)，如图 2-21 所示。

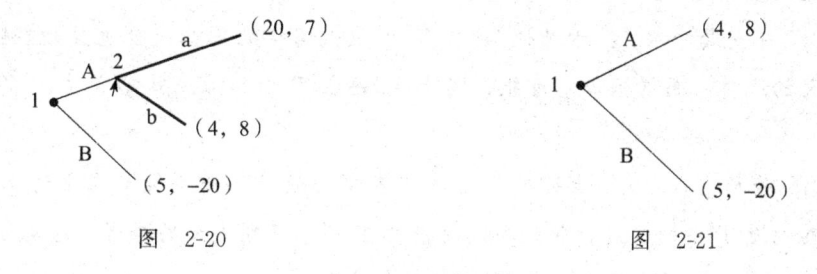

图 2-20

图 2-21

这时得到局中人 1 的一个单人单决策点博弈，他的最优选择是 B，赢得向量是(5，−20)。

在上述过程中，双方在各信息集的选着得出了纯策略组合⟨BD，b⟩，而它正好是个纯策略纳什均衡。⊖

2.4.2 用倒推归纳法求纳什均衡

一般而言，对于完美信息有限扩展型博弈，我们总可以用倒推归纳法求得至少

⊖ 在这个博弈的策略型中，我们看到局中人 1 的两个纯策略 BC 与 BD 等价(从博弈树也可以直接看出)，局中人 1 选用 B 这着后，博弈已经结束，再没有机会选 C 或 D。这时称 B 是局中人 1 的一个简化纯策略。习惯上说局中人 1 有 4 个完全纯策略{AC，AD，BC，BD}，有 3 个简化纯策略{AC，AD，B}。

一个纯策略组合。可以证明，如此求出的纯策略组合必定是个纳什均衡。

定理 2-2 对于完美信息有限扩展型博弈，用倒推归纳法算出的纯策略集合是一个纳什均衡。

证明[一]：我们对博弈树的决策节点数目 n 使用数学归纳法。

对于只有 $n=1$ 个决策节点的(退化的)完美信息博弈，该局中人按赢得最大化选着，结果正是单人博弈的纳什均衡。

现在假设，对于 $n=k$ 个决策节点的完美信息扩展型博弈，倒推归纳法得出的纯策略组合都是纳什均衡；要证对于决策阶段数 $n=k+1$ 的完美信息扩展型博弈，倒推归纳法得出的纯策略组合也是纳什均衡。记这个博弈树为 T。不妨设第一次"倒推"时的节点属于局中人 1，赢得最大化的选着是 z，相应的赢得向量为 v；又记修剪后的博弈树为 T'，决策节点数目变为 k。对 T' 继续应用倒推归纳法，根据假设就得到一个 T' 的纯策略纳什均衡。注意局中人 1 在 T 中的纯策略由他在 T' 中的策略复合上 z 而成，因此只需证明局中人 1 的这个复合而成的纯策略与其他局中人在 T' 中的纯策略就是 T 的一个纳什均衡。

如果这个断言不成立，于是某局中人 j 在 T 中可以改变他/她的纯策略，从而取得比 v 中更大的赢得。可以分下面 4 种情况考察：

(1) "j" 不是局中人 1：于是他/她在 T' 中做出同样的策略改变也使他/她获得比原来更大的赢得，而这根本不可能，因为他/她在 T' 中的原来策略支持 T' 的纳什均衡。

(2) "j" 是局中人 1，他上述的策略改变不影响最后一个决策节点上的选着 z。这时他改变的是 T' 中的策略，而这个改变使他在 T' 中得到更大的赢得。这实际上也不可能，因为他在 T' 中的原策略支持 T' 的纳什均衡。

(3) "j" 是局中人 1，他的新策略改变了选着 z，但是没改变在最后这个决策节点上他的赢得。于是实际上又归结为(2)。

(4) "j" 是局中人 1，他的新策略改变了在最后决策节点上的选着 z 并且增加了他在该决策节点处的赢得。这实际上也是不可能的，因为这违背了选着 z 的赢得最大化原则。

定理 2-2 证毕。

附注：在使用倒推归纳法时，每次做"倒推"时都是从博弈终止之前的**最后**某个决策节点开始，根据相应局中人的赢得最大化原则来考虑选着的。有时这些所谓"最

[一] 证明来源于 L. S. Shapley(1987). *Game Theory*, Notes for MATH 147, UCLA.

后"的决策节点可以有多个,它们可以各自属于不同的局中人;这时只要任选其中一个就可以了。因为按上述算法每"倒推"一次,修剪后的博弈树就比原来的少了一个决策节点,所以经过有限步,总可以完成整个算法,最后得出至少一个纯策略均衡。

有些情况下,在"倒推"过程中,某局中人在某节点处可能有几个最优的着,这时他可以随便选其中一个。不同的选择最后将导致不同的纳什均衡。

在下一章中我们就知道,用倒推归纳法求得的纳什均衡因为不包含非理性选着,所以被称为子博弈完美纳什均衡。

【例 2-13】 我们略微修改一下例 2-3,把女孩和男孩同时决策改为依次决策,即女孩伸出手指后男孩再决定伸出 1 或 2 根手指。这时博弈机制有了本质不同,从非完美信息博弈变成完美信息博弈。它的扩展型与策略型如图 2-22 所示。

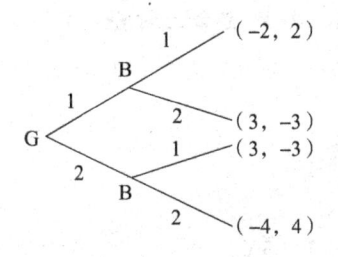

G\B	1-1	1-2	2-1	2-2
1	-2, 2	-2, 2	3, -3	3, -3
2	3, -3	-4, 4	3, -3	-4, 4

图 2-22

【分析】 注意这时男孩有两个单点信息集,每个信息集他都有两着可以选择,一共有 4 个纯策略。比如,1-2 这个纯策略的含义是:如果女孩伸出 1 根指头他就伸出 1 根指头;如果女孩伸出 2 根指头他就伸出 2 根指头。容易验证,从策略型可以算出一个纯策略纳什均衡:⟨1, 1-2⟩。⊖另外,用倒推归纳法更容易求出这个(子博弈完美)纳什均衡⊖,如图 2-23 所示。

图 2-23

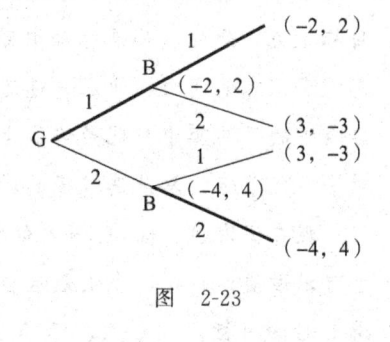

我们将考虑一个三人博弈的有趣例子,称为三人决斗博弈。我们不妨把它看作一个电子游戏。

【例 2-14】 A, B, C 三个射手进行决斗,按顺序依次选定一个对手射击。射击周而复始,直到剩下一人存活为止。假定三人射击目标击毙对手的命中率分别是 p、

⊖ 必须强调,这个 NE 不能记为 ⟨1, 1⟩,因为男孩后发的策略不是在任何情况下都伸出 1 根手指,否则女孩的最优策略选择就是 2 了。正因为男孩后发,并以 1 对付女孩的 1,而以 2 对付女孩的 2,这才迫使女孩选择输得比较少的策略 1。

⊖ 在博弈树中表示局中人选定的策略或策略组合,我们把表示相应的着的短线加粗或改为双线。

q、r。试讨论每个人的策略与最终生存的概率。

【分析】 在讨论三人决斗之前，我们先考虑二人决斗的情况；因为三人决斗，当某人第一次射中对手后，马上就归结为余下二人决斗的情况。假设二人的编号为1、2，先由1开始射击。这时因为每人只有唯一对手，如果以 w_1 表示1最终生存的概率，可以做如下的简单计算：设1射击命中率为 x，2射击命中率为 y。如果1首发射中对手(概率 x)，于是他最终生存下来；如果1首发不中(概率 $\overline{x} \equiv 1-x$)，则只有当2接着的射击也不中(概率 $\overline{y} \equiv 1-y$)时，1方才能重获生存的机会，而这时又回复到射击决斗开始时的状态。于是得 $w_1 = x + \overline{xy} w_1$。解得：

$$w_1 = \frac{x}{1-\overline{xy}}$$

要计算2的最终生存概率 w_2，注意到必要条件是1首发没有命中(概率 $\overline{x} \equiv 1-x$)，然后在余下的子博弈中变成从2的射击开始。按照前面的讨论，将1，2的位置互调，2在这个子博弈中的最终生存率为：

$$\frac{y}{1-\overline{xy}}$$

于是2在整个博弈中的生存率为：

$$w_2 = \frac{\overline{x}y}{1-\overline{xy}} = \frac{\overline{x}-\overline{xy}}{1-\overline{xy}}$$

容易验证 $w_1 + w_2 = 1$。

现在来讨论三人决斗，注意在三人依然生存的情况下，每个射手都存在把谁选为射击目标的策略问题。事实上，如果他没有命中目标，余下的子博弈和他选定的目标无关；此外，如果他命中目标，余下的子博弈就受到剩下的对手的命中率高低影响了。容易明白，他原先选定目标应该是对手中命中率较高的那一个，这样一来，在余下的子博弈中，他最终能生存下来的概率就会较大。简言之，只要他们有两个对手，优策略就总是选较强的对手作为射击目标。

现在假定 A、B、C 三人的射击命中率 p、q、r 满足条件 $p>q>r$。(其他情况也可以做类似讨论，我们最后会给出各种情况的不同答案。)在这种情况下，A 会先选定 B 为目标，以 w_A 表示 A 最终生存下来的概率，当他首发命中 B 时(概率是 p)，在余下的二人子博弈中，根据前面关于二人决斗的讨论，他赢得最后胜利的概率是 $\frac{\overline{r}p}{1-\overline{p}\overline{r}}$；如果他首发没有命中 B，那么在余下的三人子博弈中，紧接着的两次射击中，除非 B、C 都不命中 A(概率为 $\overline{q}\overline{r}$)，A 才能再次获得存活到最后的机会，而此时再余下的子博弈又与一开始的博弈完全相同，即 A 的最后胜出概率仍然是 w_A。

综上分析，我们有

$$w_A = p\frac{\bar{r}p}{1-\bar{p}\,\bar{r}} + \bar{p}\,\bar{q}\,\bar{r}w_A$$

由此解得

$$w_A = \frac{p^2\bar{r}}{(1-\bar{p}\,\bar{r})(1-\bar{p}\,\bar{q}\,\bar{r})}$$

由类似的分析可得到，B、C 各自最终胜出的概率是

$$w_B = \frac{q(\bar{p}q\bar{r}+\bar{p}\,\bar{q}\,r)}{(1-\bar{q}\,\bar{r})(1-\bar{p}\,\bar{q}\,\bar{r})}$$

$$w_C = \frac{r}{1-\bar{p}\,\bar{q}\,\bar{r}}\left(\frac{p}{1-\bar{p}\,\bar{r}} + \frac{\bar{p}q}{1-\bar{q}\,\bar{r}} + \frac{\bar{p}\,\bar{q}^2 r}{1-\bar{q}\,\bar{r}}\right)$$

一个有趣的数值例子是，$p=0.2761$，$q=0.2760$，$r=0.1270$。A 命中率最高而且先打，C 命中率最低而且后行，但计算表明每个射手最终生存的概率大致都是 1/3。毫无疑问，C 得益于 A、B 先行决策中的互相残杀。

再来考虑 $p=0.5$，$q=0.4$，$r=0.3$ 的情况，这时由公式算得 $w_A=0.3408$，$w_B=0.2008$，$w_C=0.4584$。我们看到，C 作为最差射手，并且射击顺序排在最后面，但他最终赢得的概率最大。

最后，关于 p、q、r 大小顺序的不同排列，各射手相应赢得概率的公式可参阅安迪·帕里什(Andy Parrish, 2006)。

2.5 练习题

练习题 2-1 一个 n 人博弈叫作"胜-负"博弈，如果每一个赢得向量都是标准单位向量，如 $(1, 0, \cdots, 0)$，$(0, 1, 0, \cdots, 0)$ 等。

(1) 证明：一个有完美信息的二人"胜-负"博弈，如果不包含机会节点，那么其中一个局中人必定有必胜策略，即他选定这个策略时无论对手如何决策，他总能赢得 1。

(2) 构造一个反例说明，当局中人数目等于 3 时，与(1)相应的结论不再成立。

练习题 2-2 考虑下面局中人 I 和 II 的二人博弈，如图 2-24 所示。

(1) 求出所有的纯策略纳什均衡。

(2) 求出所有的子博弈完美纳什均衡。

(3) 对每个非子博弈完美的纳什均衡，指出哪个局中人选择了非理性的"着"。

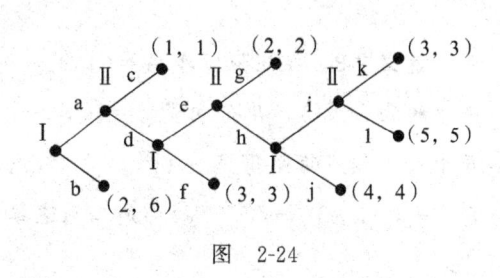

图 2-24

练习题 2-3 假定从 A 地到 B 地有一条宽阔的公路,另有一条小路(捷径)。假定早上从 A 地开车到 B 地上班的人数为 N 人,如果走公路,不管同时有多少辆车,到达 B 地需要 1 小时;如果走小路,到达 B 地的时间 t 与车辆数目 n 相关,$t = t(n) = \frac{n}{N}$ 小时,每个人都有两个纯策略{走公路,走小路}。

(1) 求出所有的纯策略纳什均衡,并指出其中有多少人选择小路,花多少时间到达 B 地。

(2) 设想从 A 地开车到 B 地上班的人构成一个连续系统 [0, 1],仍然假定走公路的人,无论车有多少,到达 B 地要 1 小时。另一方面,当走小路的人的集合测度为 x 时 ($0 < x < 1$),到达 B 地的时间为 x 小时。试证明在纳什均衡中,只有一个 0 测度集的人走公路。

2.6 二人零和博弈

二人零和博弈是最早得到彻底研究的二人博弈,这一节我们将列举有关二人零和博弈的最重要结果。二人零和博弈又叫矩阵博弈(matrix games),它是双矩阵博弈的特殊情况。二人零和博弈是策略型博弈研究得最早、最彻底的博弈,本节我们将叙述相关的理论和应用。实际上,我们前面已经讨论过几个矩阵博弈的例子,比如,"奇或偶""石头—布—剪刀"等。

零和博弈相对简单,但可以用于模拟诸如两军作战的战略战术问题。下面将讨论诺曼底战役的故事以作为零和博弈一个实例。本节叙述二人零和博弈的基本理论和算法。

2.6.1 矩阵博弈的相关定义和理论成果

定义 2-7 如果两人的赢得之和总等于 0,一个二人博弈就叫作零和的。用数学语言描述,一个双矩阵博弈 $(A, B) = ((a_{ij}, b_{ij}))_{m \times n}$ 叫作矩阵博弈,如果 $b_{ij} = -a_{ij}$,$i = 1, \cdots, m$,$j = 1, \cdots, n$,这时又把矩阵博弈记为 $A = (a_{ij})_{m \times n}$。

定义 2-8 在矩阵博弈 $A = (a_{ij})_{m \times n}$ 中用行向量 $x = (x, \cdots, x_m)$ 表示局中人 1 采用的混合策略,用行向量 $y = (y, \cdots, y_n)$ 表示局中人 2 采用的混合策略。那么,局中人 1 相应的赢得是 xAy^T。其中,y^T 是局中人 2 的混合策略列向量。容易明白,$\pi_1(x, y)$、$\pi_2(x, y)$ 都是二元连续函数,而且 $\pi_2(x, y) = -\pi_1(x, y)$。

引理 2-1 $m(x) = \min_y \pi_1(x, y)$ 是 x 的连续函数;$m(y) = \min_x \pi_2(x, y)$ 是 y

的连续函数。

【证明】 以 Σ^i 表示局中人 i 的混合策略集。以 $x \mapsto \Sigma^2$ 表示连续(常值)的集值函数(correspondence)。用 Berge 的最大值定理[1]容易验证 $m(x)$ 的连续性。同理可以验证 $m(y)$ 的连续性。

上边的引理使我们能够给出矩阵博弈中最优策略的定义:

定义 2-9 矩阵博弈 $A = (a_{ij})_{m \times n}$ 中我们定义:
$$\overline{x} = \arg_x [\max_x (\min_y \pi_1(x, y))] = \arg_x [\max_x (\min_y xAy^T)]^{[2]}$$
$$\overline{y} = \arg_y [\max_y (\min_x \pi_2(x, y))] = \arg_y [\max_y (\min_x -xAy^T)]$$
它们分别叫局中人 1 和局中人 2 的一个**最优策略**(optimal strategy)。

附注: $m(x)$ 和 $m(y)$ 的连续性保证了最优策略 $\overline{x}$ 和 $\overline{y}$ 的存在性;但是一般来说,不能保证它们的唯一性。

定理 2-3 假设 $\langle x^*, y^* \rangle$ 是矩阵博弈 $A = (a_{ij})_{m \times n}$ 的一个纳什均衡,相应的赢得向量是 $(v, -v)$。假设 $\overline{x}$ 是局中人 1 的一个最优策略,$\overline{y}$ 是局中人 2 的一个最优策略。那么 $\min_y \pi_1(\overline{x}, y) = v$,$\min_x \pi_2(x, \overline{y}) = -v$。

【证明】 按定义,$\min_y \pi_1(\overline{x}, y) \geq \min_y \pi_1(x^*, y) = \pi_1(x^*, y^*) = v$;另一方面,如果 $\min_y \pi_1(\overline{x}, y) > v$,那么 $\pi_1(\overline{x}, y^*) > v$,这与 $\langle x^*, y^* \rangle$ 是 NE 矛盾。所以 $\min_y \pi_1(\overline{x}, y) = v$。同理可证 $\min_x \pi_2(x, \overline{y}) = -v$。[3]

推论 2-2 一个矩阵博弈的全体纳什均衡有相同的赢得向量。

定义 2-10 在一个矩阵博弈中,局中人 1 在 NE 中的赢得 v 叫作这个**矩阵博弈的值**(value of the matrix game)。

现在我们可以断言,给出一个值等于 v 的矩阵博弈,局中人 1 的一个策略 $\overline{x}$ 是他的最优策略当且仅当 $\pi_1(\overline{x}, y) \geq v$,$\forall y$;局中人 2 的一个策略 $\overline{y}$ 是她的最优策略当且仅当 $\pi_2(x, \overline{y}) \geq -v$,$\forall x$。

上述断言又等价于:

命题 2-3 给出一个值等于 v 的矩阵博弈,局中人 1 的一个策略 $\overline{x}$ 是他的最优策略当且仅当 $\overline{x}A$ 的每个分量都不小于 v;局中人 2 的一个策略 $\overline{y}$ 是她的最优策略

---

[1] 参阅克劳德·伯格(C. Berge, 1997),*Topological Spaces*, Dover Edition。
[2] 这里,$\arg_x [\max_x f(x)]$ 表示使函数 $f(x)$ 取得最大值的自变量 x 的值。
[3] 这里我们利用纳什均衡的存在性证明了 min-max 定理。

当且仅当 $-A\overline{y}^T$ 的每个分量都不小于 $-v$。

这个命题的证明留给读者做练习。

定理 2-4 局中人 1 任何一个最优策略 $\overline{x}$ 与局中人 2 任何一个最优策略 $\overline{y}$ 组成一个纳什均衡。

【证明】 由均衡的定义与最优策略的定义：
$$\pi_1(\overline{x}, \overline{y}) \geqslant \min_y \pi_1(\overline{x}, y) = v \Rightarrow \pi_2(\overline{x}, \overline{y}) \leqslant -v$$
$$\pi_2(\overline{x}, \overline{y}) \geqslant \min_x \pi_2(x, \overline{y}) = -v$$

两个不等式一起得出 $\pi_2(\overline{x}, \overline{y}) = \min_x \pi_2(x, \overline{y}) = -v$，所以 $\overline{x}$ 是对 $\overline{y}$ 的最优回应。同理可证，$\overline{y}$ 是对 $\overline{x}$ 的最优回应。

【例 2-15】 求出下面矩阵博弈中每个局中人所有的最优策略。
$$A = \begin{pmatrix} 1 & -2 \\ 0 & -2 \end{pmatrix}$$

【分析】 容易明白，局中人 2 的第二个纯策略是她唯一的最优策略 y^*。与之相反，局中人 1 任何一个策略（纯策略或混合策略）都是他的最优策略：事实上，对任意 x，下面的条件都满足：
$$\min_y xAy^T = xAy^{*T} = (x_1, x_2)\begin{pmatrix} -2 \\ -2 \end{pmatrix} = -2$$

其实，对于任何 x，$\langle x, y^* \rangle$ 都是这个博弈的纳什均衡。

【例 2-16】（魔方阵博弈）下面是个 **4×4 魔方阵**（magic square）⊖，每一行四个数字之和，每一列四个数字之和，每条对角线上四个数字之和都等于 34。求解相应的矩阵博弈。

$$\begin{bmatrix} 16 & 3 & 2 & 13 \\ 5 & 10 & 11 & 8 \\ 9 & 6 & 7 & 12 \\ 4 & 15 & 14 & 1 \end{bmatrix}$$

【分析】 考虑下面的线性方程组。
$$\begin{bmatrix} 16 & 3 & 2 & 13 \\ 5 & 10 & 11 & 8 \\ 9 & 6 & 7 & 12 \\ 1 & 1 & 1 & 1 \end{bmatrix} \begin{bmatrix} q_1 \\ q_2 \\ q_3 \\ q_4 \end{bmatrix} = \begin{bmatrix} 34/4 \\ 34/4 \\ 34/4 \\ 1 \end{bmatrix}$$

⊖ 关于魔方阵的许多有趣性质，读者可参阅 R. Bruce Mattingly(2010)。

这个方程组的系数矩阵的秩等于4。这个方程组的唯一解是：
$$q_1=q_2=q_3=q_4=1/4。$$

所以，局中人2的最优策略唯一，而且是(1/4, 1/4, 1/4, 1/4)。同理，局中人2的最优策略也是(1/4, 1/4, 1/4, 1/4)。这个矩阵博弈的值就是34/4。

【例2-17】（诺曼底登陆博弈）第二次世界大战时期，盟军对德国法西斯进行大反击时，盟军（局中人Ⅰ）有6个攻击方案可供选择，德军（局中人Ⅱ）有6个防御方案可供选择。相应的攻防方案搭配导致盟军的"赢得"如下面的矩阵博弈所示㊀，求解这个矩阵博弈。

$$\begin{array}{c} & \begin{array}{cccccc} A & B & C & D & E & F \end{array} \\ \begin{array}{c}1\\2\\3\\4\\5\\6\end{array} & \begin{pmatrix} 13 & 29 & 8 & 12 & 16 & 23 \\ 18 & 22 & 21 & 22 & 29 & 31 \\ 18 & 22 & 31 & 31 & 27 & 37 \\ 11 & 22 & 12 & 21 & 21 & 26 \\ 18 & 16 & 19 & 14 & 19 & 28 \\ 23 & 22 & 19 & 23 & 30 & 34 \end{pmatrix} \end{array}$$

【分析】先注意德军的纯策略E、F劣于A；去掉E、F后，盟军的纯策略2、4、5相对劣于3；再去掉2、4、5后，德军的纯策略D相对劣于C。通过上述步骤可以得到下面的简化矩阵博弈。

$$\begin{pmatrix} 13 & 29 & 8 \\ 18 & 22 & 31 \\ 23 & 22 & 19 \end{pmatrix}$$

继续化简，B劣于A，C的凸组合0.7A+0.3C[也就是说，德军的混合策略(0.7, 0, 0.3)优于纯策略B]；去掉B后，盟军的纯策略1是劣策略。最后得到一个2×2矩阵博弈。

$$\begin{pmatrix} 18 & 31 \\ 23 & 19 \end{pmatrix}$$

其混合策略均衡是〈(4/17, 13/17), (12/17, 5/17)〉，矩阵博弈的值为371/17≈21.8。原来的攻防博弈均衡是：〈(0, 0, 4/17, 0, 0, 13/17), (12/17, 0, 5/17, 0, 0, 0)〉。

历史上，德军选择了策略B进行防御，盟军选择了方案1进行攻击，德军的惨

㊀ 从赢得矩阵可以看到，由于双方强弱差距很大，德军的失败已经不可避免；但是如果策略选择得当，德军可以尽可能减少损失。

重损失与策略不当有关：即使限于纯策略，德军选用策略 A 也可以使损失减少。[一]

2.6.2 对称博弈

对称博弈是矩阵博弈的特例，我们先给出相关定义。

定义 2-11 矩阵博弈 $A=(a_{ij})_{n\times n}$ 称为对称博弈，如果 $a_{ij}=-a_{ji}$，$\forall(i,j)$。注意：这时矩阵主对角线上的元素都为 0。换句话说，对称博弈的矩阵是反对称矩阵。

命题 2-4 对称博弈的值为 0。如果 $\bar{x}$ 是局中人 1 的最优策略，那么它也是局中人 2 的最优策略；反之亦然。

【证明】无论局中人 1 采用什么策略 x，只要局中人 2 也采用策略 x，那么：
$$xAx^T = x(-A)^T x^T = -xAx^T \Rightarrow xAx^T = 0$$

这说明 $v \leqslant 0$。另一方面，无论局中人 2 采用什么策略 y，只要局中人 1 也采用策略 y，那么局中人 1 总可以保证赢得为 0。这说明 $v \geqslant 0$。两种情况结合知道 $v=0$。

现在假设 $\bar{x}$ 是 1 的最优策略，于是 $\bar{x}A \geqslant \theta$ [二]，于是 $A^T\bar{x}^T \geqslant \theta^T \Rightarrow -A\bar{x}^T \geqslant \theta^T$。根据命题 2-3，$\bar{x}$ 也是 2 的最优策略。同理可证"反之亦然"。

【例 2-18】两个局中人每人同时说出一个不大于 100 的自然数。假设局中人 i、j 分别说出 n_i、n_j。那么胜负和赢得由下面的规则决定：

(1) $n_i = n_j$，和局，双方赢得为 0。

(2) $n_i - n_j = 1$，i 胜，j 付给 i 1 元。

(3) $n_i - n_j \geqslant 2$，i 负，i 付给 j 2 元。

【分析】这个博弈的矩阵如下：

$$\begin{array}{c} \\ 1 \\ 2 \\ 3 \\ 4 \\ 5 \\ \vdots \end{array} \begin{array}{cccccc} 1 & 2 & 3 & 4 & 5 & \cdots \end{array} \\ \left[\begin{array}{cccccc} 0 & -1 & 2 & 2 & 2 & \cdots \\ 1 & 0 & -1 & 2 & 2 & \cdots \\ -2 & 1 & 0 & -1 & 2 & \cdots \\ -2 & -2 & 1 & 0 & -1 & \cdots \\ -2 & -2 & -2 & 1 & 0 & \cdots \\ \vdots & \vdots & & & & \end{array}\right]$$

[一] 有兴趣者可参阅 W. Drakert(1972)。
[二] 这里 θ 是零向量。

容易看出，策略 $n_i \geq 4$ 时，它都劣于策略 2。去掉劣策略后得到一个 3×3 的矩阵博弈。设局中人 1 的最优策略是 (p, q, r)，因为博弈的值为 0，故有：
$$q-2r=0, \ -p+r=0, \ 2p-q=0, \ p+q+r=1$$
最后解出 $(p, q, r)=(0.25, 0.5, 0.25)$。原来博弈的均衡解是：
$$\overline{x}=\overline{y}=(0.25, 0.5, 0.25, 0, \cdots, 0)$$

【例 2-19】"Loonie or Toonie"（1元或2元）是 Morra 的修改版，玩法如下：两个局中人右手捏着一枚1元或2元硬币不让对方看到，同时猜测对方手中的硬币是1元还是2元。如果一方猜对而另一方猜错，后者必须支付给前者的钱等于双方手里钱的总和；其他情况下双方都无需支付。这个博弈的策略型如图 2-25 所示。

其中每个策略 (i, j) 的含义是自己手中的硬币是 i 元，猜测对方手中的是 j 元。这是对称博弈。

I\II	(1, 1)	(1, 2)	(2, 1)	(2, 2)
(1, 1)	0	2	-3	0
(1, 2)	-2	0	0	4
(2, 1)	3	0	0	-4
(2, 2)	0	-4	4	0

图 2-25

【分析】容易验证，这个博弈没有纯策略均衡，也没有完全混合策略均衡。[注]

另一方面，因为博弈的值为 0，我们猜想有如下形式的混合策略均衡：每个局中人只混合第二、第三个纯策略 $(1, 2)$ 和 $(2, 1)$。注意，当 I 使用这种混合策略 $(0, x_2, x_3, 0)$ 时，必须使 II 不想采用她的纯策略 $(1, 1)$ 或 $(2, 2)$；于是必须有：
$$-2x_2+3x_3>0; \ 4x_2-3x_3>0; \ x_2+x_3=1$$
这组不等式的解是
$$4/7 \leq x_2 \leq 3/5, \ x_3=1-x_2$$
于是我们得出一组混合纳什均衡：
$$\{\langle(0, x_2, 1-x_2, 0), (0, y_2, 1-y_2, 0)\rangle: 4/7 \leq x_2 \leq 3/5, \ 4/7 \leq y_2 \leq 3/5\}$$

进一步分析，读者可以自行论证，除了这些均衡之外，再没有其他的均衡。有趣的是，使用均衡策略的一个原则是：**猜对方的金币总是不同于自己手中的金币**。

2.6.3 常和博弈

与零和博弈等价的是常和 (constant-sum) 博弈，我们也做个简单讨论。

定义 2-12 如果两人的赢得之和总等于一个常数，一个二人博弈就叫作常和

[注] 如果每一个纯策略都以正概率出现，一个混合策略就成为完全混合策略。

的。换句话说,一个双矩阵博弈$(A,B)=((a_{ij},b_{ij}))_{m\times n}$叫作常和双矩阵博弈,如果$a_{ij}+b_{ij}=c$,$i=1,\cdots,m$;$j=1,\cdots,n$。

命题 2-5 把一个双矩阵博弈(A,B)每个局中人的赢得矩阵各自加上任一个常数矩阵$C=(c)_{m\times n}$,$D=(d)_{m\times n}$,所得的双矩阵博弈$(A',B')=(A+C,B+D)$的纳什均衡和博弈(A,B)完全相同,而相应的赢得向量比原来的加上(c,d)。

【证明】 假设$\langle x^*,y^*\rangle$是(A,B)的一个 NE。那么
$$x^*=\arg_x\max(xA(y^*)^T)=\arg_x\max(c+xA(y^*)^T)=\arg_x\max(xA'(y^*)^T)$$
$$y^*=\arg_y\max(x^*By^T)=\arg_y\max(d+x^*By^T)=\arg_y\max(x^*B'y^T)$$
所以$\langle x^*,y^*\rangle$也是(A,B)的 NE。余下的结论自明。

推论 2-3 设$C=(c)_{m\times n}$为常数矩阵,则矩阵博弈$A'=A+C$与矩阵博弈A有相同的最优策略,如果博弈A的值为v,则博弈A'的值为$v+c$。

2.6.4 矩阵博弈的一般解法

我们将讨论矩阵博弈的一般解。我们假定读者们对线性规划的概念和算法有初步了解。假设矩阵博弈的矩阵为A;如果我们总可以把A加上一个常数矩阵,使所得矩阵的每个元素都为正。根据推论 2-3,不妨直接假设A的每个元素都大于 0。

局中人 I 的决策问题可以表示为下面的线性规划:

$$\max v$$
S. T.
$$\sum_{i=1}^m p_i a_{ij} \geq v,\ j=1,\cdots,n$$
$$p_i \geq 0,\ \sum_{i=1}^m p_i=1$$

令$x_i=p_i/v$,于是$\sum_{i=1}^m x_i=1/v$,求v的最大值等价于求$\sum_{i=1}^m x_i=1/v$的最小值。

因此,上面的规划问题等价于:

$$\min \sum_{i=1}^m x_i$$
S. T.
$$\sum_{i=1}^m x_i a_{ij} \geq 1,\ j=1,\cdots,n$$
$$x_i \geq 0,\ i=1,\cdots,m$$

同理，局中人Ⅱ的决策问题等价于：

$$\max \sum_{j=1}^{n} y_j$$

S. T.

$$\sum_{j=1}^{n} y_j a_{ij} \leqslant 1, \ i=1, \cdots, m$$

$$y_j \geqslant 0, \ j=1, \cdots, n$$

这个对偶问题的解法步骤如下：

第一步：把矩阵 A 加边构造下表(见表 2-2)。

表 2-2 矩阵 A

	y_1	·	·	y_n	y_{n+1}	·	·	y_{n+m}	
y_{n+1}	a_{11}	·	·	a_{1n}	1	0	0	0	1
·	·				0	1	0	0	1
·	·				0	0	1	0	1
y_{n+m}	a_{m1}	·	·	a_{mn}	0	0	0	1	1
	-1	-1	-1	-1	0	0	0	0	0

注意：其中 $y_{n+1}, \cdots, y_{n+m}$ 是**松弛变量**(slack variables)。

第二步：按照下面的原则选取变元转换的**"转轴"**位置(pivot)，假定对应的数字是 a_{kl}。

(1) 转轴所在列的最底下的数必须是负数。

(2) 转轴位置上的数字(a_{kl})必须是正数。

(3) 转轴所在行(即第 k 行)最右端的数字与转轴上的数字(a_{kl})之比必须最小化，即不比在其他行算出的相应比大。

第三步：按下面的原则进行**转换运算**(pivot operation)$^\ominus$，这里实际上采用的是加减消元法。

(1) 转轴所在行的每个数字不变。

(2) 其他行的每个数字($a_{ij}, i \neq k$)转换成 $a'_{ij} = a_{ij} a_{kl} - a_{il} a_{kj}$，特别是，$a'_{il} = 0$，$\forall i \neq k$。

(3) 把最左边一列的 y_{n+k} 换成 y_l。

第四步：重复上述三步，直至最下面一行没有负数。

第五步：读出结果。

作为说明，我们考虑一个简例。

$\ominus$ 这里的算法与一般教科书介绍的略有不同，因为转换过程中避免了除法运算，如果原来矩阵都是整数元素，则表中不会出现分数。

【例 2-20】 给出矩阵博弈如下,求一个纳什均衡。

$$A = \begin{pmatrix} -1 & 1 \\ 2 & -2 \end{pmatrix}$$

【解法】 加上每个元素都是 2 的常数矩阵后:

$$A' = \begin{pmatrix} 1 & 3 \\ 4 & 0 \end{pmatrix}$$

制表(见表 2-3):

表 2-3

	y_1	y_2	y_3	y_4	
y_3	1	3	1	0	1
y_4	4*	0	0	1	1
	−1	−1	0	0	0

选定转轴元素 $a_{21}=4$ 并做转换运算(见表 2-4):

表 2-4

	y_1	y_2	y_3	y_4	
y_3	0	12*	4	−1	3
y_1	4	0	0	1	1
	0	−4	0	1	1

选定转轴元素 $a_{12}=12$ 并做转换运算(见表 2-5):

表 2-5

	y_1	y_2	y_3	y_4	
y_2	0	12	4	−1	3
y_1	48	0	0	12	12
	0	0	16	8	24

读结果,注意 v'^{-1} 等于右下角的数字(24)除以所有转轴数字的乘积($4 \times 12 = 48$),算得 $v'^{-1} = 24.48 = 1/2$,$v' = 2$。从中间两行读出 y_1、y_2,从而求出 q_1、q_2:

$$12y_2 = 3 \Rightarrow y_2 = 1/4 \Rightarrow q_2 = 2y_2 = 1/2$$
$$48y_1 = 12 \Rightarrow y_1 = 1/4 \Rightarrow q_1 = 2y_1 = 1/2$$

再从最后一行读出 p_1、p_2:

$$p_1 = 16/24 = 2/3, \quad p_2 = 8/24 = 1/3$$

最后,原来的矩阵博弈 A 的值是 $v = v' - 2 = 0$,混合策略均衡是 $\langle (2/3, 1/3), (1/2, 1/2) \rangle$。

我们再看一个稍微复杂的例子:

【例 2-21】 求下面矩阵博弈 A 的值和一个纳什均衡(见表 2-6)。

表 2-6

0	1	2	3
1	2	3	0
2	3	0	1

【计算】 我们把计算过程步骤用表 2-7 表示如下:

表 2-7

	y_1	y_2	y_3	y_4	y_5	y_6	y_7	
y_5	0	1	2	3*	1	0	0	1
y_6	1	2	3	0	0	1	0	1
y_7	2	3	0	1	0	0	1	1
	−1	−1	−1	−1	0	0	0	0

	y_1	y_2	y_3	y_4	y_5	y_6	y_7	
y_4	0	1	2	3	1	0	0	1
y_6	3	6	9	0	0	3	0	3
y_7	6*	8	−2	0	−1	0	3	2
	−3	−2	−1	0	1	0	0	0

	y_1	y_2	y_3	y_4	y_5	y_6	y_7	
y_4	0	6	12	18	6	0	0	6
y_6	0	12	60*	0	3	18	−9	12
y_1	6	8	−2	0	−1	0	3	2
	0	12	−12	0	3	0	9	12

	y_1	y_2	y_3	y_4	y_5	y_6	y_7	
y_4	0	216	0	1 080	324	−216	108	216
y_3	0	12	60	0	3	18	−9	12
y_1	360	504	0	0	−54	36	162	144
	0	864	0	0	216	216	432	864

$v^{-1}=864/(3\times 6\times 60)=4/5$, $v=5/4$; NE=⟨(1/4, 1/4, 1/2), (1/2, 0, 1/4, 1/4)⟩。

附录 2A

2A.1 相关均衡

我们只对相关均衡(correlated equilibrium)做个简介。考虑两个局中人 1、2 的双矩阵博弈,假设局中人 1 有 m 个纯策略 $\{s_i: i=1,\cdots,m\}$,局中人 2 有 n 个纯策略 $\{t_j: j=1,\cdots,n\}$。于是,博弈的纯策略组合集合是 $S=\{(s_i, t_j): i=1,\cdots,m, j=1,\cdots,n\}$。假设 p 是两局中人都知道的 S 上的一个概率分布。如

果下面的条件总是得到满足，p 就叫作这个博弈的一个**相关均衡**：

$$\sum_j p(s_i, t_j|s_i)\pi^i(s_i, t_j) \geqslant \sum_j p(s_i, t_j|s_i)\pi^i(s_k, t_j), \quad \forall s_i, \forall s_k$$

$$\sum_i p(s_i, t_j|t_j)\pi^i(s_i, t_j) \geqslant \sum_i p(s_i, t_j|t_j)\pi^i(s_i, t_l), \quad \forall t_j, \forall t_l$$

上边的式子中，$p(s_i, t_j|s_i)$ 是局中人 1 采用 s_i 时局中人 2 采用 t_j 的**条件概率**，$p(s_i, t_j|t_j)$ 是局中人 2 采用 t_j 时局中人 1 采用 s_i 的条件概率。这两个式子的含义是：当对手依照 p 的信息来决策时，自己也依照 p 的信息来决策是使期望赢得最大化的一个最优选择。数学上，第一组不等式左边是局中人 1 按照 p 关于 s_i 的信息来计算采用 s_i 的期望赢得；而右边则表示他尽管得到的是 p 关于 s_i 的信息，他却偏离 s_i 而采用另一个策略 s_k 时的期望赢得；第二组不等式左边是局中人 2 按照 p 关于 t_j 的信息来计算采用 t_j 的期望赢得，而右边则表示她尽管得到的是 p 关于 t_j 的信息，她却偏离 t_j 而采用另一个策略 t_l 时的期望赢得。这两组不等式给出一个线性规划问题。

注意，相关均衡中的概率分布是定义在**纯策略组合集合**上的，隐含了局中人之间可以协调他们的策略选择。而在纳什均衡的概念中，这种协调是不允许的。所以一般情况下相关均衡的数量比纳什均衡要多很多，而每个纳什均衡都对应于一个相关均衡。

作为例子，考察例 2-9 王老吉对加多宝的策略型博弈如图 2-26 所示。

我们知道有三个纳什均衡：⟨H，l⟩，⟨L，h⟩，⟨(1/2，1/2)，(1/2，1/2)⟩，其中混合策略均衡的期望赢得向量是(2，2)。

W\J	h	l
H	1, 1	3, 2
L	2, 3	2, 2

图 2-26

用相关均衡的观点来分析这个问题，有

$$S=\{(H, h), (H, l), (L, h), (L, l)\}$$

容易验证

S 上的概率分布(0，1，0，0)，即 $p(H, l)=1$，是个相关均衡，它对应于纳什均衡⟨H，l⟩；概率分布(0，0，1，0)，即 $p(L, h)=1$，则对应于纳什均衡⟨L，h⟩。

我们来看概率分布(0.25，0.25，0.25，0.25)，即 $p(H, h)=p(H, l)=p(L, h)=p(L, l)=0.25$，当王老吉 W 采用 H 时，因为他知道对手采用 h、l 的条件概率各是 1/2，显而易见，H 是他一个最优选择；当王老吉 W 采用 L 时，他知道对手采用 h、l 的条件概率各是 1/2，显而易见，L 是他一个最优选择；加多宝 J 的决策理性分析完全相同。这个相关均衡刚好对应于混合策略纳什均衡⟨(1/2，1/2)，(1/2，1/2)⟩。

现在我们来验证一个新的相关均衡(0，0.5，0.5，0)，即 $p(H, l)=p(L,$

h)=1/2；当王老吉 W 采用 H 时，他知道对手肯定采用 l，H 当然是他的最优选择，当王老吉 W 采用 L 时，他知道对手肯定采用 h，L 当然是他的最优选择，这时他的期望赢得是 2.5；加多宝 J 的决策理性分析完全相同，她的期望赢得也是 2.5。这个相关均衡比纳什混合策略均衡的效率要高，较高的效率来源于两个局中人的某种协调，结果是只混合两个帕累托最优的赢得向量。事实上，容易明白，对于任意 $x \in [0, 1]$，概率分布 $(0, x, 1-x, 0)$ 都是相关均衡。

我们再来看概率分布 $(0.1, 0.4, 0.4, 0.1)$：当王老吉 W 采用 H 时，他知道对手采用 h、l 的条件概率各是 0.2，0.8，期望赢得是 $0.2(1)+0.8(3)=2.6$，比他改用 L 的期望赢得 2 高许多，H 当然是他的最优选择；当王老吉 W 采用 L 时，他知道对手采用 h、l 的条件概率分别是 0.8、0.2，他的期望赢得是 2，比他改用 H 的期望赢得 $0.8(1)+0.2(3)=1.4$ 高许多，L 当然是他的最优选择。同理可论证 J 的理性。所以 $(0.1, 0.4, 0.4, 0.1)$ 是个相关均衡，其对应的期望赢得向量是 $0.1(1, 1)+0.4(3, 2)+0.4(2, 3)+0.1(2, 2)=(2.3, 2.3)$。

我们来看概率分布 $p=(x, 0.5-x, 0.5-x, x)$ 满足什么条件才给出一个相关均衡，这里 $0 \leqslant x \leqslant 0.5$。当某局中人 W 采用 H 时，他根据 p 的信息知道对手采用 h、l 的条件概率分别是 $2x$，$1-2x$，这时他自己的期望赢得是 $2x+3(1-2x)=3-4x$，如果他偏离到 L，他的期望赢得总是 2，所以要使 H 为理性选择，必须有 $3-4x \geqslant 2$，即 $x \leqslant 0.25$；当 W 采用 L 时，他根据 p 的信息知道对手采用 h、l 的条件概率分别 $1-2x$、$2x$，他自己的期望赢得是 2，如果他偏离到 H，期望赢得是 $1-2x+3(2x)=1+4x$，所以要使 L 为理性选择，必须有 $2 \geqslant 1+4x$，即 $x \leqslant 0.25$。由对称性，对 J 的决策的理性分析也同样得到 $x \leqslant 0.25$。于是，$p=(x, 0.5-x, 0.5-x, x)$ 是相关均衡当且仅当 $x \leqslant 0.25$，而对应的期望赢得向量是 $x(1, 1)+(0.5-x)(2, 3)+(0.5-x)(3, 2)+x(2, 2)=(2.5-2x, 2.5-2x)$。显然，在这些相关均衡中，$x=0$ 给出效率最高的相关均衡 $(0, 0.5, 0.5, 0)$，而 $x=0.25$ 给出效率最低的对称相关均衡 $(0.25, 0.25, 0.25, 0.25)$。

2A.2 双矩阵博弈的一般解法⊖

用非线性规划解双矩阵博弈最为人知的方法是莱姆克-豪森（Lemke-Howson）算法。这个算法一般需要比较多的步骤。下边介绍的是劳埃德·沙普利（Lloyd Shapley）提出的一种简化了的算法。我们先介绍有关的定义和命题。

⊖ 附录介绍的方法来自劳埃德·沙普利教学笔记。

先改写一下 $m\times n$ 双矩阵 $[A,B]$ 中 B 的元素的下标，把 b_{ij} 改记为 b_{im+j}。用 $p=(p_1,\cdots,p_m)$ 和 $q=(q_{m+1},\cdots,q_{m+n})$ 分别表示局中人 I 和 II 的混合策略，于是 $\langle p,q\rangle$ 就是一个策略组合。

命题 2A-1 一个策略组合 $\langle p,q\rangle$ 是这个双矩阵博弈的 NE 当且仅当存在实数 u，w 以及非负实数 $r_i(i=1,\cdots,m)$，$s_{m+j}(j=1,\cdots,n)$ 满足如下条件：

(1) $\sum_{j=1}^{n}a_{ij}q_{m+j}+r_i=u$，$\forall i$；$\sum_{i=1}^{m}b_{im+j}p_i+s_{m+j}=w$，$\forall j$

(2) $p_ir_i=0$，$\forall i$；$q_{m+j}s_{m+j}=0$，$\forall i$

证明：假设 $\langle p,q\rangle$ 是 NE。于是根据期望赢得的定义：

$$\sum_{p_i>0}p_i\sum_{j=1}^{n}a_{ij}q_{m+j}=u=\sum_{p_i>0}p_i\left(\sum_{j=1}^{n}a_{ij}q_{m+j}+r_i\right)=\sum_{p_i>0}p_i\sum_{j=1}^{n}a_{ij}q_{m+j}+\sum_{p_i>0}p_ir_i$$

从而，$p_i>0\Rightarrow r_i=0$。同理可证 $q_{m+j}>0\Rightarrow s_{m+j}=0$。必要性得证。

反之假定满足条件(1)(2)的实数 u，w 以及非负实数 $r_i(i=1,\cdots,m)$，$s_{m+j}(j=1,\cdots,n)$ 存在。

这时只要局中人 II 玩混合策略 q，则无论 I 玩什么纯策略，他的期望赢得都不可能大于 u。另一方面，当他玩对应于 $p_i>0$ 的纯策略时，他刚好得到期望赢得 u，所以混合策略 p 是对 q 的最优回应。同理，q 是对 p 的最优回应。充分性得证。

定义 2A-1 给出策略组合 $\langle p,q\rangle$，设 u、w 为相应的期望赢得，设 r_i、s_{m+j} 如命题中条件所定义。记 $L(p,q)=\{i:p_ir_i=0\}\bigcup\{m+j:q_{m+j}s_{m+j}=0\}$，并称之为 $\langle p,q\rangle$ 的标号集。那么当 $L(p,q)=\{1,\cdots,m,m+1,\cdots,m+n\}$ 时，称 $\langle p,q\rangle$ 为**完全标号的**(completely labeled)。

容易明白，命题 2A-1 与下面的命题等价：

命题 2A-2 一个策略组合 $\langle p,q\rangle$ 是 NE，当且仅当它是完全标号的。

给出一个双矩阵博弈 $[A,B]$，根据命题 2-6，我们不妨设两个赢得矩阵的元素都是正数。根据命题 2A-2，我们以例子说明求解双矩阵博弈的步骤。

【例 2A-1】 求解下面的双矩阵博弈。

$$A=\begin{pmatrix}4&12&8&6\\16&8&12&8\\10&8&10&9\end{pmatrix}\quad B=\begin{pmatrix}25&5&5&8\\1&15&8&4\\17&10&10&9\end{pmatrix}$$

【解法】 第一步：做出下面两个表(见表 2-8 和表 2-9)用来作主变元转换(pivot)

算法[一]：

表 2-8

P	p_1	p_2	p_3	t_4	t_5	t_6	t_7	=
4	25	1	17	1	0	0	0	1
5	5	15	10	0	1	0	0	1
6	5	8	13	0	0	1	0	1
7	8	4	9	0	0	0	1	1

$L(P) = \{1, 2, 3\}$

表 2-9

Q	r_1	r_2	r_3	q_4	q_5	q_6	q_7	=
1	1	0	0	4	12	8	6	1
2	0	1	0	16	8	12	8	1
3	0	0	1	10	8	10	9	1

$L(Q) = \{4, 5, 6, 7\}$

注意，这时所有 p_j、q_{m+j} 都不对应于基向量（于是其值为 0），尽管 $L(p, q)$ 完全标号，但这时 p、q 都不是策略。

第二步：先对表 2-8 做转换运算，转轴元素选定在 p_1 列的位置，因为最右端列的数字全部为 1，而 p_1 列的数字 25 最大，于是以 25 为转轴元素；转换运算相当于**把顶行的若干倍加到下面各行，要把 p_1 列的其他元素变为 0**。[二]注意运算后标号 4 进入 $L(P)$ 取代了 1。接着对表 2-9 做转换运算，因为上一步标号 4 引入 $L(P)$，这次转轴选定在 q_4 列之上，转轴元素为该列最大数字 16。运算后标号 2 取代了 4。这一步完成后得到的结果如表 2-10 和表 2-11 所示。

表 2-10

P	p_1	p_2	p_3	t_4	t_5	t_6	t_7	=
1	25	1	17	1	0	0	0	1
5	0	74	33	−1	5	0	0	4
6	0	39	48	−1	0	5	0	4
7	0	92	89	−8	0	0	25	17

$L(P) = \{2, 3, 4\}$

表 2-11

Q	r_1	r_2	r_3	q_4	q_5	q_6	q_7	=
1	4	−1	0	0	40	20	16	3
4	0	1	0	16	8	12	8	1
3	0	−5	8	0	24	20	32	3

$L(Q) = \{2, 5, 6, 7\}$

[一] 注意这里的转换算法与上面求解矩阵博弈的算法不同，在运算过程中没有变元位置互换。另外，表 2-8 中的松弛变量记为 t_4，t_5，t_6，t_7，而不是 s_4，s_5，s_6，s_7。

[二] 即高斯消元法。

第三步：因上述两表中标号 2 重复，需对表 2-10 继续做转换运算；转轴元素选在 p_2 列上，该列各个数字与最右端列相应数字之比以 74/4 为最大，故以 74 为转轴元素。运算后标号 5 进入 $L(P)$ 取代了 2。接着对表 2-11 做转换运算，转轴元素应在 q_5 列，该列各个数字与最右端列相应数字之比以 40/3 为最大，故以 40 为转轴元素；运算后标号 1 取代了 5。这一步完成后得到的结果如表 2-12 和表 2-13 所示。

表 2-12

P	p_1	p_2	p_3	t_4	t_5	t_6	t_7	=
1	370	0	245	15	−1	0	0	14
2	0	74	33	−1	5	0	0	4
6	0	0	453	−7	−39	74	0	28
7	0	0	3 550	−500	−460	0	1 850	890

L(P)={3，4，5}

表 2-13

Q	r_1	r_2	r_3	q_4	q_5	q_6	q_7	=
5	4	−1	0	0	40	20	16	3
4	−32	48	0	640	0	320	192	16
3	−6	−11	20	0	0	20	56	3

L(Q)={1，2，6，7}

第四步：上述两表再没有重复标号，即所得的 $L(p,q)$ 已经完全标号。可以按以下方法得出答案：

(1) $p_3=0$，$p_1 : p_2 = \dfrac{14}{370} : \dfrac{4}{74} \Rightarrow p = \left(\dfrac{7}{17}, \dfrac{10}{17}, 0\right)$

(2) $q_6=q_7=0$，$q_4 : q_5 = \dfrac{16}{640} : \dfrac{3}{40} \Rightarrow q = \left(\dfrac{1}{4}, \dfrac{3}{4}, 0, 0\right)$

(3) $3u=40q_5 \Rightarrow u=10$，$14w=370p_1 \Rightarrow w=\dfrac{185}{17}$

■ 章末习题

习题 2-1 把 5 张纸牌放在台面上，两个局中人轮流拿走 1 或 2 张。拿到最后那张纸牌的是输家，必须付给对方 10 美元。画出这个扩展型博弈的博弈树，计算每个局中人有多少个纯策略。证明先拿牌的局中人有必胜策略。另外，你能推广这个游戏吗？

习题 2-2 局中人 2 把一箱战略物资装在三辆车 A、B、C 中的一辆里运往前方战场；局中人 1 驾驶轰炸机用剩下的唯一一枚炸弹轰炸其中一辆车。炸弹击中目标的概率与不同的车辆相关，把炸弹投向 A、B、C 的命中率依次为 0.5、0.25、

0.75，如果物资刚好装在被击中的车子内，就会被完全摧毁，否则物资就会被运到战场。假设物资被摧毁时，双方的赢得是(10，−10)；而物资被运到战场时，双方的赢得向量是(−20，20)。试做出博弈的策略型并求出所有纳什均衡。

习题 2-3　局中人 I 把 1、2、3 三个数字之一写在右手心，他攥着拳让局中人 II 猜这个数字。如果局中人 II 猜对了，局中人 I 必须付一笔钱给局中人 II，数目等于他手心上数字的 2 倍；如果局中人 II 猜错了，她必须付一笔钱给局中人 I，数目等于她猜的数与局中人 I 手心的数之差的绝对值。试做出这个博弈的策略型并求解。

习题 2-4　两局中人 I，II 先各自把 1 元钱放在桌上的一个罐子里。局中人 I 从洗匀的 52 张扑克牌（不包括大小鬼）中抽出一张，自己看过后将牌背面朝上放在桌面上。然后，他可以选择开牌或加注。如果开牌，当他的牌花色是红心时，罐中的钱就归他所有，若不是红心，钱就归局中人 II。如果局中人 I 看牌后选择加注，他必须再放 2 元钱到罐子内。接着局中人 II 可以选择跟进或者认输。当局中人 II 选择认输时，局中人 I 不必开牌就可以拿走罐子里的钱；当局中人 II 选择跟进时，她必须再放 2 元钱到罐子里，接着由局中人 I 开牌。当牌的花色是红心时，罐子里的钱归局中人 I 所有，否则归局中人 II 所有。做出博弈的扩展型和策略型，并计算所有纳什均衡。

习题 2-5　局中人 I 有两枚硬币，一枚是均匀的而另一枚不均匀。投掷第一枚时正面和反面出现的概率都是 1/2；投掷第二枚时正面和反面出现的概率分别是 1/3 和 2/3。局中人 I 先选一枚硬币投掷，但他不让局中人 II 知道是哪枚。局中人 II 看到投掷结果后必须猜硬币是哪一枚，如果她猜对了，局中人 I 付给她 24 元；反之，她必须付给局中人 I 18 元。试做出博弈的扩展型和策略型，并计算一个 NE。

习题 2-6　用线性规划方法求解下面的矩阵博弈。
$$A = \begin{pmatrix} 0 & 1 & 2 \\ 2 & -1 & -2 \\ 3 & -3 & 0 \end{pmatrix}$$

习题 2-7　把下面的扩展型博弈（见图 2-27）表示为策略型，注意可以只考虑局中人 I 的简化策略。求出所有的纯策略纳什均衡。

习题 2-8　用简化的 Lemke-Howson 算法求下面双矩阵博弈一个 NE，如图 2-28 所示。

图 2-27

$$A = \begin{pmatrix} 4 & 0 & 2 \\ 4 & 5 & 0 \\ 0 & 3 & 6 \end{pmatrix} \quad B = \begin{pmatrix} -1 & -1 & 4 \\ 3 & 2 & 0 \\ 2 & 3 & 0 \end{pmatrix}$$

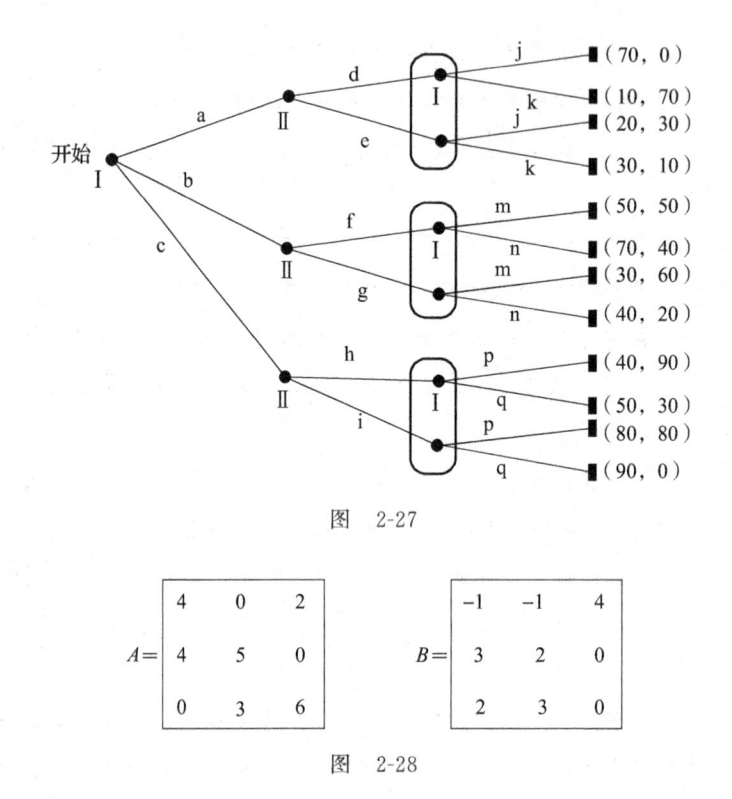

图 2-28

习题 2-9 两个朋友 A、B 闲暇时间各自选择看足球赛或听音乐会，相应的博弈策略型如图 2-29 所示。

其中的赢得单位是 1 美元。

(1) 求出所有的纳什均衡。

(2) 某人 C 公开投掷一枚均匀硬币。如硬币出现正面，C 分别建议 A、B 看足球赛；如硬币出现反面，C 分别建议 A、B 听音乐，验证当 A、B 都听从 C 的建议时，得出原来博弈的一个相关均衡。求出这个相关均衡的期望赢得，与(1)的混合策略纳什均衡比较。

(3) 设想在开始原来的博弈之前，A 先决定烧掉或者不烧掉一张 2 美元钞票，A 的这个选择为 B 所知，然后双方再玩原来的博弈。用逐步消除劣策略和相对劣策略的方法求出唯一一个纳什均衡。

习题 2-10 计算下面博弈的效率最高的对称相关均衡，如图 2-30 所示。

A\B	足球赛	音乐会
足球赛	4, 1	0, 0
音乐会	0, 0	1, 4

图 2-29

1\2	C	D
C	6, 6	2, 7
D	7, 2	0, 0

图 2-30

第3章

子博弈完美均衡

上一章我们讨论了纳什均衡的存在性以及相关计算。很多博弈问题的繁杂性往往不在于 NE 不存在，而是太多，因而人们不知道哪一个 NE 比较能代表博弈的解。因此，所谓纳什均衡的精炼化问题很早就引起了博弈论学者的研究兴趣。本章讨论的是莱因哈德·泽尔腾(Reinhard Selten)最早提出的子博弈完美均衡概念，它正是精炼化的诸多重要概念之一。

3.1 行为策略

讨论扩展型博弈时，与其用上一章混合策略的概念，不如用"行为策略"的概念来得方便。前者是纯策略集合上定义的一个概率分布，掩盖了动态博弈过程中行动(着)选择的顺序；后者则定义在每一个信息集的可选行动集合上，更能反映出博弈中每个局中人逐步决策的细节过程。

定义 3-1 一个局中人在他每个信息集都按照一个概率分布随机地采用该信息集可用的各"着"时，就给出他一个行为混合策略（简称行为策略）。

注意，当某局中人只有一个信息集时，他的混合策略集与行为策略集相同，但是一般情况下，混合策略集的维度高于行为策略集。

在图 3-1 中，我们把行为策略中每个局中人在

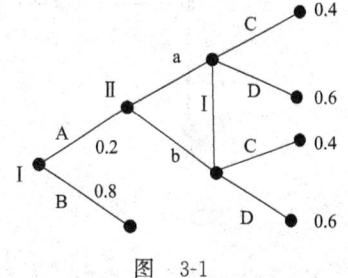

图 3-1

各信息集采用每个"着"的概率附加到相应的有向线段旁边。

【例 3-1】 考察下面的扩展型博弈(见图 3-1)。

这里,局中人 I 有两个信息集,在第一个信息集中,他选 A 的概率是 0.2;在第二个信息集中,他选 C 的概率是 0.4。他的这个行为策略可以记为 $b^1 = [(0.2, 0.8), (0.4, 0.6)]$

关于"博弈路径",我们有

定义 3-2 从博弈起点出发,依次经过一系列节点和有向线段,最后到达某个博弈终点描出的图形称为一条博弈路径。

按照定义,每条博弈路径表示一个局中人选定好一个纯策略而自然界也做出了相应选择的博弈过程。

注意,在自然界参与的博弈中,一个局中人选好的纯策略组合可以产生多条博弈路径,每条博弈路径与自然界的一个选择相对应。

3.2 完美记忆博弈与非完美记忆博弈

我们在第 2 章提到过完美记忆博弈,现在给出与之相关的一些定义和说明。

定义 3-3 假设 t 是扩展型博弈局中人 I 的一个决策点。从博弈开始直至到达 t 前,局中人 I 顺次经历过的本人信息集与在每个信息集采用的"着"构成 I 在 t 处的**经历**(experience)。

定义 3-4 一个局中人叫作有完美记忆的,如果他在同一个信息集的每个节点的经历相同。一个博弈叫作完美记忆的,如果每个局中人都有完美记忆。

【例 3-2】 下面两个博弈是非完美记忆博弈,如图 3-2 和图 3-3 所示。

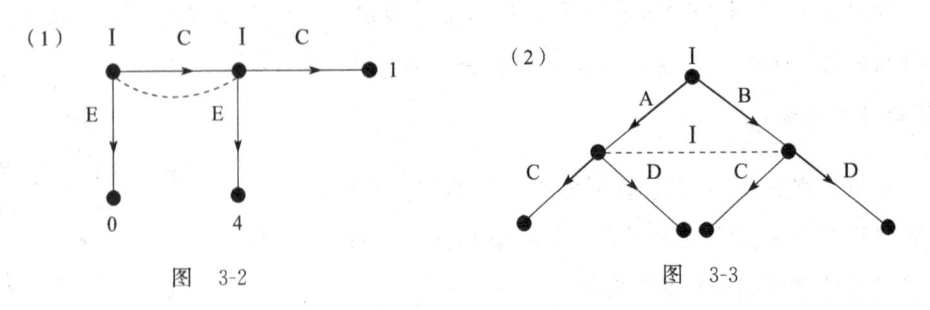

图 3-2

图 3-3

这是一个单人博弈。局中人 I 像个粗心的驾车者,他的家在高速公路右侧的第二个出口处，但他开车时没有留意是否已经驶过了第一个出口。注意，他在信息集的两个不同节点处经历不同。

这是一个单人博弈。局中人 I 在第二个信息集决策时忘了自己在第一个信息集的选"着"，在第二个信息集两个不同节点的经历不同。

附注：非完美记忆博弈有些混合策略可能没有等价的行为策略。

【例 3-2】（续）例 3-2(1)中的博弈，驾车者只有两个纯策略：{E，C}，前者导致赢得为 0，后者导致赢得为 1，因此无论他如何混合，期望赢得总不超过 1；另一方面，他如果采用行为策略$(p, 1-p)$，即每个路口处以概率 p 右转，以概率 $1-p$ 直行，那么他的期望赢得是：$4(1-p)p+(1-p)^2=-3p^2+2p+1$，这个期望赢得在 $p=1/3$ 时有最大值为 $4/3$。

再来看(2)的博弈。局中人有四个纯策略：AC、AD、BC、BD。我们指出，混合策略(0.5，0，0，0.5)没有相应的行为策略。事实上，假设相应的行为策略在第一个信息集采用 A 的概率为 p，采用 B 的概率为 $1-p$；在第二个信息集中采用 C 的概率为 q，采用 D 的概率为 $1-q$。要生成混合策略(0.5，0，0，0.5)，就必须有：$pq=0.5$，$p(1-q)=q(1-p)=0$，$(1-p)(1-q)=0.5$；无论 p 和 q 是什么数，这些方程不可能同时被满足。

非完美记忆博弈讨论起来难度较大，本书不再进一步探讨。对于完美记忆博弈，我们有：

命题 3-1 完美记忆博弈中，每个行为策略都有等价的混合策略，每个混合策略都有唯一的等价行为策略。

【证明大意】假设 b 是某局中人 i 的一个行为策略（为简便计省去 b 的上标），而 s_k 是她一个纯策略。定义她一个混合策略 σ 如下：
$$\sigma(s_k) = \Pi_h b[s_k(h)]$$

其中，$s_k(h)$ 是 s_k 在信息集 h 中选的"着"，$b[s_k(h)]$ 是行为策略 b 在信息集 h 采用 $s_k(h)$ 的概率。而 Π_h 表示 h 跑遍该局中人每一个信息集时得到的所有这些概率的乘积。容易明白当其他局中人的策略给定时，σ 与 b 以相同的概率赋予每个博弈终点，因而导致相同的博弈结果。

反过来，假设 σ 是局中人 i 的一个混合策略，它与其他人的策略决定了若干条博弈路径，$\sigma(s)$ 是 i 选用简化纯策略 s 的概率。

设 h 是 i 任一信息集，而 $\{x, y, \cdots\}$ 是 h 中的节点。博弈到达节点 x 的总概率是

$\sigma(x) = \sum_s \sigma(s)$：$s$ 是 i 的简化纯策略，并且 s 与其他人选定策略的路径抵达 x。

因为博弈有完美记忆，每个节点的经历相同，所以 $\sigma(x) = \sigma(y) = \cdots$。

如果 $\{e, f, \cdots\}$ 是在 h 可以选用的"着"，定义：

$\sigma(x, e) = \sum_s \sigma(s)$：$s$ 是 i 的简化纯策略，并且 s 与其他人选定策略的路径抵达 x 后通过 e，⊖等等。于是，根据 σ 就可以定义相应的行为策略：$b(h)(e) = \sigma(x, e)/\sigma(x)$，如果 $\sigma(x) > 0$；而对于路径不经过的信息集 h，$b(h)(e)$ 可随意定义。容易明白，如此构造的行为策略 b 与混合策略 σ 等价。

上面的论述比较抽象，我们以下面的例子进行说明。

【例 3-3】 图 3-4 的博弈中，局中人 I 有三个信息集，一共有 4 个（简化）纯策略 $\{AC, AD, BE, BF\}$。

与 I 的行为策略 $b = [(0.4, 0.6), (0.5, 0.5), (0.3, 0.7)]$ 对应的混合策略可计算如下：

$\sigma(AC) = (0.4)(0.5) = 0.2$，$\sigma(AD) = (0.4)(0.5) = 0.2$，$\sigma(BE) = (0.6)(0.3) = 0.18$，$\sigma(BF) = (0.6)(0.7) = 0.42$。

反之，给出混合策略 $\tau = (0.2, 0.4, 0.1, 0.3)$ 去计算相应的行为策略：

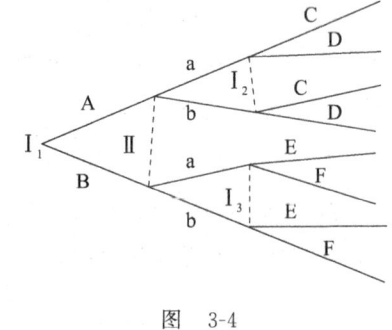

图 3-4

在第一个信息集 I_1 处，$\tau(I_1) = \tau(AC) + \tau(AD) + \tau(BE) + \tau(BF) = 1$，$\tau(I_1, A) = \tau(AC) + \tau(AD) = 0.6$，于是对应的行为策略 b' 满足 $b'(A) = 0.6$，$b'(B) = 0.4$。

同理，在第二个信息集 I_2 处，$\tau(I_2) = \tau(AC) + \tau(AD) = 0.6$，$\tau(I_2, C) = \tau(AC) = 0.2$；于是 $b'(C) = 0.2/0.6 = 1/3$，$b'(D) = 2/3$；最后 $b'(E) = 0.25$，$b'(F) = 0.75$。

作为一个反面例子，我们来看例 3-3'。

【例 3-3'】 图 3-5 是个非完美记忆博弈，局中人 I 在第二个信息集中忘记了他在第一个信息集的选择：

局中人有四个纯策略：$\{AC, AD, BC, BD\}$。在他第二个信息集中，把从上到下的节点

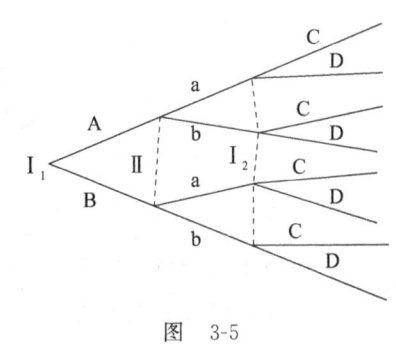

图 3-5

⊖ 注意，$\sigma(x, e)$ 一般小于 $\sigma(x)$，因为抵达 x 的路径不一定通过 e。

记为 x、y、z、w，则 x、y 的经历与 z、w 的经历不同。读者可以自己验证：给出 I 的混合策略 $\sigma=(0.2, 0.4, 0.1, 0.3)$，有 $\sigma(x)=0.2+0.4=0.6$，$\sigma(x, C)=0.4$，以此得出在这个信息集中采用 C 的概率是 2/3；另外，$\sigma(z)=0.1+0.3=0.4$，$\sigma(z, C)=0.3$，$\sigma(x, C)=0.4$，以此得出在这个信息集中采用 C 的概率是 3/4。也就是说，σ 没有相应的行为混合策略。

3.3 子博弈完美均衡

众所周知，一个策略型博弈可以有不止一个纳什均衡，到底哪一个均衡可以视为博弈的解答往往需要进一步分析，而标准不同时结论也相异。扩展型博弈也存在类似的情况，即一个扩展型博弈可以有不止一个纳什均衡。但和策略型博弈难于确定选择解答原则相比，我们可根据扩展型博弈的动态决策过程的理性原则，把纳什均衡的概念进行精炼化，选出"最符合理性原则"的均衡作为解答。本章先讨论子博弈完美均衡的概念。

3.3.1 子博弈与子博弈完美均衡

定义 3-5 假设 t 是一个扩展型博弈 T 的某个单点信息集结点或者是个机会节点，用 T′ 表示从 t 开始继续博弈过程所经过的节点集 P′、有向线段集 E′，以及赢得向量集 V′。如果 T 的每个信息集或者整个 P′ 内，或者整个含于 T/P′，则称 T′=[P′, E′V′] 为 T 的一个子博弈。

附注：按定义任何扩展型博弈 T 也是本身的子博弈，如果 T 有不同于本身的子博弈，称它们为 T 的真子博弈。

【例 3-4】图 3-6 是一个扩展型博弈 T 及它的两个真子博弈。

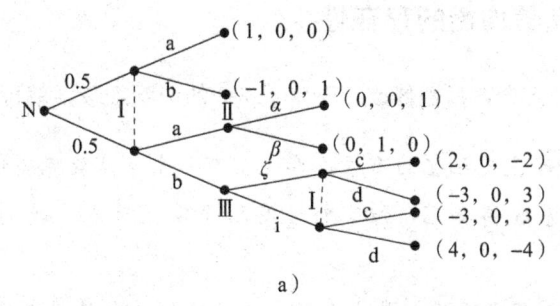

图 3-6
a) 扩展型博弈　b) 真子博弈(1)　c) 真子博弈(2)

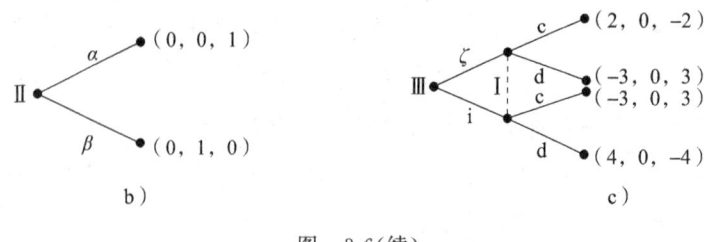

图 3-6(续)

定义 3-6 扩展型博弈 T 的一个纳什均衡叫作子博弈完美纳什均衡(SPNE)，如果相应的策略组合用到 T 的每一个子博弈上时都给出这个子博弈的一个纳什均衡。

【例 3-5】 计算例 3-4 的子博弈完美纳什均衡。

在子博弈(1)中，局中人 II 的最优选择 β 导致赢得向量(0, 1, 0)。在子博弈(2)中，局中人 I 的纳什均衡混合策略是(7/12, 5/12)，局中人 III 的纳什均衡策略也是(7/12, 5/12)，期望赢得向量是($-1/12$, 0, 1/12)(见第 2 章例 2-3)。原来的博弈化简后如图 3-7 所示。

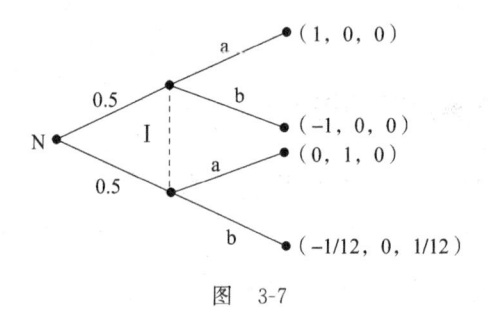

图 3-7

在这个博弈中，局中人 I 的最优策略是 a 时，期望赢得向量是(0.5, 0.5, 0)。于是，子博弈完美纳什均衡中的 I 的行为策略是[a, (7/12, 5/12)]，局中人 II 的行为策略是 β，局中人 III 的行为策略是(7/12, 5/12)。

3.3.2 子博弈完美均衡的存在性

借助行为策略的概念，只需修改一下定理 2-2 的证明细节，就可以证得定理 3-1。

定理 3-1 每个有完美记忆的有限博弈至少有一个子博弈完美纳什均衡。

【证明】 考虑扩展型博弈 G，假定它含有 n 个决策节点，我们对 n 采用数学归纳法来证明定理。

如果 $n=1$，这个节点是唯一局中人的唯一的决策点，她只需选取一个纯策略使期望赢得最大化，就给出一个 SPNE，也就是说，$n=1$ 时定理结论正确。

假设 $n<k$ 时定理结论已证。考虑有 k 个决策节点的博弈 G，考虑博弈中各局中人都使用行为策略。

如果 G 没有真子博弈，那么因纳什定理保证了 G 有 NE，而这个 NE 就是 SPNE。

假设 G 有真子博弈 G'，并且 G' 本身没有真子博弈，以 $b_{G'}$ 表示 G' 的一个（行为策略）NE，并假定相应的期望赢得向量 $\boldsymbol{U}_{G'}$，再以 G 中 $\boldsymbol{U}_{G'}$ 取代 G'，把得到的"简化"博弈记为 Γ，于是 Γ 是个决策点少于 k 的扩展型博弈。由归纳假设，Γ 有一个子博弈完美纳什均衡，记为 b_Γ，把每个局中人在 b_Γ 中选取的行为策略及他在 $b_{G'}$ 选取的行为策略合在一起，就得到他在 G 的一个行为策略，相应的行为策略组合记为 b，我们将证明 b 是 G 的一个 SPNE。

先证明 b 是 G 的 NE，如若不然，则至少有一个局中人（不妨称为 I）可以选用某个纯策略 s^I 取代他在 b 中的行为策略，并取得比他采用原来的 b^I 时更大的期望赢得。我们分几种情况讨论说明这是不可能的：

(1) $s^I|G'$ 没有改变 $b^I|G'$，（纯策略 s^I 没有改变局中人 I 在 G' 的行为策略选择），那么只能是因为 $s^I|\Gamma$ 比 $b^I|\Gamma$ 更优，即当其他局中人采用 Γ 中的策略 $b^I|\Gamma$ 时，局中人 I 采用 $s^I|\Gamma$ 比他采用 $b^I|\Gamma$ 得到的期望赢得更大，但这是不可能的，因为 $b|\Gamma=(b^I|\Gamma, b^{-I}|\Gamma)$ 是 Γ 的 SPNE。

(2) $s^I|G'$ 改变了 $b^I|G'$，并且使局中人 I 在 G' 取得比原来更大的期望赢得。这当然也不可能，因为 $(b^I|G', b^{-I}|G')$ 是 G' 的 NE。

(3) $s^I|G'$ 改变了 $b^I|G'$，但没有提高局中人 I 在 G' 的期望赢得，这样一来，s^I 在 G 中比 b^I 导致局中人 I 取得更高的期望赢得，就只能因为 $s^I|\Gamma$ 在 Γ 中比 $b^I|\Gamma$ 更优，但在(1)的论述中已说明这不可能。

综合(1)(2)(3)可知，b 确实是 G 的一个 NE。

最后来论证 b 是 G 的一个 SPNE，考虑 G 的任意一个子博弈 G_1，分以下两种情况：

(1) G_1 不包含 G'，这时 G_1 是 Γ 的子博弈，因为 $b|\Gamma$ 是 Γ 的 SPNE，所以 $b|G_1$ 是 G 的 NE。

(2) G_1 含有子博弈 G'，在 G_1 中以 $\boldsymbol{U}_{G'}$ 取代 G' 得到的博弈记为 Γ_1，因为 $b|\Gamma_1$ 是 Γ_1 的 SPNE，所以 $b|G'$ 是 G' 的 NE，与论证 b 为 G 的 NE 一样，可以论证 $b|G_1$ 是 G_1 的一个 NE。

综合(1)(2)可知，对 G 的任意子博弈 G_1，$b|G_1$ 给出 G_1 的一个 NE，所以 b 是 G 的一个 SPNE。

命题 3-2 在完美信息博弈中，用倒推归纳法求出的每个 NE 也是 SPNE。

【证明】按定理 2-2 的结论，在使用倒推归纳法的过程中，经达的每一个子博弈都给出该子博弈的一个 NE，所以这种整个博弈的 NE 是子博弈完美的。

附注 1：对于有限的非完美信息扩展型博弈，计算子博弈完美纳什均衡时，可以采用类似于倒推归纳法的思路：把每个不含真子博弈的子博弈用它的一个 NE 赢得向量取代这个子博弈，不断"化简"博弈树。

附注 2：子博弈完美的纳什均衡不一定保证其结果是帕累托最优的，我们举一个非常极端的例子。

【例 3-6】图 3-8 的博弈又称为百足虫博弈。

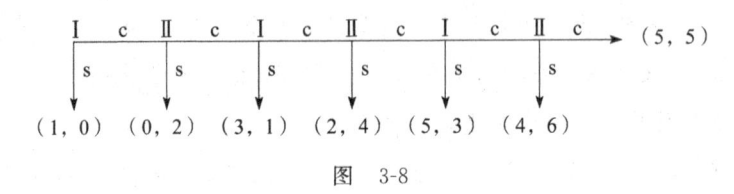

```
  I c  II c  I c  II c  I c  II c
  ↓    ↓    ↓    ↓    ↓    ↓   → (5, 5)
  s    s    s    s    s    s
(1,0)(0,2)(3,1)(2,4)(5,3)(4,6)
```

图 3-8

可以验证，用倒推归纳法得到的 SPNE 是 ⟨s-s-s, s-s-s⟩ 相应的赢得向量 (1, 0)。

另外，还有其他 NE（并非子博弈完美），例如 ⟨s-c-c, s-c-c⟩，赢得向量也是 (1, 0)，这个例子对我们加深理解"策略"和"均衡"的概念具有启发意义，我们下面对其加以详细分析。

每个局中人都有 3 个信息集，在每个信息集中每个局中人都有 2 个着，按定义每个局中人有 $2^3 = 8$ 个完全纯策略 {s-s-s, s-c-s, …, c-c-c}。如果用完全纯策略构造策略型，就得到一个 8×8 的双矩阵，作图与寻找 NE 都比较浪费时间，为简便起见，我们可以考虑简化纯策略，这时每个局中人只有 4 个纯策略 {s, c-s, c-c-s, c-c-c}，一旦选择 s，之后就无须再做选择，因此，相应的策略型如图 3-9 所示。

I/II	s	c-s	c-c-s	c-c-c
s	1, 0	1, 0	1, 0	1, 0
c-s	0, 2	3, 1	3, 1	3, 1
c-c-s	0, 2	2, 4	5, 3	5, 3
c-c-c	0, 2	2, 4	4, 6	5, 5

图 3-9

容易验证，只有一个简化策略的 NE：⟨s, s⟩，它事实上包含了 8 个完全纯策略 NEs：⟨s-s-s, s-s-s⟩，⟨s-c-s, s-s-s⟩，…，⟨s-c-c, s-c-c⟩。事实上，只要每个局中人的第一着都选了 s，不管他们以后如何选着，都构成整个博弈的一个 NE。另一方面，只有 ⟨s-s-s, s-s-s⟩ 是唯一 SPNE。比如，⟨s-c-s, s-s-s⟩ 虽然是个 NE，但如果我们看从局中人 I 的第二个节点开始的子博弈，就会发现，在可选择 s-s 的时候，局中人 I 在此节点的选择是非理性的,如果博弈真抵达这个节点,局中人Ⅰ的最优选择应为 s,而不是 c,所以⟨c-s, s-s⟩不是这个子博弈的 NE,而⟨s-c-s, s-s-s⟩不是整个博弈的 SPNE。当然,局中人Ⅰ在第二个节点的非理性选择不会影响⟨s-c-s, s-s-s⟩,在整个博弈中的 s-c-s 作为对 s-s-s 的最优回应,因为在这对策略之下,博弈过程并没有抵达局中人Ⅰ的第二个节点,因此⟨s-c-s, s-s-s⟩仍然是整个博弈的一个 NE。

子博弈完美纳什均衡有些也会得到帕累托最优的结果,比如在练习题 2.2 的例子之中。

3.3.3 "最后通牒"博弈

二人分享一份财富,由局中人 1 提议给局中人 2 某个份额。如果局中人 2 同意,则按此提议分享,否则每个人都得不到任何份额。我们把这称为**最后通牒博弈**(ultimatum game)。这里总假定每个人的效用是自己分得财富数量的严格增函数。

【例 3-7】二人分享 10 美元的最后通牒博弈。

【分析】先考虑最小的财富单位为 1 美元。如博弈树(见图 3-10)所示,局中人 1 有 10 个纯策略,分别提议分给局中人 2 的财富是 0 美元,1 美元,…,10 美元。在局中人 2 的每个决策节点处,他都有两着:接受(a_j)和拒绝(r_j)。

这个博弈有许多一般纳什均衡。比如,局中人 2 只接受分享至少 6 美元的提议,而局中人 1 恰好只分给他 6 美元。但显然这不是子博弈完美的。因为,如果(在路径外)局中人 1 只提议给局中人 2 5 美元,在之后的子博弈中,若局中人 2 拒绝接受,则最终得到 0 美元,这是违反理性原则的,从而不构成该单人子博弈的纳什均衡。(图 3-10 中双线标示的是各局中人选用的着。)

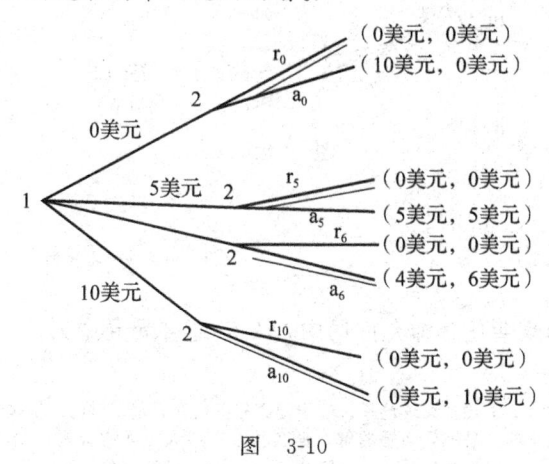

图 3-10

要求出子博弈完美纳什均衡，我们用倒推归纳法：容易明白，理性的局中人 2 应该接受对方给出的任何一个大于 0 美元的财富分享方案。另一方面，对 0 美元财富分享方案，局中人 2 接受或不接受都不违反理性。在前一种情况下，局中人 1 的最优提议是分享 0 美元；在后一种情况下，局中人 1 的最优提议是给予局中人 2 最小的财富分享即 1 美元。我们得到两个子博弈完美均衡如图 3-11 所示。

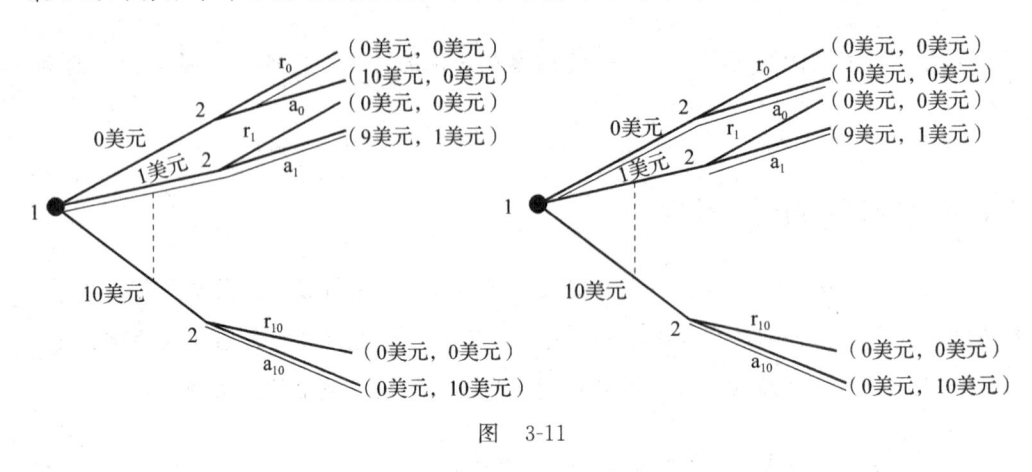

图 3-11

如果财富是无限可分的，即没有最小单位。博弈树中局中人 2 有连续统个决策节点。这时提议给 1 美元的子博弈完美均衡不复存在。唯一的子博弈完美均衡是局中人 1 提议分享 0 美元，而局中人 2 接受任何提案！⊖（如图 3-12 所示）

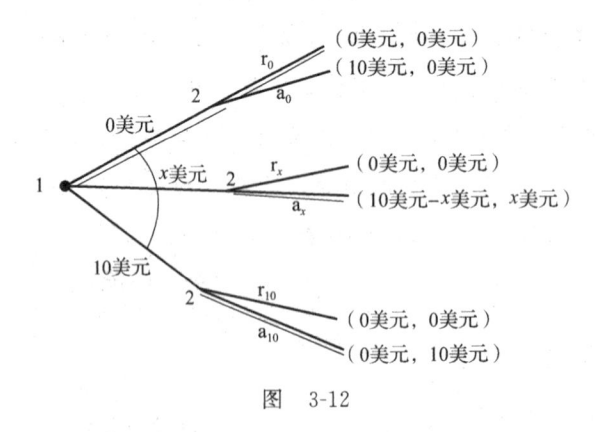

图 3-12

3.3.4 策略型议价

把最后通牒博弈复杂化，即允许局中人 2 拒绝接受局中人 1 的提议后给出自己

⊖ 关于最后通牒博弈，上述古典理论断言的子博弈完美均衡有很多讨论，很多学者不同意这些子博弈完美均衡在实践中确实是博弈问题的解，据实验，局中人 1 通常会提出给予对手大于 0 美元的方案。对此埃文斯、伯内尔和姚（Evans, Burnell and Yao, 1999）在文献中做出了很有说服力的解析。

的提议,甚至让这个过程反复持续,我们称之为策略型议价,或称为替换提议议价。

这里只考虑一种最简单的情况:两个局中人要分享一笔无限可分的财富,他们逐阶段轮流给出提议,让对方决定是否接受;这个过程直到某人的提案为对方所接受而终止。我们依然假定各人的效用都是财富的严格增函数。

策略型议价又分两种情况:有限时域(finite horizon)议价和无限时域(infinite horizon)议价。前者假定经有限次替换提议如未达成协议,则双方都得不到财富分享;后者则假定只要提议未被接受,议价可以无止境进行下去;而两种情况下都假定越迟达成协议,每个局中人所得财富分享的贴现值就越小。

设财富的总量为 1,两个局中人对后一阶段得到的财富贴现率各为 δ_1、δ_2。先来看有限时域的情况,设 N 轮提议都达不成协议财富就不再被分享。为便于导出一般规律,从 $N=2,3$ 开始分析。$N=2$ 时,博弈树示意图如图 3-13 所示。

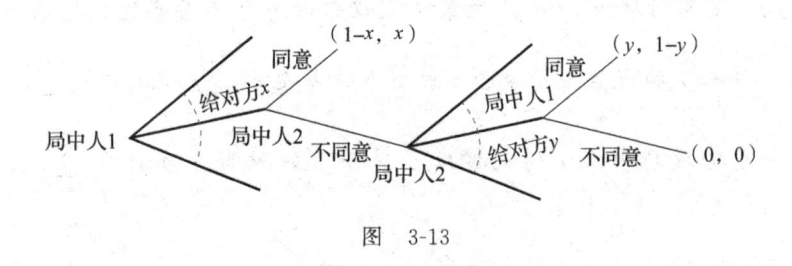

图 3-13

一般的纳什均衡是无限多的。比如,每个局中人只同意对方给予不少于 1/2 的财富的提议,同时每个局中人的提议都刚好分给对手 1/2。这时博弈在第一阶段就结束了,每人分得 1/2 财富。但这不是子博弈完美的:因为在倒数第一阶段的子博弈中,局中人 1 的决策是非理性的,比如他拒绝接受 1/3 财富而宁愿得到 0 美元。

我们用倒推归纳法求一个(唯一的)子博弈完美均衡。在倒数第一阶段,局中人 1 无论同意与否,结果都会得到 0 美元,有如最后通牒博弈,这个阶段子博弈唯一的完美均衡是:局中人 2 选择 $y=0$,而局中人 1 接受任何提议。于是,博弈进入倒数第一阶段时,局中人 2 可获得全部财富 1。注意,这财富是在倒数第一阶段才获得,拿到倒数第二阶段的贴现值为 δ_2。为了在倒数第二阶段(即开始阶段)局中人 2 愿意接受自己的提案,局中人 1 应该给予局中人 2δ_2,留给自己 1$-\delta_2$。毫无疑问,如果 δ_2 很接近 1,则博弈对局中人 2 更有利。

$N=3$ 时的博弈树示意图,有兴趣的读者不妨自行描绘。用倒推归纳法,参考 $N=2$ 的结果,我们知道在倒数第一阶段,局中人 1 给对手 0 美元;在倒数第二阶段,局中人 2 给对手 δ_1,自己保留 1$-\delta_1$;在倒数第三阶段,局中人 1 给对手 $\delta_2(1-\delta_1)$。

【例 3-8】 某房主打算出售房子，对她而言，房子保留价是 350 万元；某购房者对这套房子感兴趣，对他而言，这套房子值 400 万元，而且市场上没有其他合适的房子供他选择。上面所述是共识。双方同意议价在两个阶段完成，先由买方出价，再由卖方还价。假定买方的贴现率是 0.8。

【分析】 注意，如果在第一阶段就成交，带来的总盈余是 50 万元。所以，议价的实质是双方如何分享这 50 万元。我们用倒推归纳法解决这个问题。在倒数第一阶段，房主要占尽所有盈余 50 万元，买方同意获得 0 元盈余。而这 50 万元在倒数第二阶段的贴现值是 40 万元。因此，在倒数第二阶段买方出价时应出 390 万元，自己获得盈余 10 万元。也就是说，房子以 390 万元在第一阶段成交。

一般情况下，有

命题 3-3 有限时域为 N 阶段的策略型议价的一个子博弈完美均衡中，倒数第 $2k$ 阶段局中人 j 的提案给予对手 i 的财富分享是 $\delta_i \sum_{n=0}^{k-1} (\delta_i \delta_j)^n - \sum_{n=1}^{k-1} (\delta_i \delta_j)^n$；倒数第 $2k-1$ 阶段局中人 i 的提案给予对手 j 的财富分享是 $\delta_j \sum_{n=0}^{k-2} (\delta_i \delta_j)^n - \sum_{n=1}^{k-1} (\delta_i \delta_j)^n$。

【证明】 有了 $N=2、3$ 的特例，用数学归纳法可以证明这个命题。有兴趣的读者可以作为练习。

附注：当 $k \to \infty$ 时，上面两个提议分别收敛于 $\dfrac{\delta_i(1-\delta_j)}{1-\delta_i\delta_j}$ 和 $\dfrac{\delta_j(1-\delta_i)}{1-\delta_i\delta_j}$。

最后，我们考虑无限时域的策略型议价。我们将证明：

命题 3-4 在无限时域分享 1 单位财富的替换提议议价中，存在唯一的子博弈完美均衡：局中人 i 提议时总是给予对手财富分享 $\dfrac{\delta_j(1-\delta_i)}{1-\delta_i\delta_j}$，而当对手提议时，他总是只接受不小于 $\dfrac{\delta_i(1-\delta_j)}{1-\delta_i\delta_j}$ 的分享提议。

【证明】 第一步，证明上述给出的策略组合确实是个子博弈完美均衡。

以 T 表示整个博弈树，我们先来证明上述策略组合是 T 的纳什均衡。这个策略组合导出的赢得向量是 $\left(\dfrac{1-\delta_2}{1-\delta_1\delta_2}, \dfrac{\delta_2-\delta_1\delta_2}{1-\delta_1\delta_2} \right)$。给出局中人 2 的策略，容易明白局中人 1 在任何情况下都无法获得多于 $\dfrac{1-\delta_2}{1-\delta_1\delta_2}$ 的财富分享，因此她的策略是最优的；反

过来，给出局中人1的策略，局中人2有两个最优回应：①立即接受提议；②拒绝局中人1的提议，反过来提议给予他$\frac{\delta_1(1-\delta_2)}{1-\delta_1\delta_2}$的财富分享。两者都使得局中人2得到贴现值$\frac{\delta_2(1-\delta_1)}{1-\delta_1\delta_2}$。因此，立即接受局中人1的提议是最优回应之一。于是，这个策略组合是T的一个NE。

现在考虑子博弈。子博弈有两大类：第一类由某局中人提议开始，第二类由某局中人决定是否接受对方的提议开始。其中，第一类的子博弈，除了局中人顺序外，子博弈树T′实际上等价于T。所以，上面定义的策略组合仍然给出T′的一个NE。

第二类的子博弈T′如图3-14所示。

根据上述定义的策略组合，在这个子博弈T′中，其子博弈T″与T等价，而上述定义的策略组合给予局中人i的赢得是$\frac{1-\delta_j}{1-\delta_i\delta_j}$。首先知道，局中人j在T′的策略其实就是他在T″的策略，它总是对j最优的，无论之前i选择接受与否；另一方面，i在T′的第一个节点接受而且只接受前阶段不少于$\frac{\delta_i(1-\delta_j)}{1-\delta_i\delta_j}$的提议，也是他在T′的最优选择。因此，上述定义的策略组合也给出第二类子博弈的NE。到此第一步证明已经完成。

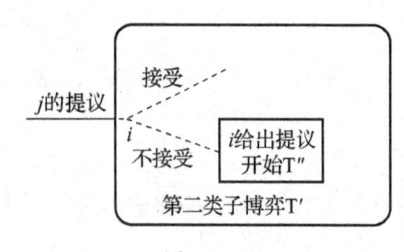

第二步，证明子博弈完美均衡的唯一性。

假设M_i、m_i分别是局中人i作提议开始时所有子博弈完美均衡中她赢得的上确界和下确界。于是，局中人1的任何提议只要给予对手$x_1 > \delta_2 M_2$，就会马上被接受。因此$m_1 \geq 1-\delta_2 M_2$，由此得出$1-m_1 \leq \delta_2 M_2$。同理可得$1-m_2 \leq \delta_1 M_1$。

另一方面，局中人1的任何提议只要给予对手$x_1 < \delta_2 m_2$就会被拒绝，所以$M_1 \leq \max\{1-\delta_2 m_2, \delta_1(1-m_1)\} \leq \max\{1-\delta_2 m_2, \delta_1^2 M_1\}$。

这只能是$M_1 \leq 1-\delta_2 m_2$，同理可得$M_2 \leq 1-\delta_1 m_1$。

综合上述可得$M_1 \leq 1-\delta_2 m_2 \leq 1-\delta_2(1-\delta_1 M_1)$，由此得出$M_1 \leq \frac{1-\delta_2}{1-\delta_1\delta_2}$，同时有$m_1 \geq 1-\delta_2 M_2 \geq 1-\delta_2(1-\delta_1 m_1)$，由此得出$m_1 \geq \frac{1-\delta_2}{1-\delta_1\delta_2}$。

最终得到$M_1 = m_1 = \frac{1-\delta_2}{1-\delta_1\delta_2}$，故子博弈完美均衡唯一。

■ 章末习题

习题 3-1 计算下面博弈（见图 3-15）的子博弈完美均衡。

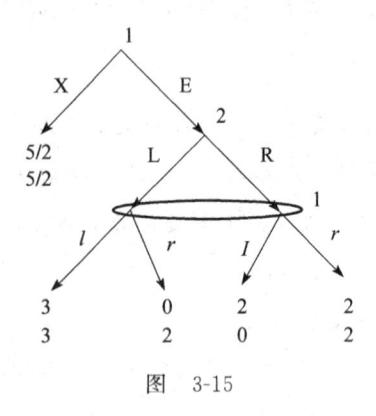

图 3-15

习题 3-2 计算下面博弈（见图 3-16）两个子博弈完美均衡。

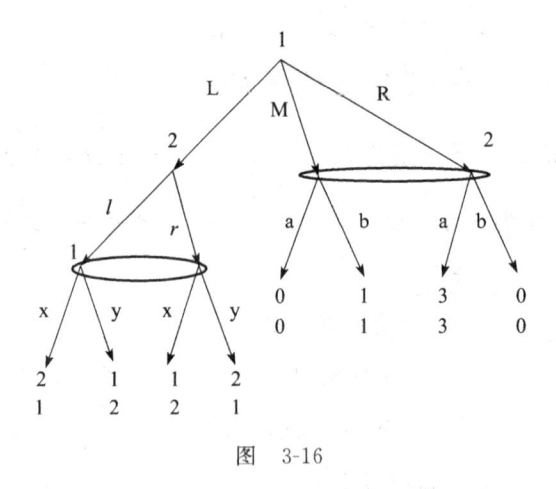

图 3-16

习题 3-3 艾丽丝已经接到雅虎的一份合约，年薪为 r。她现在正和谷歌议价。议价按双方逐次报价的程序进行。假定报价一共 4 轮，谷歌在 1、3 轮报价，艾丽丝在 2、4 轮报价。当谷歌报价为 w 时，如果艾丽丝同意，则议价结束；如果艾丽丝不同意，她或者重新报价，或者直接接受雅虎的合约。如果议价进入第 4 轮，谷歌与艾丽丝的赢得都是 0。如果艾丽丝在第 $t < 4$ 轮接受雅虎的合约，她的赢得是 $r\delta^t$，而谷歌的赢得为 0；如果艾丽丝在第 $t < 4$ 轮接受谷歌的合约，她的赢得是 $w\delta^t$，而谷歌的赢得为 $(\pi - w)\delta^t$。用倒推归纳法计算子博弈完美均衡（假设 $\pi/2 < r < \pi$）。

习题 3-4 艾丽丝和鲍伯竞争参与和凯茜的博弈。第一阶段先由艾丽丝和鲍伯同时分别

报价 p_A 和 p_B。报价高者胜出，并参与对凯茜的下一阶段博弈。而如果艾丽丝和鲍伯报价相同，则抽签决定胜者。胜者先付给凯茜一笔钱，其数量等于报价，然后与凯茜一起参与下面的双矩阵博弈（见图3-17）。

胜者/凯茜	L	R
T	3, 1	0, 0
B	0, 0	1, 3

图 3-17

绘出博弈树并求出子博弈完美均衡。

习题 3-5 绘出下面故事的博弈树，并以子博弈完美均衡的概念加以解析。

几年前，我在新加坡地铁的车厢内看到一个3岁左右的男孩吵着要吃巧克力。他妈妈说，你已经一口气吃了5块了，再吃对身体不好。那男孩于是大哭大闹，最终他妈妈还是迁就他，又给了他两块巧克力。

我那时想到博弈论中一个"宠坏的孩子"的例子。博弈参与者就是一个男孩与他妈妈。首先，在某个场合下孩子选择听话或哭闹，如果他选择听话，博弈就结束，双方的赢得都是1；如果他选择哭闹，妈妈可以选择迁就（比如给他糖果），也可以选择惩罚（比如恐吓他回家让爸爸打他），前者孩子的赢得为2而妈妈的赢得为0，后者双方的赢得都是-1。因为孩子根据经验知道妈妈不会真的惩罚他，所以他每次稍有不如愿就大哭大闹。

习题 3-6 考虑某工人W与某老板B的如下博弈：工人先决定是否给这个老板打工；如果她不打算给这个老板打工，她可以找到另一份固定月收入 s 的工作，而每月要付出劳动总量 $L' = \sqrt{s/2c}$，这时工人的效用为 $s - cL'^2$，而老板B的利润为0；如果她答应为老板B工作，在老板选择资本投入量 K 而工人同时选择劳动投入量 L 的情况下，企业总收益为 $F(K, L)$，这时老板B的利润为 $0.5F(K, L) - rK$，工人的效用为 $0.5F(K, L) - cL^2$。绘出博弈树，选定生产函数和参数 s、c、r 的值，计算一个子博弈完美均衡。

习题 3-7 把例3-8修改成(1)三个阶段替换提议议价，(2)无限时域替换提议议价，分别求出子博弈完美均衡。假设双方的贴现率都是0.8。

第4章

博弈均衡与市场行为

前两章我们介绍了纳什均衡和子博弈完美纳什均衡的概念。在经济学中，与市场行为相关的很多理论实际上都和博弈均衡密切相关。这一章我们就讨论寡占垄断市场的各种博弈均衡。

4.1 寡占垄断市场的产量竞争

寡占垄断市场中的产量竞争有所谓**古诺**(Cournot)模型、**斯塔克尔伯格**(Stackelberg)模型和阻扰进入模型。这一节我们从博弈均衡的角度分析这些模型。为使读者易于理解，我们先以数值例子解析相关概念和机制。

4.1.1 古诺竞争与斯塔克尔伯格竞争

古诺竞争与斯塔克尔伯格竞争的不同之处在于，前者各厂商同时各自选定自己的产量，后者则由先行者先选定自己的产量而后发者在知道先行者产量的情况下再选定自己的产量。我们以双头垄断(duopoly)的情况为例加以说明。

【例4-1】对某种产品的市场需求函数由 $Q=11-P$ 给出，其中 P 是产品的价格，Q 是市场需求总量，厂商Ⅰ与Ⅱ都生产该产品，他们有相同的固定成本0与边际成本1。两个厂商同时决策各自选定自己的产量并把产品投放市场。试求解这一阶段博弈的 NE。

【分析】设厂商 i 的产量为 Q_i。于是，市场的出清价格为 $P=11-Q_1-Q_2$。厂商 1 的利润函数就是：
$$\pi_1 = Q_1(11-Q_1-Q_2) - Q_1 = -Q_1^2 + Q_1(10-Q_2)$$

由一阶条件知道，当 $Q_1 = 5 - 0.5Q_2$ 时，厂商 I 的利润最大化。上式称为 I 的反应函数（reaction function）。

同样可以推导出厂商 II 的反应函数：
$$Q_2 = 5 - 0.5Q_1$$

根据 NE 的"互为最优回应"定义，同时满足两个反应函数条件的产量选择
$$Q_1^* = Q_2^* = 10/3$$

就给出唯一的 NE。这个 NE 又称为古诺均衡（Cournot equilibrium），每个厂商的利润都是 $100/9$。

如例 4-1 所示，厂商通过同时选定产量进行寡占竞争的机制叫作古诺竞争。其博弈树如图 4-1 所示。

下面我们则考虑厂商先后选定产量进行竞争的情况。这种机制称为斯塔克尔伯格竞争，其博弈树如图 4-2 所示。

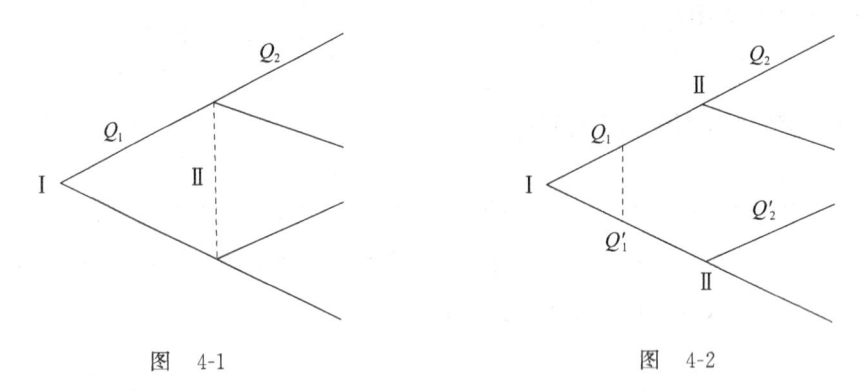

图　4-1　　　　　　　　图　4-2

必须注意，在斯塔克尔伯格竞争中，厂商 II 决策前已经知道厂商 I 的产量，所以厂商 II 的一个纯策略不是一个固定不变的产量，而是根据厂商 I 的产量而变化的一个产量函数：
$$Q_2 = f(Q_1)$$

关于这一点，有一些流行的博弈论书籍是没有说清楚的。

【例 4-2】对某种产品的市场需求函数由 $Q = 11 - P$ 给出，其中 P 是产品的价格，Q 是市场需求总量，厂商 I 与 II 都生产该产品，他们有相同的固定成本 0 与边际成本 1。假定厂商 I 首先占领市场并生产某个产量 Q_1，厂商 II 在知道 Q_1 的情况下再决定自己的产量 Q_2，试求解这个二阶段博弈的一个 SPNE。

【分析】这个例子的博弈树可以参考图 4-2。注意厂商Ⅱ因为是个后发者，对于厂商Ⅰ每一个不同的产量，他都有一个决策节点，每个节点都是他的一个信息集，因此，厂商Ⅱ的一个纯策略是以 Q_1 为自变量的一个函数 $Q_2=f(Q_1)$。

我们用倒推归纳法计算一个 SPNE，必须先求出第二阶段中厂商Ⅱ的最优回应函数。这是很简单的计算。事实上，从例 4-1 我们可以知道这个最优回应函数正是：

$$Q_2=f^*(Q_1)=5-0.5Q_1$$

应用倒推归纳法，博弈树可以表示为图 4-3。

这就是说，厂商Ⅰ选择产量 Q_1 时，他能够预料到厂商Ⅱ将自己的产量定为 $5-0.5Q_1$。这时市场出清价格是 $P=11-Q_1-(5-0.5Q_1)=6-0.5Q_1$。于是厂商Ⅰ的优化问题是要选择 Q_1 让自己的利润最大化：

$$\pi_1=Q_1(6-0.5Q_1)-Q_1$$

从一阶条件，当 $Q_1=5$ 时厂商Ⅰ的利润最大化，这时厂商Ⅱ的产量是 $5-0.5Q_1=2.5$；市场价格是 $P=3.5$；厂商Ⅰ的利润是 12.5，而厂商Ⅱ的利润是 6.25。

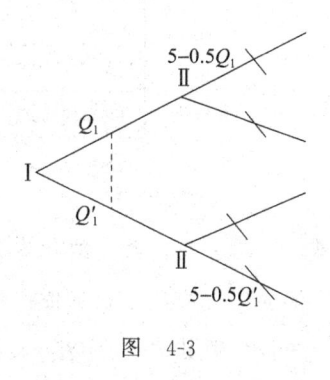

图 4-3

必须强调，这个斯塔克尔伯格均衡应该设为 $\langle Q_1^*=5, Q_2^*=5-0.5Q_1 \rangle$，不能像很多坊间的经济学教科书那样称斯塔克尔伯格均衡是 $\langle Q_1^*=5, Q_2^*=2.5 \rangle$。因为后面这个记法很容易让人产生误解，以为厂商Ⅱ的最优策略是在任何情况下总生产一个固定产量 2.5。如果厂商Ⅱ真的承诺只生产 2.5，那么厂商Ⅰ的最优产量将会是 3.75！（读者可以自行验证。）换句话说，$Q_1^*=5$ 是对厂商Ⅱ的反应函数 $f^*(Q_1)=5-0.5Q_1$ 的最优回应，而不是对厂商Ⅱ的固定产量 2.5 的最优回应。

由于非子博弈完美的 NE 都含有非理性选择，所以一般情况下，人们都认为 SPNE 更能代表博弈的"解"。对于节点比较多的扩展型博弈，因为要化为"策略型"比较烦琐，所以求"解"时，往往在博弈树上直接用倒推归纳法。

另一方面，在某些场合我们不能确保每个局中人总是理性地决策。

【例 4-2′】（当"理性"遇到"非理性"）把例 4-2 的情况简化为，先行者Ⅰ只有两个选择，即古诺产量 $Q_{1C}=10/3$ 或斯塔克尔伯格产量 $Q_{1S}=5$；而后发者Ⅱ也只有两个选择，即古诺产量 $Q_{2C}=10/3$ 或斯塔克尔伯格产量 $Q_{2S}=2.5$。这时博弈树简化如图 4-4 所示。

这个博弈的策略型如图 4-5 所示。

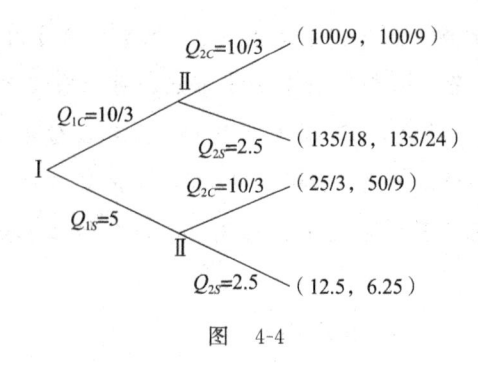

```
                    Q₂C=10/3   (100/9, 100/9)
             Q₁C=10/3  II
                       Q₂S=2.5  (135/18, 135/24)
         I
             Q₁S=5     Q₂C=10/3  (25/3, 50/9)
                    II
                       Q₂S=2.5  (12.5, 6.25)
```

图 4-4

I \ II	Q_{2C}-Q_{2C}	Q_{2C}-Q_{2S}	Q_{2S}-Q_{2C}	Q_{2S}-Q_{2S}
Q_{1C}	100/9, 100/9	100/9, 100/9	135/18, 135/24	135/18, 135/24
Q_{1S}	25/3, 50/9	12.5, 6.25	25/3, 50/9	12.5, 6.25

图 4-5

容易找出两个纳什均衡：$\langle Q_{1S}, Q_{2C}-Q_{2S}\rangle$ 和 $\langle Q_{1C}, Q_{2C}-Q_{2C}\rangle$。前一个正是子博弈完美的斯塔克尔伯格均衡；后一个不是子博弈完美的（在博弈树右下方的子博弈中，厂商 II 的选择 Q_{2C} 是非理性的）。这个非子博弈完美均衡的存在是因为厂商 II 不管厂商 I 的产量如何，他总是生产古诺产量 10/3，而在此情况下厂商 I 的最优产量也只能是 10/3；反之，当厂商 I 生产 10/3 时，厂商 II 的产量 10/3 也是对他最优的。

这个非子博弈完美均衡的故事说明，当完全理性的局中人遇到非完全理性的对手（或者猜想对手非完全理性）时，前者有可能不得不牺牲自己的部分利益以迁就后者。中国有句古语"秀才遇着兵，有理说不清"，在某种意义上正解析了这种场合下的博弈。

4.1.2 阻扰进入问题

上面已经对寡占垄断做了简单讨论，我们在这一节进一步深化这个论题。在寡占垄断竞争中，我们还会遇到在位厂商阻扰潜在厂商进入的情况。从博弈论的观点看，它与子博弈完美均衡的概念有密切联系。

我们来看下面的例子。

【例 4-3】一个在位厂商 I 生产一种产品，对该产品的市场需求是 $Q=11-P$，其中 P 是产品的价格，Q 是市场需求总量；另一家厂商 II 在等候进入市场，他将决定进入当且仅当他进入后能得到正利润。假设厂商 I 和厂商 II 每期的固定成本是 4

而边际成本是1。

【分析】这个博弈的博弈树如图4-6所示。

先假定厂商Ⅰ每期产量是Q_1，如果厂商Ⅱ进入并生产Q_2，那么市场的出清价格是$P=11-Q_1-Q_2$，厂商Ⅱ的利润是$\pi_2=(11-Q_1-Q_2)\cdot Q_2-Q_2-4=-Q_2^2+(10-Q_1)Q_2-4$。容易计算出，$Q_1$给定时，厂商Ⅱ的利润最大化产量是$Q_2=5-0.5Q_1$，这时他的每期利润是：

$$\pi_2=(5-0.5Q_1)^2-4$$

于是，$\pi_2>0$当且仅当$Q_1<6$。也就是说，厂商Ⅱ进入市场当且仅当$Q_1<6$；这时，厂商Ⅰ的每期利润是$\pi_1=[11-Q_1-(5-0.5Q_1)]Q_1-Q_1-4=-0.5Q_1^2+5Q_1-4$，容易断定$Q_1=5$时，每期利润最大化而且$\pi_1=7.5$。另一方面，如果$Q_1\geqslant 6$，厂商Ⅱ将不进入市场；厂商Ⅰ的每期利润为$\pi_1=(11-Q_1)Q_1-Q_1-4=-Q_1^2+10Q_1-4$；$Q_1\in[6,\infty)$。不难验证，$\pi_1$在此区间内是$Q_1$的减函数；从而当$Q_1=6$时，$\pi_1$最大化，并且$\pi_1=20$。比较厂商Ⅰ的上述策略选择，$Q_1=6$是最优的。

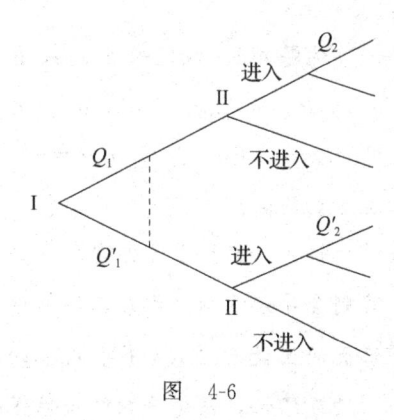

图 4-6

综上所述，这个博弈中唯一的SPNE是：厂商Ⅰ的策略是$Q_1=6$；而厂商Ⅱ的策略是：当$Q_1<6$时进入并生产$Q_2=5-0.5Q_1$，当$Q_1\geqslant 6$时不进入市场。

4.2 产量竞争和价格竞争博弈的一般讨论

寡占垄断的两大类模型分别对应于产量竞争和价格竞争。一般而言，如果生产过程需要较长的时间，相应的模型应该是产量竞争模型（如农业生产）；反之，如果产量的调整可以根据市场需求迅速做出（如已经设计好的软件DVD的销售），则应该考虑价格竞争模型。

下面我们将进一步对寡占竞争博弈的理论加以梳理和深化。重点在于讨论一般产量竞争和价格竞争的均衡存在性及两者的区别。

4.2.1 产量竞争

考虑一个有n个企业的产业，假设它们的产品互为替代商品。假定每个企业i选定好自己的产量q_i，这时每种产品的出清价格是$p_i=F_i(q_1,\cdots,q_n)$。假定企业i的成本函数是$C_i(q_i)$。容易明白企业i的利润是：

$$\pi_i(q_i, q_{-i}) = q_i F_i(q_i, q_{-i}) - C_i(q_i)$$

这里 $q_{-i} \equiv (q_1, \cdots, q_{i-1}, q_{i+1}, \cdots, q_n)$。

命题 4-1 假定每个函数 F_i 连续而有上界，即存在 $P \geqslant 0$，使得 $F_i(q_1, \cdots, q_n) \leqslant P$，而且 $q_i F_i(q_i, q_{-i})$ 关于 q_i 是凹函数。假定 $C_i(q_i)$ 是连续凸函数，而且 $C_i(0) = 0$，$\lim_{q_i \to \infty} C_i(q_i) = +\infty (i = 1, \cdots, n)$，那么这个产量竞争的寡占市场存在古诺均衡。

证明：根据上述假定，在任何情况下每个厂商都不会把自己的产量定得太高，否则会导致亏损。于是，不妨设每个厂商的策略集都是 $0 \leqslant q_i \leqslant Q$，这里 Q 是个足够大的正数。收益函数和成本的连续性保证了赢得函数在策略组合集 $S = [0, Q]^n$ 上的连续性，赢得函数的凹性保证了每个局中人最优回应的存在性和唯一性。直接应用角谷静夫（Kakutani）不动点定理就知道古诺均衡的存在。

【例 4-4】 假设两个厂商各自生产一种产品。以 q_i 表示厂商 i 生产的产品 i 的数量。假设出清价格由下式给出：$p_i = a_i - q_i - b_{ij} q_j$，其中 $j \neq i$，$0 < b_{ij} < 1$。假定厂商 i 的成本函数是 $C_i = c_i q_i + f_i$，$0 < c_i < a_i$。计算古诺均衡。

【分析】 写出利润函数：

$$\pi_i = q_i(a_i - c_i - q_i - b_{ij} q_j) - f_i$$

通过两个一阶条件：

$$\frac{\partial \pi_i}{\partial q_i} = -2q + (a_i - c_i - b_{ij} q_j) = 0$$

得到方程组并求解[⊖]：

$$\begin{pmatrix} 2 & b_{12} \\ b_{21} & 2 \end{pmatrix} \begin{pmatrix} q_1 \\ q_2 \end{pmatrix} = \begin{pmatrix} a_1 - c_1 \\ a_2 - c_2 \end{pmatrix}$$

$$\begin{pmatrix} q_1^* \\ q_2^* \end{pmatrix} = \frac{1}{4 - b_{12} b_{21}} \begin{pmatrix} 2 & -b_{12} \\ -b_{21} & 2 \end{pmatrix} \begin{pmatrix} a_1 - c_1 \\ a_2 - c_2 \end{pmatrix} = \begin{pmatrix} \dfrac{2(a_1 - c_1) - b_{12}(a_2 - c_2)}{4 - b_{12} b_{21}} \\ \dfrac{2(a_2 - c_2) - b_{21}(a_1 - c_1)}{4 - b_{12} b_{21}} \end{pmatrix}$$

均衡价格和利润如下：

$$\begin{pmatrix} p_1^* \\ p_2^* \end{pmatrix} = \begin{pmatrix} c_1 + \dfrac{2(a_1 - c_1) - b_{12}(a_2 - c_2)}{4 - b_{12} b_{21}} \\ c_2 + \dfrac{2(a_2 - c_2) - b_{21}(a_1 - c_1)}{4 - b_{12} b_{21}} \end{pmatrix} = \begin{pmatrix} c_1 + q_1^* \\ c_2 + q_2^* \end{pmatrix}$$

⊖ 此处我们假定 $a_1 - c_1$ 与 $a_2 - c_2$ 都为正数，并且二者数值相差不大。

$$\begin{pmatrix} \pi_1^* \\ \pi_2^* \end{pmatrix} = \begin{pmatrix} (q_1^*)^2 - f_1 \\ (q_2^*)^2 - f_2 \end{pmatrix}$$

4.2.2 价格竞争

考虑一个有 n 个企业的产业，假设它们的产品是互为替代商品。假定每个企业 i 选定好自己的产品价格 p_i，这时市场对每种产品的需求是：$q_i = G_i(p_1, \cdots, p_n)$。假定企业 i 的成本函数是 $C_i(q_i)$。容易明白企业 i 的利润是：

$$\pi_i(p_i, p_{-i}) = p_i G_i(p_i, p_{-i}) - C_i(G_i(p_i, p_{-i}))$$

这里 $p_{-i} \equiv (p_1, \cdots, p_{i-1}, p_{i+1}, \cdots, p_n)$。

我们把价格竞争导致的纳什均衡称为**伯川德均衡**（Bertrand equilibrium）。

命题 4-2 假定每个函数 G_i 连续有界，而且 $\lim_{p_i \to +\infty} p_i G_i(p_i, p_{-i}) = 0$ 关于 p_{-i} 一致。假定 $\pi_i(p_i, p_{-i})$ 是 p_i 的连续凹函数（$i=1, \cdots, n$），那么这个价格竞争的寡占市场存在伯川德均衡。

证明：根据上述假定，在任何情况下每个厂商都不会把自己的价格定得太高，否则会导致亏损。于是，不妨设每个厂商的策略集都是 $0 \leqslant p_i \leqslant p$，这里 p 是个足够大的正数。收益函数和成本的连续性保证了赢得函数在策略组合集 $S = [0, P]^n$ 上的连续性，赢得函数的凹性保证了每个局中人最优回应的存在性和唯一性。直接应用角谷静夫不动点定理就知道伯川德均衡的存在。

【例 4-5】假设两个厂商各自生产一种产品。以 p_i 表示厂商 i 生产的产品 i 的要价。假设需求数量由下式给出：$q_i = \alpha_i - p_i + \beta_{ij} q_j$，其中 $j \neq i$，$0 < \beta_{ij} < 1$。假定厂商 i 的成本函数是 $C_i = c_i q_i + f_i$。计算伯川德均衡。

【分析】写出利润函数。

$$\pi_i = (p_i - c_i)(\alpha_i - p_i + \beta_{ij} q_j) - f_i$$

计算两个一阶条件得方程组并求解：

$$\begin{pmatrix} 2 & -\beta_{12} \\ -\beta_{21} & 2 \end{pmatrix} \begin{pmatrix} p_1 \\ p_2 \end{pmatrix} = \begin{pmatrix} \alpha_1 + c_1 \\ \alpha_2 + c_2 \end{pmatrix}$$

$$\begin{pmatrix} \hat{p}_1 \\ \hat{p}_2 \end{pmatrix} = \frac{1}{4 - \beta_{12}\beta_{21}} \begin{pmatrix} 2 & \beta_{12} \\ \beta_{21} & 2 \end{pmatrix} \begin{pmatrix} \alpha_1 + c_1 \\ \alpha_2 + c_2 \end{pmatrix} = \begin{pmatrix} \dfrac{2(\alpha_1 + c_1) + \beta_{12}(\alpha_2 + c_2)}{4 - \beta_{12}\beta_{21}} \\ \dfrac{2(\alpha_2 + c_2) + \beta_{21}(\alpha_1 + c_1)}{4 - \beta_{12}\beta_{21}} \end{pmatrix}$$

均衡产量和利润如下：

$$\begin{pmatrix} \hat{q}_1 \\ \hat{q}_2 \end{pmatrix} = \begin{pmatrix} \hat{p}_1 - c_1 \\ \hat{p}_2 - c_2 \end{pmatrix}$$

$$\begin{pmatrix} \hat{\pi}_1 \\ \hat{\pi}_2 \end{pmatrix} = \begin{pmatrix} (\hat{q}_1)^2 - f_1 \\ (\hat{q}_2)^2 - f_2 \end{pmatrix}$$

4.2.3 两种竞争的比较

我们考虑两个对称厂商的情况：假设两个厂商各自生产一种产品。以 q_i 表示厂商 i 生产的产品 i 的数量。假设出清价格由下式给出：$p_i = a - q_i - bq_j$，其中 $j \neq i$，$0 < b < 1$。假定厂商 i 的成本函数是 $C_i = cq_i + f$，$0 < c < a$。

先计算古诺均衡。从例 4-4 注意到 $a_i = a$，$b_i = b$，$c_i = c$，$f_i = f$，不难得出：

$$q_1^* = q_2^* = \frac{a-c}{2+b}$$

$$p_1^* = p_2^* = \frac{a+(1+b)c}{2+b}$$

$$\pi_1^* = \pi_2^* = \left(\frac{a-c}{2+b}\right)^2 - f$$

再计算伯川德均衡。先从 $p_i = a - q_i - bq_j$ 解出：

$$q_i = (1-b^2)^{-1}[a(1-b) - p_i + bp_j]$$

于是

$$\pi_i = (1-b^2)^{-1}(p_i - c)[a(1-b) - p_i + bp_j]$$

反应函数是：

$$p_i = \frac{1}{2}[a(1-b) + c + bp_j]$$

根据对称性有：

$$\hat{p}_1 = \hat{p}_2 = \frac{a+c-ab}{2-b}$$

$$\hat{q}_1 = \hat{q}_2 = \frac{a-c}{2+b-b^2}$$

$$\hat{\pi}_1 = \hat{\pi}_2 = \left(\frac{a-c}{2+b-b^2}\right)^2 - f$$

容易明白，$\hat{q} > q^*$，$\hat{p} < p^*$，$\hat{\pi} < \pi^*$。于是我们得到如下命题。

命题 4-3 在相同的市场条件下，两个对称的寡占垄断厂商进行产量竞争与价格竞争。前者产量较低而价格较高,利润也较高。而从资源配置的角度看,价格竞争会比产量竞争带来较高的福利。

4.3 超市选址和豪特林(Hotelling)问题

超市选址理论可以归入产业区位理论的范畴。这里只考虑最简单的一维情况。我们分别考虑离散选点和连续选点两种情况。

4.3.1 离散选点

仅以一个例子加以说明。

【例 4-6】一条东西走向的公路北面是居民区,居民区共有 100 条南北走向的机动车道与公路连接,而居民均匀分布地居住在各条机动车道的两边,只能开车从每条机动车道右转进入公路。两家集团公司Ⅰ和Ⅱ先后在公路一侧选址,各开设一个综合性超市,假设每条机动车道的路口最多只能设置一个超市,且居民区的每户居民都开车到超市购物。集团公司Ⅰ和Ⅱ如何选址开超市才构成一个 SPNE。

【分析】用倒推归纳法的思路解这个问题,假设集团公司Ⅰ把超市选址定在从东往西数的第 i 个机动车道转入公路的出口边。

分两种情况考虑:

(1) $i<51$,这时集团公司Ⅱ的最优回应是把自己的超市地点定在第 $j^*=i+1$ 个机动车道的出口处,这时集团公司Ⅱ的超市将获得至少 50% 的顾客。

(2) $i \geqslant 51$,这时集团公司Ⅱ的最优回应是把自己的超市地点定在第 $j^*=1$ 个机动车道的出口处,这样集团公司Ⅱ也可以至少获得 50% 的顾客。

综合(1)(2),无论集团公司Ⅰ在什么地方选址开设超市,后发者Ⅱ总可以设法抢走 50% 以上的顾客。作为集团公司Ⅰ的最优策略,他可以把自己的超市地点定在第 51 个机动车道的出口处,诱导集团公司Ⅱ设点在第 1 个机动车道出口处,这样集团公司Ⅰ就获得 50% 的顾客。

这个博弈的 SPNE 可以表为:$\langle i^*=51; j^*=i^*+1$ 当 $i<51, j^*=1$ 当 $i \geqslant 51 \rangle$。

【例 4-6′】我们把上述问题稍微改动一下,将先后决策改为同时决策,并假设当两个超市同时选址在同一路口时,它们平分驾车到该处的顾客。

【分析】这时我们论证不存在纯策略 NE。下面分几步来论证:

(1) 两个超市选址在同一个街口 j 时不支持一个 NE。事实上，若 $j<50$，其中一个超市可改选址在街口 $j+1$ 而得到更多顾客；如果 $j \geqslant 50$，则其中一个超市可改选址在街口 1 而得到更多顾客。

(2) 两个超市选址在相邻两个街口 $j, j+1$ 时不支持一个 NE。事实上，如果 $j>1$，则该超市改选址在街口 1 时可以得到更多顾客；如果 $j \leqslant 1$，则该超市改选址在街口 $j+2$ 时可以得到更多顾客。

(3) 两个超市选址在不相邻两个街口 $j, j+k(k>1)$ 时不支持一个 NE。这时后面那个超市改选址在街口 $j+1$ 时可获得更多顾客。

综上所述，这个选址问题没有纯策略 NE。

4.3.2 连续选点

下面先讨论著名的豪特林问题，我们仅以一个例子加以说明。

【例 4-7】一个一维城市用一个区间 $[0,1]$ 表示一个连续统的居民们均匀分布在这个区间之上。两个商场分别设在区间两个端点上，它们都出售同样的商品篮子。为简单计，假定每个居民每期必须购买 1 个商品篮子。分别以 p_A, p_B 表示设在两端的商场要价，以 c 表示每个商场为每个商品篮子必须支付的边际成本。每个居民到某个商场购买商品篮子时还要支付交通费用 $\min\{tx^2, t(1-x)^2\}$，其中 x 是居民在区间中的位置（坐标），上式表示他选择到距离较近的商场购买。

【分析】我们要求这个价格竞争博弈的 NE，为此必须先确定每个商场的需求函数。以 $\bar{x}$ 表示到两个商场购买的总成本都一样的那些居民（一个 0 测度集），这个 $\bar{x}$ 满足以下条件：

$$p_A + t\bar{x}^2 = p_B + t(1-\bar{x})^2$$

由此解出：

$$\bar{x} = \frac{p_B - p_A + t}{2t}$$

注意，上式只有在 $|p_A - p_B| \leqslant t$ 时才有实际意义。这时两个商场的需求可以表示为：

$$q_A = \frac{p_B - p_A + t}{2t}, \quad q_B = 1 - \frac{p_B - p_A + t}{2t} = \frac{p_A - p_B + t}{2t}$$

于是两个厂商的利润分别为：

$$\pi_A = (p_A - c)\frac{p_B - p_A + t}{2t}, \quad q_B = (p_B - c)\frac{p_A - p_B + t}{2t}$$

由一阶条件容易算出均衡：

$$\hat{p}_A = \hat{p}_B = c + t$$

这时各商场的利润为：

$$\hat{\pi}_A = \hat{\pi}_B = \frac{t}{2}$$

注意，当 $t=0$ 时，我们得到完全同质产品(homogeneous product)的标准伯川德均衡。

更有趣味的是商场位置的选择也考虑在内的博弈。我们看下面的例子。

【例 4-7'】 一个一维城市用一个区间 $[0,1]$ 表示一个连续统计的居民们均匀分布在这个区间之上。两个商场出售同样的商品篮子。为简单计，假定每个居民每期必须购买 1 个商品篮子。商场 A、B 先分别选址 x_A、x_B，然后分别选定价格 p_A、p_B。以 c 表示每个商场为每个商品篮子必须支付的边际成本。每个居民到某个商场购买商品篮子时还要支付交通费用 $\min\{tx^2, t(1-x)^2\}$，其中 x 是居民在区间中的位置（坐标），上式表示他选择到距离较近的商场购买。

【分析】 我们按倒推归纳法的思路解这个问题。先假定 $x_A = a$，$x_B = 1-b$ 在第一阶段已经选定。考虑第二阶段的价格竞争。居民们到某个商场购买的总成本函数如图 4-7 曲线所示。

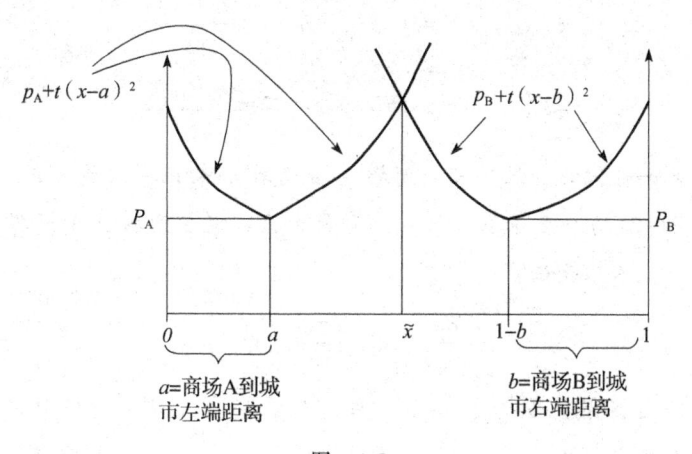

图 4-7

我们先确定到两个商场购买总成本一样的居民所在位置 $\tilde{x}$：

$$p_A + t(\tilde{x} - a)^2 = p_B + t(1 - b - \tilde{x})^2$$

不难算出⊖：

⊖ 注意下面的表达式只有事先假定 $1-b-a$ 大于某个正值时，即两个商场的距离不小于某个正值时，才有实际意义，这是这个模型的严重缺点。读者可参考本章习题 4-3。

$$\tilde{x} = \frac{p_B - p_A}{2t(1-b-a)} + \frac{(1-b+a)}{2} = \frac{p_B - p_A}{2t(1-b-a)} + \frac{(1-b-a)}{2} + a$$

两个商场的需求函数分别是：

$$q_A = \tilde{x} = \frac{p_B - p_A}{2t(1-b-a)} + \frac{(1-b-a)}{2} + a$$

$$q_B = \frac{p_A - p_B}{2t(1-b-a)} + \frac{1-b-a}{2} + b$$

利润函数是：

$$\pi_A = (p_A - c)\left(a + \frac{(1-b-a)}{2} + \frac{p_B - p_A}{2t(1-b-a)}\right)$$

$$\pi_B = (p_B - c)\left(b + \frac{(1-b-a)}{2} + \frac{p_A - p_B}{2t(1-b-a)}\right)$$

由一阶条件可解出均衡价格：

$$p_B^*(a, b) = c + t(1-b-a)\left(1 + \frac{b-a}{3}\right)$$

$$p_A^*(a, b) = c + t(1-b-a)\left(1 + \frac{a-b}{3}\right)$$

而均衡利润是：

$$\pi_A^*(a, b) = t(1-a-b)\frac{(3-b+a)^2}{18}$$

$$\pi_B^*(a, b) = t(1-a-b)\frac{(3+b-a)^2}{18}$$

下面考虑第一阶段的选址决策，商场 A 要选取 a 来让利润最大化，假定商场 B 的选择是 b；同时商场 B 要选取 b 来让利润最大化，假定商场 A 的选择是 a。

计算偏导数，不难验证：

$$\frac{\partial \pi_A^*}{\partial a} < 0, \quad \frac{\partial \pi_B^*}{\partial b} < 0$$

于是，商场 A 的最优选择是 $a = 0$，即选址在城市左端；商场 B 的最优选择是 $b = 0$，即选址在城市右端。

附注：从资源配置的角度看，$a = 1/4$，$b = 3/4$ 可以把居民购物的总成本最小化[一]。但由于商场之间的竞争追求各自的利润最大化而造成产品差异化程度过高，这导致社会福利达不到最优。

一 读者自行验证，这是个很有意思的练习。

4.4 策略型市场博弈简介

古典经济学研究市场比较习惯把供给和需求分开，直到一般均衡理论才同时考虑生产者利润最大化和消费者效用最大化的决策问题。在一般均衡理论讨论的交换经济(exchange economy)中，总是设想有一个叫价人(referee)根据市场情况不断地发布和调整商品价格，直至市场完全出清。

沙普利、苏比克(Shubik)、谢林(Shell)和迪贝(Dubey)等学者以博弈模型分析市场均衡问题，商品价格通过局中人的策略内生出来。这类模型还有一个优点就是，它既适用于完全竞争的市场结构，也适用于寡占垄断的市场结构。我们把相关的博弈称为策略型市场博弈(strategic market games)。策略型市场博弈内容丰富，很多论题仍然在研究之中。㊀这里我们介绍沙普利提出，由萨希(Sahi)和姚顺添(Yao)最终完美解决的一个模型㊁。

4.4.1 策略型市场博弈与一般均衡模型（GE）的比较

我们仅以一个简例说明问题。

【例4-8】考虑一个两种商品{A，B}四个经济人{1，2，3，4}的交换经济。假定经济人1、2各有禀赋(endowment)(2，0)，即每个人有2单位商品A；经济人3、4各有禀赋(0，2)，即每人有2单位商品B。假定每个经济人有相同的效用函数 $u=xy$，其中 x 是他消费的商品A的数量，y 是他消费的商品B的数量。计算这个交换经济的一般均衡。

【分析】根据对称性可以假设两种商品的价格相同，或者说价格向量为(1，1)。给出这个价格向量，经济人1或2的决策问题是：

$$\max u = xy$$
$$ST. \ x+y=1\times 2+1\times 0=2$$

容易算出

$$x^* = 1, \ y^* = 1$$

这就是说，经济人1或2都是出售1单位商品A，购入1单位商品B。
类似计算得到经济人3和4，都是出售1单位商品B，购入1单位商品A。

㊀ 参阅 G. Giraud(2003)．
㊁ 参阅 Sahi and Yao(1989)．

可以验证这时两个市场同时出清。

附注：在一般均衡理论中，每个经济人在决策时把价格向量视为给定，认为价格不受自己决策行为的影响。因此严格而言，一般均衡理论只对有连续统测度的经济人集合才精确适用。

下面我们以策略型市场博弈的观点分析这个问题。

【例 4-8'】 考虑一个两种商品{A，B}四个经济人{1，2，3，4}的交换经济。假定经济人 1、2 各有禀赋(2,0)，即每人有 2 单位商品 A；经济人 3、4 各有禀赋(0,2)，即每个人有 2 单位商品 B。假定每个经济人有相同的效用函数 $u=xy$，其中 x 是他消费的商品 A 的数量，y 是他消费的商品 B 的数量。用市场博弈的观点分析解决这个问题。

【分析】 首先注意，经济内只有 4 个经济人，假定个人决策不影响商品价格是理由不足的。以博弈论的观点看，当经济人 2 拟用 1 单位商品 A 换商品 B，而 3、4 各拟用 1 单位商品 B 换商品 A 时，经济人 1 如果拟用 x 单位商品 A 换商品 B，那么内生的出清价格应由下式决定：

$$p_1(x+1)=p_2(1+1)=2p_2$$

如果把商品 B 的价格定为 1，则商品 A 的价格为

$$p_1=\frac{2}{1+x}$$

这时经济人 1 换回商品 B 的数量是

$$\frac{2x}{1+x}$$

他的效用为：

$$u=(2-x)\frac{2x}{1+x}$$

由一阶条件计算出他的最优策略是

$$x^*=\sqrt{3}-1\approx 0.7321$$

其实我们可以做如下对比：

(1) $x=1 \Rightarrow p_1=1=p_2 \Rightarrow u=1\times 1=1$

(2) $x=\sqrt{3}-1 \Rightarrow p_1=\frac{2}{\sqrt{3}}>1=p_2 \Rightarrow u=\frac{(3-\sqrt{3})\times 2(\sqrt{3}-1)}{\sqrt{3}}=2(\sqrt{3}-1)^2\approx 1.072$

因此例 4-8 的 GE 不是策略型市场博弈的 NE。

下面计算一个策略型市场博弈的 NE。由对称性我们可以假设经济人 1、2 各出

售 q 单位的商品 A 以换取商品 B，同时经济人 3、4 各出售 q 单位的商品 B 以换取商品 A。考察经济人 1 的决策，要证明出售 q 单位的商品 A 以换取商品 B 确实是他对其他人策略选择的最优回应。

在其他人按上述策略博弈时，设想经济人 1 出售 x 单位的商品 A。把产品 B 的价格正规化为 1，这时产品 A 的内生价格是：

$$p_1 = \frac{2q}{q+x}$$

于是经济人 1 的效用为：

$$u = (2-x)\frac{2qx}{q+x}$$

计算得

$$\frac{du}{dx} = \frac{-2qx^2 - 4q^2 x + 4q^2}{(q+x)^2}$$

假设 $x=q$ 时 u 有最大值，从而

$$\left.\frac{du}{dx}\right|_{x=q} = 0 \Rightarrow q = \frac{2}{3}$$

也就是说，每个经济人出售自己禀赋商品的 2/3，商品价格还是 1；而每个经济人的效用为 $u=(4/3)(2/3)=8/9$。这说明有垄断力的市场交换的结果不是帕累托最优的。⊖

4.4.2 沙普利窗口模型的描述

考虑 n 个经济人和 m 种商品的一般情况。在沙普利构建的窗口模型中，每个经济人 i 的禀赋表示为：

$$a^i = (a_1^i, \cdots, a_m^i)$$

其中，第 j 个分量是他开始时持有商品 j 的数量。假设他的效用函数是

$$u^i = u^i(z_1^i, \cdots, z_m^i)$$

其中，z_j^i 是他通过市场交换后最终消费商品 j 的数量。

这个经济人一个策略是

$$b^i = \begin{bmatrix} 0 & b_{12}^i & \cdots & b_{1m}^i \\ b_{21}^i & 0 & \cdots & b_{2m}^i \\ & \cdots & \cdots & \\ b_{m1}^i & \cdots & b_{mm-1}^i & 0 \end{bmatrix}$$

⊖ 可以验证，如果例中每类经济人有 n 个，当 $n \to \infty$ 时，有 $q \to 1$。即在极限情况下，纳什均衡收敛于一般均衡。反过来说，一般均衡的结果只在经济人非常多的极限情况下才是精确的。

其中，b_{jk}^i 是他拟用商品 j 的数量来购买商品 k 的。自然这些数量必须受到如下约束：

$$\sum_{k=1}^m b_{jk}^i \leqslant a_j^i$$

假设窗口 j 收集所有经济人出售的商品 j，又假设商品 j 的内生价格为 p_j。于是集中于窗口 j 的商品 j 的总价值是：

$$p_j \sum_{i=1}^n \sum_{k=1}^m b_{jk}^i$$

各人购买的商品 j 花费的总价值是：

$$\sum_{k=1}^m p_k \sum_{i=1}^n b_{kj}^i$$

这两个价值必须相等：

$$p_j \sum_{i=1}^n \sum_{k=1}^m b_{jk}^i = \sum_{k=1}^m p_k \sum_{i=1}^n b_{kj}^i$$

记

$$b_{jk} \equiv \sum_{i=1}^n b_{jk}^i$$

那么上面的方程化为：

$$\left(-\sum_{k=1}^m b_{jk}\right) p_j + \sum_{k \neq j} b_{kj} p_k = 0$$

让 j 跑遍 $1, \cdots, m$，得到方程组：

$$\begin{pmatrix} -\sum_{k \neq 1} b_{1k} & b_{21} & \cdots & b_{m1} \\ b_{12} & -\sum_{k \neq 2} b_{2k} & \cdots & b_{m2} \\ & \cdots & \cdots & \\ b_{1m} & \cdots & b_{m-1\,m} & -\sum_{k \neq m} b_{mk} \end{pmatrix} \begin{pmatrix} p_1 \\ p \\ \vdots \\ p_m \end{pmatrix} = \begin{pmatrix} 0 \\ 0 \\ \vdots \\ 0 \end{pmatrix}$$

注意到上面的齐次线性方程组各行向量之和是 0 向量，因此方程组有非 0 解。而且当上面的系数矩阵通过对称行列重排不能化为分块三角阵时，方程组有唯一标准化正解（即每个价格为正而所有价格之和等于 1）。这个解向量就是内生的出清价格向量。

通过一些技巧性的处理，在一般条件下，可以证明沙普利模型的策略型市场博弈有纳什均衡。㊀因为论证十分数学化，此处从略。

㊀ 见 Sahi and Yao(1988)。

■ 章末习题

习题 4-1 两个厂商生产完全相同的产品在同一市场出售。假定它们有完全相同的成本函数，且市场对产品的需求足够大，试证明在价格竞争的机制之下各厂商的均衡价格刚好等于平均成本（ATC）。

习题 4-2 两个厂商 1、2 生产互为替代品的差异产品进行价格竞争，它们有对称的线性市场需求：

$$q_1 = 1 - p_1 + 0.5 p_2, \quad q_2 = 1 - p_2 + 0.5 p_1$$

假定每个厂商的固定成本为 0 而边际成本为 $c \leqslant 1$。

(1) 假定两个厂商同时定价，计算一个 NE。

(2) 假定厂商 1 先行定价让厂商 2 知道，厂商 2 随后再定价。计算相应的子博弈完美均衡，验证厂商 2 有后发优势。

(3) 假定厂商 2 定价后厂商 1 再修改自己的价格，厂商 1 修改价格后厂商 2 再次修改自己的价格，如此循环。证明在极限情况下价格序列收敛于同时定价时的均衡价格。

习题 4-3 在例 4-7 中，如果商场的位置关于街道中央对称，与街道两端的距离均为 a 且 $a < 0.5$，顾客们支付的交通成本与到商场的距离不成正比（即把 tx^2 改为 tx），详细讨论价格竞争均衡的存在性。

习题 4-4 在例 4-8′中把每类经济人的个数改为 n。计算策略型市场博弈均衡。验证 $n \to \infty$ 时，策略均衡收敛于 GE。

第 5 章

重复博弈

本章我们讨论重复博弈，考虑一个简单的博弈由局中人不断反复地进行。我们将会发现，除了简单博弈的纳什均衡可以派生出重复博弈的"均衡"之外，重复博弈会有大量新出现的均衡，在没有给出相关概念严格的定义之前，我们先用一个简单例子加以说明。

【例 5-1】 考虑某产品卖家(S)和买家(B)之间的简单博弈。卖家生产的产品可以是高质量或低质量的，生产成本分别是 0.5 或 0，高质量产品对买家的价值是 1，低质量产品对买家的价值是 0。假定这种产品的市场价格是 0.75，且买家购买时不能识别产品的质量。

【分析】 卖家的两个纯策略是"生产高质量产品"(H)和"生产低质量产品"(L)，而买家的两个纯策略是"购买"(Y)和"不购买"(N)。单价的博弈策略型如图 5-1 所示。

容易明白，这个单价的博弈有唯一的纳什均衡⟨L，N⟩，即卖家生产低质量产品，而买家不购买，尽管策略组合⟨H，Y⟩给出最有效率的结果，但是它并不支撑一个纳什均衡。

S\B	Y	N
H	0.25, 0.25	−0.5, 0
L	0.5, −0.75	0, 0

图 5-1

现在考虑这个博弈反复并无限次地进行下去，这时在重复博弈中每个局中人的一个策略，包含了他(她)在每一轮决策中的选择。这里必须注意的是，局中人在每一轮中的决策选择可以依赖于该轮之前双方已经做出的历史选择，因此，严格而言，重复博弈中即是一个纯策略，比如：第一轮生产高质量产品，以后每轮生产什么产品依赖于双方在历史上是否一直达成交易。如果一直达成交易，则继续生产高质量产品；如果不是，则以后都生产低质量产品。

在指出什么是重复博弈的纳什均衡之前，我们必须先说明局中人在重复博弈中的"赢得"如何计算，由于每轮赢得的时刻不同，可以设想局中人对"将来"的赢得打折扣。为了简单起见，我们在本章中总假定每个局中人在对以后每轮赢得打折扣时采用相同的"贴现率"δ，$0<\delta<1$。于是，如果某局中人在第 k 轮简单博弈中的赢得为 u_k，那么，他在无限次重复博弈中的赢得就是：

$$\sum_{k=1}^{\infty}\delta^{k-1}u_k$$

我们回顾例 5-1 中的买卖重复博弈就容易明白：

（1）当卖家每轮都生产低质量产品，而买家每轮都不买时，我们得到一个重复博弈的纳什均衡。

（2）卖家每轮都生产高质量产品，而买家每轮都买时，这对纯策略不是一个纳什均衡，因为只要买家承诺他每轮总是购买（不依赖卖家在历史上的行为），那么卖家每轮都会生产低质量产品以获得更高的赢得。

上述（1）及（2）的结论与一阶段简单博弈的结论并无本质区别。

有趣的是，在重复博弈中，我们可以得到一个有效率的纳什均衡，只要 $\delta \geqslant 2/3$。

我们考虑下面的重复博弈策略组合：

卖家：只要在历史上买家总是购买，下一轮就生产高质量产品；一旦买家开始拒绝购买，今后永远生产低质量产品。[⊖]

买家：只要历史上卖家总生产高质量产品，下一轮就购买；一旦卖家开始生产低质量产品，今后永远不再购买。

首先，如果双方都选定上述策略，则在重复博弈中每个局中人的赢得都是：

$$0.25+0.25\delta+\cdots+0.25\delta^{k-1}+\cdots=\frac{1}{4(1-\delta)}$$

现在考虑买家遵守他的策略，看卖家的策略是否"最优回应"。事实上，如果卖家在某轮（第 k 轮）开始偏离上述他的策略，那么在第 k 轮中他获得的最高利润不会超过 0.75，但从第 $k+1$ 轮开始，由于买家总是不再买他的产品，卖家从第 k 轮开始赢得序列，每项都不超过下面序列的相应项

$$0.75, 0, 0, \cdots$$

也就是说，这时卖家从第 k 轮开始的子博弈中，赢得不会超过 0.75。

⊖ 第一轮之前没有"历史"，故卖家生产高质量产品；类似地，第一轮买家购买对方的产品。

在整个博弈中，由于卖家从第 k 轮开始偏离原来的策略，他的赢得变成：

$$0.25+0.25\delta+\cdots+0.25\delta^{k-2}+0.75\delta^{k-1}=\frac{1+2\delta^{k-1}-3\delta^k}{4(1-\delta)}$$

当 $\delta\geqslant 2/3$ 时，$2\delta^{k-1}-3\delta^k\leqslant 0$；这时上式的值不大于 $\dfrac{1}{4(1-\delta)}$，也就是说，卖家在任何时候偏离他原来的策略都没有好处。

另一方面，假定卖家遵守上面设定的纯策略，即只要历史上买家总是购买他的产品，他就总是生产高质量产品。于是，买家今后总是购买明显是买家的最优回应。于是，我们证明了纯策略组合给出了该重复博弈一个有效率的纳什均衡。

5.1 Minmax 策略与安全性

为了稍微深入地讨论一下重复博弈，我们必须先考虑非合作博弈异于纳什均衡的一种"解"。好在我们已经在第 2 章讨论了矩阵博弈，为即将展开的讨论打下了基础。

5.1.1 双矩阵博弈一个有趣的例子

【例 5-2】考虑下面的二人非合作博弈（见图 5-2）。

I\II	σ	τ	ω
s	0, 1	1, 0	1, −1 000
t	1, 0	0, 1	1, 2

图 5-2

容易明白，⟨t, ω⟩是这个博弈唯一的纯策略 NE。相应的赢得向量是(1, 2)；另一方面，当局中人 II 选取策略 ω 时，局中人 I 实际上觉得策略 s 与策略 t 无区别，如若局中人 I 真的采用策略 s，局中人 II 的结果是灾难性的。（赢得为−1 000！）

因此，在某些情况下，即使博弈存在有效率的纳什均衡，在实际运作中，这个均衡也不一定能成为非合作博弈的结果。正如在这个例子中，如果您是局中人 II，您绝不会冒险采用纯策略 ω。

博弈的另一种解概念叫作 Maxmin 策略，使用这种策略的想法是从对自己可能出现的所有坏结果中选取最好的一个，为了解析这个概念，我们再详细考察这个例子中的博弈。

站在局中人Ⅱ的角度,如果她设想对手(局中人Ⅰ)博弈的目的不是为了获得最高的期望赢得,而是为了尽可能损害她(局中人Ⅱ)的利益,于是局中人Ⅰ在博弈中实际考虑的就不是原来的双矩阵,而是(见图5-3):

Ⅰ\Ⅱ	σ	τ	ω
s	-1, 1	0, 0	1 000, -1 000
t	0, 0	-1, 1	-2, 2

图 5-3

也就是说,局中人Ⅰ实际上将局中人Ⅱ的赢得看作他自己的损失。在这个设想的零和博弈中,我们可以算出一个混合策略纳什均衡〈(0.5, 0.5), (0.5, 0.5, 0)〉,相应的赢得向量是(0.5, 0.5)。

回到原来的真实博弈,从我们以前对矩阵博弈的讨论可知,只要局中人Ⅱ采用混合策略 d=(0.5, 0.5, 0),则无论局中人Ⅰ使用什么策略,局中人Ⅱ的赢得都不可能小于 0.5。另一方面,只要局中人Ⅰ采用策略 a=(0.5, 0.5),则无论局中人Ⅱ采用任何策略,她的赢得都不可能大于 0.5。于是,如果分别以 x、y 表示两个局中人的混合策略,实际上我们有

$$\max_y \min_x xBy^T = 0.5$$

这里 B 是原来双矩阵博弈Ⅱ的赢得矩阵(见图5-4):

1	0	-1 000
0	1	2

图 5-4

5.1.2 相关定义

定义 5-1 现在考虑一般的 n 人策略型博弈,设 i 是其中一个局中人,把其他局中人的全体 $\{1, \cdots, i-1, i+1, \cdots, n\}$ 记为 $-i$,以 Σ^i 表示 i 的混合策略集合,以 Ω^{-i} 表示其他局中人互相协调的混合策略集合。注意 Ω^{-i} 是 Σ^i 的**凸包**[⊖](convex hull),一般比 Σ^i 含有更多的元素,定义 i 的安全值(safety value)为:

$$v^i = \max_{\sigma^i \in \Sigma^i} \min_{\omega^{-i} \in \Omega^{-i}} \pi^i(\sigma^i, \omega^{-i})$$

如果

$$v^i = \pi^i(d^i, a^{-i})$$

⊖ 一个集合 S 的凸包是包含 S 的最小凸集合。

则称 d^i 为局中人 i 的**防御策略**(defending strategy)，称 a^{-i} 为其他局中人对 i 的**攻击策略**(attacking strategy)。

定义 5-2 考虑一个 k 人策略型博弈，假设第 i 个局中人的纯策略集合是 S^i，他的混合策略集合是 Σ^i，注意 $\Sigma^i = \mathrm{CH}(S^i)$ 是 S^i 的凸包，如前所述，一个(非合作)混合策略组合 σ 是 $\Sigma = \Sigma^1 \times \cdots \times \Sigma^k$ 的元素。另一方面，如果允许局中人之间协调他们的策略选择(即允许合作)，则一个(合作)混合策略 ω 是 $\Omega = \mathrm{CH}(S^1 \times \cdots \times S^k)$ 的元素，其中 $\mathrm{CH}(S^1 \times \cdots \times S^k)$ 是 $S^1 \times \cdots \times S^k$ 的凸包。

为了说明 Σ 与 Ω 的差异，我们来看一个简单博弈(见图 5-5)。

这里，$S^1 = \{s, t\}$，$S^2 = \{\sigma, \tau\}$，

$\mathrm{HC}(S^1) = \{(x, 1-x): 0 \leqslant x \leqslant 1\} = \Sigma^1$，

$\mathrm{HC}(S^2) = \{(y, 1-y): 0 \leqslant y \leqslant 1\} = \Sigma^2$，

$\Sigma = \{((x, 1-x), (y, 1-y)): 0 \leqslant x \leqslant 1, 0 \leqslant y \leqslant 1\}$，

Σ 等价于 xy 平面一个正方形(见图 5-6)：

1\2	σ	τ
s	1, 1	10, 0
t	0, 10	3, 3

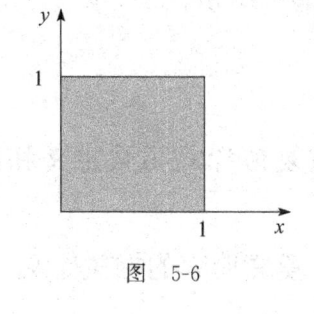

图 5-5

图 5-6

现在来看 Ω，注意到 $S^1 \times S^2 = \{(s, \sigma), (s, \tau), (t, \sigma), (t, \tau)\}$，

$\mathrm{HC}(S^1 \times S^2) = \{(p, q, r, z): p, q, r, z \geqslant 0, p+q+r+z = 1\}$

其中，p、q、r、z 依次是协调地选取每个纯策略组合 (s, σ)、(s, τ)、(t, σ)、(t, τ) 的概率。所以 Ω 等价于三维空间一个单纯型(四面体)，如图 5-7 所示。

特别是，当二人协调时，他们可以采用合作混合策略 $(0.5, 0, 0, 0.5)$，即一半的概率采用 (s, σ)，另一半的概率采用 (t, τ)。但在 Σ 中，这种(非合作)混合策略是不存在的，当局中人 1 使用混合策略 $(0.5, 0.5)$ 以及局中人 2 使用混合策略 $(0.5, 0.5)$ 时，因为没有协调，得到的策略只等价于 Ω 中的混合策略 $(0.25, 0.25, 0.25, 0.25)$。有趣的是，当二人不合作地穷尽所有混

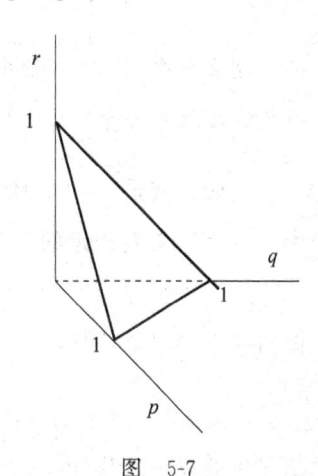

图 5-7

合策略时，期望赢得的集合如图 5-8 所示。

这个图叫作这个博弈的**非合作赢得容许集**(noncooperative feasible set，NCFS)。另一方面，如果双方合作，博弈的结果如图 5-9 所示。

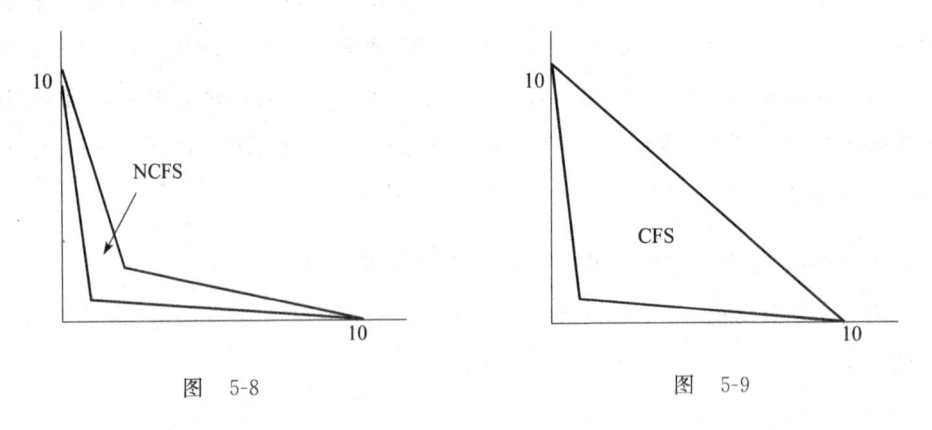

图 5-8

图 5-9

这叫作**合作赢得容许集**(cooperative feasible set，CFS)

请注意，在双方不合作的时候(5，5)不是期望赢得向量；只有在双方合作时并以 0.5 的概率采用(t，σ)，以 0.5 的概率采用(s，τ)时，才能获得(5，5)这个赢得向量。

5.2 重复博弈的相关定义和民间定理

5.2.1 重复博弈的相关定义

定义 5-3 假设 G 是一个单阶段 n 人有限策略型博弈，以 $G^\infty(\delta)$ 表示 G 的无限次重复博弈，以 $\delta \in (0, 1)$ 表示每个局中人在计算单阶段博弈赢得时的贴现率。

定义 5-4 在 $G^\infty(\delta)$ 中，局中人 i 的一个策略由他在每个阶段中选定的阶段策略构成，他在每个阶段 $t+1$ 选定的策略，可以依赖于博弈在前 t 阶段中的结果。

比如，假定 $n=2$，阶段博弈每个局中人有 2 个纯策略。假定在前 t 个阶段博弈中，每个局中人选定的是纯策略，那么这 t 个阶段博弈会产生出 4^t 个不同的结果（节点），于是在第 $t+1$ 阶段博弈中，每个局中人的纯策略必须在 4^t 个信息集中都做出一个策略的选择，在不同信息集中这些选择可以不同。

定义 5-5 对于 $G^\infty(\delta)$，我们将每个局中人 i 的赢得定义为他在各个阶段博弈赢得的贴现平均值(discount average)。

$$(1-\delta)\sum_t \delta^{t-1}\pi^i(\sigma_t)$$

其中 σ_t 是所有局中人在第 t 轮选取的策略组合。

注意，这里赢得定义不同于 4.1.2 节例子的定义，但显然这两个定义不会导致不同的均衡概念。

定义 5-6 阶段博弈 G 的合作赢得容许集记为 $CFS(G)$，它包含允许局中人互相协调策略选择时可能得到的所有赢得向量：$CFS(G)=\{x: x^i=\pi^i(\omega), \omega\in\Omega\}$。今后总假定 $CFS(G)$ 有上界，也就是说，存在 $M>0$，使 $GFS(G)$ 中每个赢得向量的每一个分量 $x^i \leqslant M$。

5.2.2 民间定理

现在叙述重复博弈两个最基本的定理。这些定理的最初发现者已经无法准确确定，但结论又广为人知，故称为民间定理。

先来引入一个最原始的民间定理。

定理 5-1 （重复博弈纳什均衡的存在性）以 V 表示单阶段博弈 G 的合作赢得容许集中满足**严格个人理性**的赢得子集：

$$V=\{x\in CFS(G): x^i>v^i\}$$

其中，v^i 是 i 的安全值。那么，对于每个 $x\in V$，存在 $\delta(x)$ 足够接近 1，使得 $\delta(x)<\delta<1$ 时，都存在 $G^\infty(\delta)$ 的一个 NE 以 x 为赢得向量。

【证明】 这个定理的证明比较简单。因为 $x\in CFS(G)$，故存在 $\omega\in\Omega$，使得 $\pi^i(\omega)=x^i$。现在要证明在重复博弈中，当每个局中人 i 选择如下策略时就给出 $G^\infty(\delta)$ 一个 NE：

i 的策略如下：

(1) 只要历史上没有任何局中人在阶段博弈中偏离他在 ω 中的策略，则 i 在每次阶段博弈中都选择 ω^i；

(2) 一旦在某次阶段博弈中有局中人开始偏离他在 ω 中的策略，设偏离者中编号最小者为 j，则 i 从下一次的阶段博弈开始每次都采用 Ω^{-j} 中对 j 的攻击策略。

容易明白，当每个局中人在 $G^\infty(\delta)$ 中都采用上述策略时，因为没有人首先在阶段博弈中偏离他在 ω 中的选择，每个局中人 i 在 $G^\infty(\delta)$ 中的赢得正等于：

$$\pi^i=(1-\delta)\sum_{t=1}^\infty \delta^{t-1}x^i=x^i$$

另外，倘若某局中人 j 从某次（比如 t）阶段博弈起偏离 ω^j，则她在 $G^\infty(\delta)$ 中的赢得序列不会比下面的更好：
$$x^j, \cdots, x^j, M, v^j, v^j \cdots$$

其中，M 是他在第 t 次阶段博弈中得到的最大可能赢得（参考定义 5.6 $CFS(G)$ 的有界性假设）。不难证实，因为 $v^i < x^i$，当 δ 足够接近 1 时：
$$M + \delta v^i + \delta_2 v^i + \cdots < x^i + \delta x^i + \delta^2 x^i + \cdots$$

因此没有任何一个局中人能够从偏离中获益，也就是说，(1)(2)描述的策略组合的确给出 $G^\infty(\delta)$ 的一个 NE。

注意，这个定理所指的重复博弈 NE 不一定是子博弈完美的。为此我们来看例 5-3。

【例 5-3】给出下面的阶段博弈 G（见图 5-10）。

I\II	a	d
a	−10, −10	2, 0
d	0, 2	1, 1

图 5-10

验证：当 $\delta > 0$ 充分接近 1 时，在 $G^\infty(\delta)$ 中下面的策略组合是一个 NE，其赢得向量是 (1, 1)。

每个局中人的策略[○]如下：

(1) 只要历史上对手在阶段博弈中未曾偏离策略 d，则在每次阶段博弈中自己都选择 d。

(2) 一旦在某次阶段博弈中对手开始偏离策略 d，则从下一次的阶段博弈开始自己每次都采用 a。

【分析】要验证这个 NE 不是子博弈完美的，注意到两个局中人都偏离 d 之后的子博弈。在每一个子博弈中，每个局中人永远选用策略 a，这显然不构成子博弈的 NE：当一个局中人这样做时，另一个人的最优回应是永远选择 d。

另一方面我们有：

定理 5-2（重复博弈的子博弈完美均衡存在定理）假设单阶段博弈 G 纳什均衡的赢得向量是 $x = (x^1, \cdots, x^n)$，那么每个满足以下条件的向量 $y \in CFS(G)$ 并且 $y^i > x^i$，存在 $\delta(y)$ 充分接近 1，使得只要 $\delta(y) < \delta < 1$，$G^\infty(\delta)$ 就有一个 SPNE，其赢得向量为 y。

○ 这个策略叫作"天真扳机策略"（naïve trigger strategy）。

【证明】 假设在 G 中混合策略 σ 导致 x, 假设在 G 中协调策略 $\omega\in\Omega$ 导致赢得向量 y。在 $G^\infty(\delta)$ 中各局中人的策略如下[⊖]:

(1) 在每个单阶段博弈中一直采用 ω^i, 只要没有人在历史上偏离 ω 中的策略。

(2) 一旦有人(包括自己)开始偏离 ω, 比如 $i_1,\cdots,i_k$ 诸人同时开始偏离, 那么从下一轮开始各人转为采用 σ 中的策略。

只要 δ 足够接近 1, 偏离开 ω 者的贴现平均赢得将小于 y 中的赢得, 所以没有人愿意偏离 ω 中的策略, 即上述策略是 $G^\infty(\delta)$ 的纳什均衡, 这个均衡是子博弈完美的, 因为在每个子博弈中各局中人的策略组合或者与整个博弈的策略等价, 或者就是 σ。

5.3 有限重复博弈

和无限次重复博弈完全不同, 有限次的重复博弈不能保证导致异于阶段博弈均衡的新均衡。问题是, 有限重复博弈由完全理性推导出来的均衡结果有时与实际环境下观察到的结果并不一致。本节讨论泽尔腾提出的连锁店悖论。

5.3.1 连锁店的故事

一家大公司在 20 个小区都设有分店。如果分店在小区内保持垄断, 它每期的利润为 5。如果分店在小区内遇到某潜在竞争者的挑战(进入市场), 那么双方的博弈由图 5-11 描述。

现在假设每个小区潜在对手决定是否进入是依次决策的, 即后一个小区对手决策时已经知道前面各小区连锁分店与潜在对手的博弈结果。

容易验证, 在信息完整的情况下, 有命题 5-1。

命题 5-1 上述博弈唯一的子博弈完美均衡是: 每个小区的潜在对手都进入, 而连锁店在每个小区的分店都默认对手的进入。

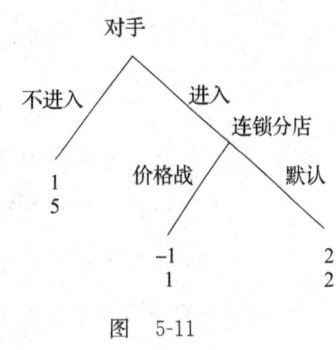

图 5-11

【证明】 考虑最后一个小区的博弈[⊖]。从图 5-11 容易验证, 这个阶段博弈唯一的子博弈完美均衡就是〈进入, 默认〉。倒推到第 19 个小区, 依然有相同的唯一的阶段

⊖ 这个策略叫作"扳机策略"(trigger strategy)。
⊖ 有趣的是, 这个阶段博弈的机制与第 3 章习题 3-5 关于"宠坏的孩子"的博弈完全相同。

博弈子博弈完美均衡。于是命题得证。

注意，在这个唯一的子博弈完美均衡中，连锁店的总利润是 40。

5.3.2 悖论

上一段的理论结论在实践中往往得不到证实。事实上，连锁店作为一个整体，它完全有可能在前几个小区的博弈中选择"价格战"让进入者亏损，以"杀鸡儆猴"的手段吓阻后面每个小区的潜在进入者。比如，连锁店可以在前 3 个小区都采用吓阻手段，假设这使得以后至少有 10 个小区的对手都不敢进入。这样一来，连锁店的总利润就不低于 60。另外，因为每个小区的对手都是各自为战，在知道连锁店有可能采取"杀鸡儆猴"的策略时，很可能谁也不想冒风险做第一只被杀的"鸡"。

关于连锁店悖论的讨论还有很多文献，都涉及非完全信息博弈。我们这里不再讨论了。

▪ 章末习题

习题 5-1 给出下面的双矩阵博弈（见图 5-12）。

	L	R
U	−2, 2	1, −2
M	1, −2	−2, 2
D	0, 1	−1, −3

图 5-12

(1) 绘出非合作赢得容许集 NCFS。

(2) 绘出合作赢得容许集 CFS。

(3) 绘出严格个人理性赢得子集 V。

习题 5-2 给出阶段双矩阵博弈 G（见图 5-13）。

	A	B	C
A	3, 3	0, 4	−2, 0
B	4, 0	1, 1	−2, 0
C	0, −2	0, −2	−1, −1

图 5-13

(1) 验证在 $G^\infty(\delta)$ 中，赢得向量(3，3)可以支持一个子博弈完美均衡。

(2) 假设这个阶段博弈重复两次，证明存在一个子博弈完美均衡给出总赢得向量(4，4)。

习题 5-3　考虑下面的阶段博弈的无限次重复(见图 5-14)。

	C	D
C	2, 2	0, 3
D	3, 0	1, 1

图　5-14

假定每个人都选用**一报还一报**(tit for tat)策略，第一轮即以 C 开始，以后每轮选用对手上一轮的策略。这对策略能支持一个重复博弈的子博弈完美均衡吗？

习题 5-4　仍然考虑习题 5-3 的阶段博弈。在无限次重复博弈中假定一方选用一报还一报策略，另一方选用**扳机策略**(trigger strategy)，即只要历史上有人在阶段博弈中曾经偏离 C，自己今后永远选用 D。验证这对策略不支持一个子博弈完美均衡。

第 6 章

非完整信息博弈

因为外部环境的不确定性,或者因为对对手的特征缺少了解,日常遇到的博弈中,往往一个局中人可能不知道对手的赢得函数。比如在寡占垄断中,一个厂商可能不知道准确的市场需求,也可能不知道对手们的生产技术,等等。在这些情况下,我们遇到的博弈就是非完整信息博弈。

先来看一个简单例子。

【例6-1】厂商1是市场在位者,厂商2是市场的潜在进入者。厂商1对厂商2的情况有完整信息,但厂商2不了解厂商1到底是属于"正常"类还是"好斗"类。对于两类不同的厂商1,厂商2进入后的博弈结果不同,分别由下面的两个博弈树表示[一],如图6-1所示。

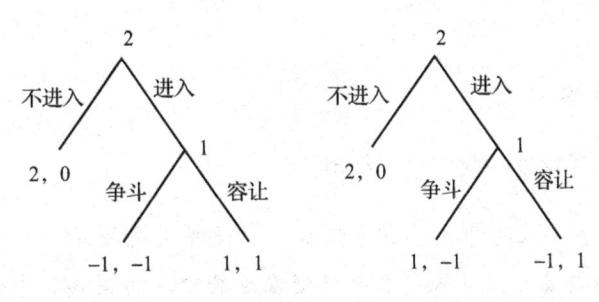

进入者遇到正常在位者　　　进入者遇到好斗在位者

图 6-1

[一] 注意,赢得向量的第一个分量属于厂商1。

【分析】 为分析这个博弈,我们按照哈萨尼(Harsanyi)的构想,假定**自然界**(N)决定两种在位者出现的概率分别为 p,$1-p$。站在厂商 2 的立场上,她参与的是一个非完美信息博弈。于是,厂商 2 有一个信息集,有两个纯策略:不进入,进入;厂商 1(两个类型)有两个信息集,有 4 个纯策略:争斗-争斗,争斗-容让,容让-争斗,容让-容让;每个策略的前一部分是"正常"在位者的选择,后一部分是"好斗"在位者的选择。博弈的扩展型如图 6-2 所示。

这个博弈的策略型如图 6-3 所示。

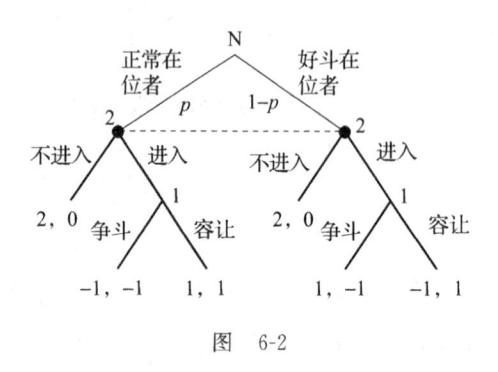

1\2	不进入	进入
争斗-争斗	2, 0	$1-2p$, -1
争斗-容让	2, 0	-1, $1-2p$
容让-争斗	2, 0	1, $2p-1$
容让-容让	2, 0	$2p-1$, 1

图 6-2   图 6-3

毫无疑问,〈争斗-争斗,不进入〉总是一个 NE。

〈争斗-容让,不进入〉是另一个 NE,如果 $p \geq 1/2$。

〈容让-争斗,不进入〉是另一个 NE,如果 $p \leq 1/2$。

〈容让-争斗,进入〉是另一个 NE,如果 $p \geq 1/2$。

用倒推归纳法可知,只有最后两个 NE 是子博弈完美的。

6.1 基本概念与简例

6.1.1 相关定义

以例 6-1 为直观背景,我们可以给出

定义 6-1 一个 n 人的非完整信息博弈,自然界首先决定每个局中人的各个类型出现的概率,然后每个局中人的各个类型在该局中人的策略集中选定(纯或混合)策略。在分析某局中人各类型的博弈结果时,设想他与其他局中人的各个类型按上述各相关概率同时博弈,根据贝叶斯法则来计算其期望赢得。非完整信息博弈又称为**贝叶斯博弈**(Bayesian games)。

定义 6-2 如果非完整信息博弈的一个策略组合中,每个局中人各个类型所选的策略，都使得他按定义 6-1 所述的期望赢得最大化，那么这个策略组合就叫作博弈的一个纳什均衡。

为进一步学习上述定义，我们再来看一个简例。

【例 6-2】某公司研发部有两个研究员 A 与 B。公司准备搞一个自主创新项目，A 与 B 都可以参与或不参与。如果 A 参与，他花费的劳动成本（负效用）为 $c<1/2$，此为共识；如果 B 参与，她花费的劳动成本为 c_B，是她的私有信息；A 认为 c_B 等于 c' 或等于 $c''(c'<1<c'')$，概率分别是 p 与 $1-p$，$p<1/2$。只要 A、B 有人参与，研发项目就会获得成功；而这两位研究员从中得到的效益（正效用）都是 1。假定两个研究员分别决策，分析这个博弈。

【分析】先来看博弈树，如图 6-4 所示。

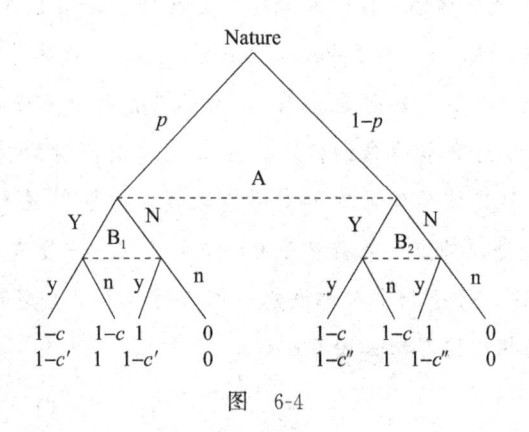

图 6-4

这里，博弈树的左侧分支表示 B 有低成本，右侧分支表示 B 有高成本；Y 表示 A 参与研发，N 表示 A 不参与；y 表示 B 准备参与研发，n 表示不参与。因为 A 不知道 B 的私人成本，所以他只有两个纯策略：Y、N。另外，B 可以根据自己的成本高低来决策，她有四个纯策略：y—y，y—n，n—y，n—n；每个纯策略前面的行动对应于成本 c'；后面的行为对应于 c''。比如，y—n 表示低成本时参与，高成本时不参与。一眼看来，博弈的策略型是个 2×4 的双矩阵。好在 B 有高成本 c'' 时，$1-c''<0$，她不参与总比参与好；于是 y—y 是相对于 y—n 的劣策略，n—y 是相对于 n—n 的劣策略，理性的 B 只采用策略 y—n，n—n。因此我们只需考虑下面的 2×2 双矩阵博弈，如图 6-5 所示。

A\B	y-n	n-n
Y	$1-c$, $1-pc'$	$1-c$, 1
N	p, $p(1-c')$	0, 0

图 6-5

因为 $p<1/2<1-c$，容易看出 $\langle N, y-n\rangle$ 不是 NE，而 $\langle Y, n-n\rangle$ 是唯一的 NE，即总是由 A 单独参与研发。有趣的是，在 $c_B=c'<c$ 的情况下，上面这个 NE 不是帕累托最优的：这时由 B 单独参与研发，社会成本会更低。

这个例子说明：在完全信息下有效率的社会选择，当换到非完全信息的环境下，就有可能被没有效率的社会选择所取代。

6.1.2 经济学中较有实际意义的一些例子

下面讨论不确定环境下经济学中的一些例子。读者从中可以感受到非完整信息博弈的复杂性。

【例 6-3】两个研究机构 A，B 同时考虑投资某项目，各自成本是 $c=5$。这里投资成本 c 是私人信息。A 方认为 B 的成本是 5 或者是 8，概率分别是 1/2；B 方认为 A 的成本是 5 或者是 4，概率分别是 1/2。每个机构有两个纯策略：投资（Y），不投资（N）。这是双方都没有完整信息的博弈。A 方认为他面对的对手有两类，分别以成本 5 和 8 为特征。B 方认为他面对的对手有两类，分别以成本 5 和 4 为特征。此外，如果双方决定投资，每方的效益都是 6，如果只有一方投资，效益是 12。

【分析】如所描述，每个局中人都设想自己与两种不同类型的对手博弈。按照哈萨尼（Harsanyi）的构想，博弈树如图 6-6 所示。

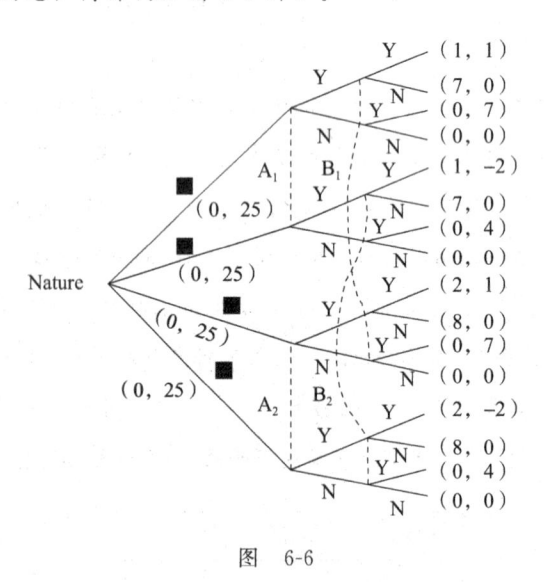

图 6-6

必须注意：这个设想的博弈没有真子博弈。每个局中人有 2 个信息集。局中人 A 在信息集 A_1 和 A_2 中各有两个选着：Y、N；局中人 B 在信息集 B_1 和 B_2 中各有两个选着：Y、N。于是，博弈的策略型如图 6-7 所示。

A\B	Y-Y	Y-N	N-Y	N-N
Y-Y	1.5, −0.5	4.5, 0.5	4.5, −1	7.5, 0
Y-N				
N-Y				
N-N				

图 6-7

注意：局中人每个策略的前一字母是在第一个信息集的选择，第二个字母（破折号后的）是在第二个信息集的选择。一眼看去，要计算所有期望赢得从而找出纳什均衡好像很花时间；好在不难看出对 A 而言，Y-Y 是严格优策略（请读者验证！）。因此，只要把第一行的期望赢得算出就足够了。

这个博弈有唯一的纯策略纳什均衡：〈Y-Y, Y-N〉，如图 6-7 所示。注意（4.5, 0.5）并非 A 和 B 的真实期望赢得向量。作为 A，他知道自己的真实成本是 5，所以只有第一、第二条路径对他的期望赢得有影响。每条路径实现的概率都是相同的，所以 A 的真实期望赢得是 0.5×(1+7)=4。对于 B，只有第一、第三条路径影响他的期望赢得，所以他的期望赢得是 0.5×(1+1)=1。

最后必须注意，上一段指出 A 的期望赢得是 4，这个期望值建立在 A 高估 B 的成本（有一半的可能性等于 8）的基础之上。实际上，博弈完结后 A 就发现他的实际赢得是 1，由此 A 可以更新他的信息（信念），确定 B 的成本实际上也等于 5。

再来看一个旧货商店的例子。

【例 6-4】假设某旧货商店店主 S 打算出售一件古陶瓷器皿，其质量 q 是 S 的私人信息；B 是个可能买家，她认为器皿的质量 q 在 [0, 1] 区间内有均衡概率分布。假设器皿对 B 的实际价值是 $f(q)$；我们假设 $f(q)$ 满足如下条件：$f'(q)>0$，$f(q)>q$，$f(0)>0$，$f(1)<2$，$G(q)=\int_0^q f(x)\mathrm{d}x - q^2$ 是 q 的严格凹函数。[⊖]博弈先由 B 出价 p，而 S 只接受 $p \geqslant q$。

【分析】先注意 $f(q)>q$ 是说器皿对买家更有价值。当 B 出价 p 时，因为只有 $q \leqslant p$ 才成交，她的期望效用（利润）是

$$\pi(p) = \int_0^p (f(q)-p)\mathrm{d}q = G(p)-G(0)$$

⊖ 满足以上条件的函数 f 的确存在，比如 $f(q)=0.1+1.8q$。

由于 $G(p)$ 是 p 的严格凹函数，最优的价格 p 由一阶条件给出：
$$\pi'(p) = f(p) - 2p = 0$$
条件 $f(0) > 0$，$f(1) < 2$ 以及 $G(p)$ 的严格凹性确保上面的一阶条件有唯一解 p^*。

有趣的是[⊖]，在出价前，B 认为器皿质量的期望值是 $1/2$；成交后，她对器皿质量的期望值变为 $p^*/2 \leqslant 1/2$。此即所谓"**赢家的诅咒**"（winner's curse）。

6.2 信念、序贯相容、序贯理性和序贯均衡

第 3 章讨论子博弈完美均衡的概念时，我们指出它是纳什均衡概念的一种精炼化，要求每个局中人在每个子博弈中都保持理性选择。在非完整信息博弈中，把理性要求局限于子博弈中往往不足够减少 NE 的数量，关键在于非完整信息博弈能分离出来的真子博弈往往很少，但却可以包含很多的多点信息集。为了能把精炼化的想法引进非完整信息博弈，我们必须把理性要求加诸每个信息集，这就需要讨论信念、序贯理性等新概念。

还是先从简例入手。

【**例 6-5**】一个博弈的扩展型和策略型如图 6-8 所示。

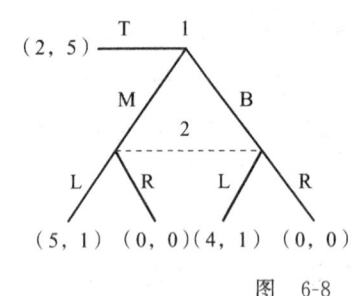

1\2	L	R
T	2, 5	2, 5
M	5, 1	0, 0
B	4, 1	0, 0

图 6-8

【**分析**】容易看出，这个博弈有两个纯策略纳什均衡：⟨T, R⟩，⟨M, L⟩。因为不存在真子博弈，所以这两个均衡也是子博弈完美均衡。

另外，⟨T, R⟩中局中人 2 的策略 R 无论在任何环境下都是非理性的——当她真有机会参与博弈时，L 总是优于 R。从这个角度考虑，⟨T, R⟩应该"被淘汰"。

从这个例子得到的启发是，为了对均衡概念加以精炼化，我们应该考察每个局中人在每个信息集的选择是否合乎理性。

把上面的例子稍微修改一下，我们得到另一个博弈，如图 6-9 所示。

[⊖] 请读者解析下面的断言。

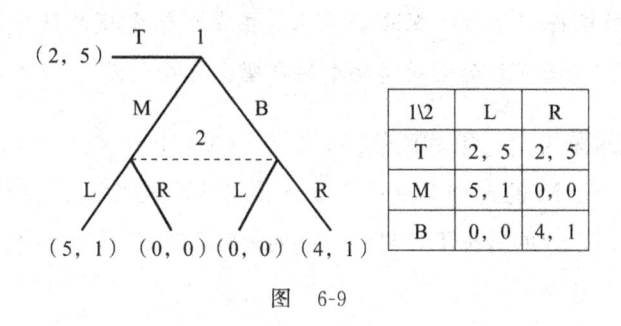

```
         T  1
(2, 5)  ╱ ╲
       M   B
      ╱ 2   ╲
     ╱--------╲
    ╱╲        ╱╲
   L  R      L  R
  (5,1)(0,0)(0,0)(4,1)
```

1\2	L	R
T	2, 5	2, 5
M	5, 1	0, 0
B	0, 0	4, 1

图 6-9

这个博弈也有两个纯策略纳什均衡：⟨M, L⟩，⟨B, R⟩。这时局中人 2 在她信息集上的决策是否理性，依赖于她认为在哪个节点上决策。假若她认为局中人 1 选择了 M，因而博弈到达了她信息集的左节点，她就应该选择 L；假如她认为局中人 1 选择了 B，她就应该选择 R，等等。于是，我们看到一个局中人在一个信息集的选择是否理性，依赖于她的"**信念**"（belief）。

6.2.1 基本概念

基于本节考察的简例，我们引入信念和序贯理性的一系列相关定义。

定义 6-3 一个局中人在一个信息集的信念由在信息集的节点上一个概率分布所给定。一个局中人在博弈中的信念由他在每个信息集的信念构成。博弈中一个信念组合（belief profile）由参与博弈的每个局中人的一个信念构成。

比如在上述简例的博弈中，局中人 2 的一个信念可以是 (0.6, 0.4)，(0.2, 0.8)，等等。表示概率分布的向量中第一个分量是她认为博弈到达左边节点的概率，第二个分量是她认为博弈到达右边节点的概率。局中人 1 只有一个单点信息集，他只有一个（退化的）信念 (1)，也就是说，他确信决策时是在那个唯一的节点上开始。

定义 6-4 给定一个博弈。这个博弈的一个策略组合 σ 和一个信念组合 β 一起 $[\sigma, \beta]$ 叫作一个**评估**（assessment）。

定义 6-5 给出某博弈的一个评估 $[\sigma, \beta]$，如果信息集在 σ 的路径上，并且信念可以根据贝叶斯（Bayes）法则推导出，每个局中人在他每个信息集的信念叫作关于 σ **相容**（consistent）的；对于不在 σ 的路径上的信息集，任何信念都可以看作关于 σ 相容。

比如，在例 6-5 的博弈中，考虑 $\sigma = \langle M, L \rangle$，那么局中人 2 在她信息集上的相容信念是 (1, 0)。如果考虑 $\sigma' = \langle T, R \rangle$，那么局中人 2 的任何信念都是相容的。

定义 6-6 给出某博弈的一个评估 $[\sigma, \beta]$，σ 叫作关于 β **序贯理性**（sequentially rational)的，如果根据 β^i 和 σ^{-i} 每个局中人 i 在每个信息集的选择 σ^i 都是理性的，即让自己在这个信息集开始的后续博弈中的期望赢得最大化。

以图 6-5 的博弈为例，考虑评估 $[\sigma, \beta] = [\langle M, L\rangle, \langle(1), (1, 0)\rangle]$。显然，在 L 给定的情况下，M 的选择对局中人 1 来说是序贯理性的；在对手选定策略 M 和自己的信念为 (1, 0) 的情况下，局中人 2 的策略 L 是序贯理性的。于是给定 β，σ 是序贯理性的。

定义 6-7 给出某博弈的一个评估 $[\sigma, \beta]$，如果 β 关于 σ 相容，而 σ 关于 β 序贯理性，那么 $[\sigma, \beta]$ 叫作这个博弈的一个评估均衡。

【例 6-6】考察如下的博弈（见图 6-10）。

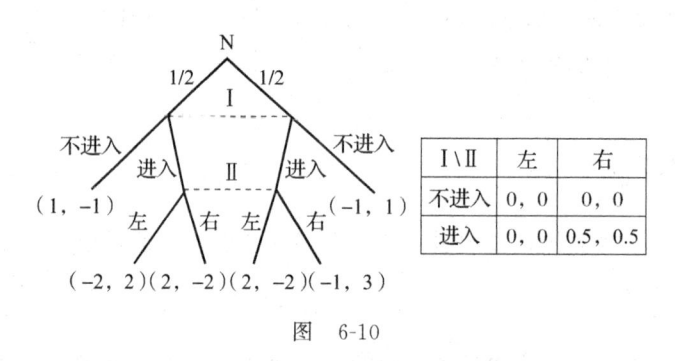

I\II	左	右
不进入	0, 0	0, 0
进入	0, 0	0.5, 0.5

图 6-10

【分析】毫无疑问，局中人Ⅰ的信念是 (0.5, 0.5)。注意，其中一个纯策略纳什均衡〈不进入，左〉，因为局中人Ⅱ的信息集不在相应的路径中，所以她的信念可以是任意的，特别是可以为 (1, 0)，即认为博弈到达信息集的左节点。这样一来，她选择的"左"就是序贯理性的。再有，局中人Ⅰ无论是选择"不进入"还是选择"进入"，他的期望赢得都是 0，从而选择"不进入"也是序贯理性的。因此，〈不进入，左〉是个评估均衡。

很多场合下，对不在路径上的信息集的信念相容性定义太过随意，我们还需要一个新的相容性定义和一个新的均衡概念。

定义 6-8 一个策略组合叫作完全混合的，如果每个局中人的行为策略在每个信息集的选着给予每个着以正概率。

比如，在例 6-4 的博弈中，$\langle(0.1, 0.8, 0.1), (0.6, 0.4)\rangle$ 是一个完全混合策略组合。它的含义是，局中人 1 以概率 0.1、0.8、0.1 随机地选用 T、M、B；局中人 2 以概率 0.6、0.4 随机地选用 L、R。

定义 6-9　给出某博弈的一个评估 $[\sigma, \beta]$，每个局中人在他每个信息集的信念叫作关于 σ **序贯相容**(sequentially consistent)的，如果存在一个收敛于 σ 的完全混合策略序贯 $\{\sigma_k\}_{k=1}^{\infty}$，使得用贝叶斯法则计算出来的博弈到达这个信息集各节点的概率分布和 β 给定的相一致。

以例 6-5 的博弈为例，考虑评估 $[\sigma, \beta] = [\langle M, L \rangle, \langle (1), (1, 0) \rangle]$。先构造一个策略组合序贯

$$\{\sigma_k\}_{k=1}^{\infty} = \{\langle (1/k, 1-2/k, 1/k), (1-1/k, 1/k) \rangle\}_{k=1}^{\infty}$$。显然，这个序贯收敛于策略组合 $\langle (0, 1, 0), (1, 0) \rangle$，即 $\langle M, L \rangle$。使用贝叶斯法则计算博弈抵达 2 的信息集左右两个节点的概率，得到一个序贯：

$$\left\{ \left(\frac{1-2/k}{1-1/k}, \frac{1/k}{1-1/k} \right) \right\}_{k=1}^{\infty}$$

它的极限是 $(1, 0)$，刚好与 2 的给定信念相同。于是，$\langle (1), (1, 0) \rangle$ 和 $\langle M, L \rangle$ 序贯相容。

定义 6-10　给出某博弈的一个评估 $[\sigma, \beta]$，如果 β 关于 σ 序贯相容，而 σ 关于 β 序贯理性，那么 $[\sigma, \beta]$ 叫作这个博弈的一个**序贯均衡**(sequential equilibrium)。

注意，由定义可知，序贯均衡一定是评估均衡，也是子博弈完美均衡，但反之不然。

我们再来看例 6-6 的博弈(见图 6-11)。

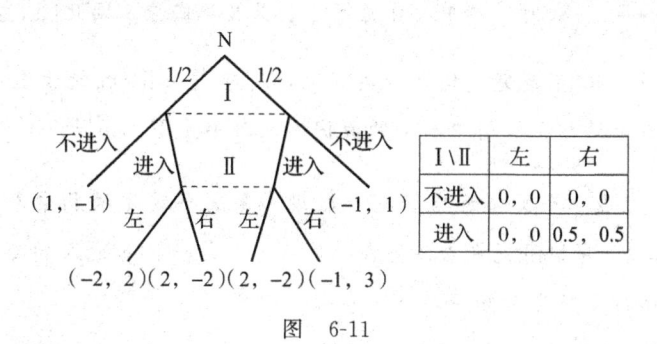

图　6-11

【分析】局中人Ⅰ的信念必须是 $(0.5, 0.5)$。在他选择"进入"的情况下，博弈以相等概率抵达局中人Ⅰ的信息集的两个节点；在他选择"不进入"的时候，博弈实际上抵达不了局中人Ⅱ的信息集，但是如果考虑一个完全混合策略序列，则博弈依然以等概率抵达局中人Ⅱ的信息集的两个节点。于是，在任何情况下，局中人Ⅱ的序贯相容信念都必须是 $(0.5, 0.5)$。在这个信念之下，从这个信息集开始选择"右"比选择"左"会得到更高的期望赢得。因此 $\langle$ 不进入，左 $\rangle$ 不是序贯均衡。

读者不妨自行验证，$\langle$ 进入，右 $\rangle$ 是个纯策略序贯均衡。

6.2.2 存在性定理[注]

序贯均衡的存在性证明比较难一些，我们分步进行。先引进完美均衡（perfect equilibrium）的概念。

定义 6-11 给出一个有限策略型博弈 G，一个策略组合 σ 称为 G 的完美纳什均衡，如果存在一个收敛于 σ 的完全混合策略组合序列 $\{\sigma^n\}$，使得对每个局中人 i，对于每个足够大的 n，σ_i 都是对 σ_{-i}^n 的最优回应。

我们来看：

【**例 6-7**】考察下面的博弈（见图 6-12）。

【**分析**】这个博弈有两个纳什均衡：$\langle T, L\rangle$，$\langle B, R\rangle$。

先验证 $\langle T, L\rangle$ 是完美均衡。先注意到 $\sigma^n = \left\langle\left(1-\frac{1}{n}, \frac{1}{n}\right), \left(1-\frac{1}{n}, \frac{1}{n}\right)\right\rangle$，$n=2, 3, \cdots$ 收敛于

I\II	L	R
T	1, 1	0, 0
B	0, 0	0, 0

图 6-12

$\langle T, L\rangle$；又当局中人 II 选用 $\left(1-\frac{1}{n}, \frac{1}{n}\right)$ 时，局中人 I 的策略 T 是最优回应；又当局中人 I 选用 $\left(1-\frac{1}{n}, \frac{1}{n}\right)$ 时，局中人 II 的策略 L 是最优回应。因此 $\langle T, L\rangle$ 是完美均衡。

再来验证 $\langle B, R\rangle$ 不是完美均衡。实际上，对局中人 II（收敛于 R）的任何混合策略，只要以正概率选用 L，局中人 I 的最优回应都不是 B，而是 T。

引理 6-1 考虑一个策略型博弈 G，假设 i 是某个特定的局中人，π_i 是他的赢得函数。考察与 G 有相同策略组合集合的博弈 $G(i, \varepsilon)$，其他人的赢得函数与 G 的相同，而 i 的赢得函数定义如下：

$$\pi_i^\varepsilon(s_i, \sigma_{-i}) = \pi_i((1-\varepsilon)s_i + \varepsilon\sigma_i^0, \sigma_{-i})$$

其中 σ_i^0 是 i 一个给定的完全混合策略，$0<\varepsilon<1$ 是一个给定实数。那么，当 s_i 是 $G(i, \varepsilon)$ 中局中人 i 对 σ_{-i} 的最优回应时，它也是 G 中局中人 i 对 σ_{-i} 的最优回应。

【**证明**】只需注意在 G 中期望赢得是混合策略的多元线性函数即可推出：

$$\pi_i^\varepsilon(s_i, \sigma_{-i}) - \pi_i^\varepsilon(s_i', \sigma_{-i}) = \pi_i((1-\varepsilon)s_i + \varepsilon\sigma_i^0, \sigma_{-i}) - \pi_i((1-\varepsilon)s_i' + \varepsilon\sigma_i^0, \sigma_{-i})$$
$$= (1-\varepsilon)(\pi_i(s_i, \sigma) - \pi_i(s_i', \sigma))$$

[注] 本小节参考了朱·弗登博格和让·梯若尔（Drew Fudenberg & Jean Tirole, 1991）的相关内容。

因此：
$$s_i \succ s_i' \Leftrightarrow (1-\varepsilon)s_i + \varepsilon\sigma_i^0 \succ (1-\varepsilon)s_i' + \varepsilon\sigma_i^0$$
引理得证。

定理 6-1 每一个有完美记忆的有限策略型博弈都存在至少一个完美均衡。

【证明】 假定 S 是策略型博弈 G 的一个策略组合集合，而 π_i 为局中人 i 的赢得函数；再假定 σ^0 是某个完全混合策略组合。定义策略型博弈 G^n，它与 G 有同样的策略组合集合 S，但赢得函数为

$$\pi_i^n(s) = \pi_i((1-\varepsilon_1^n)s_1 + \varepsilon_1^n\sigma_1^0, \cdots, (1-\varepsilon_I^n)s_I + \varepsilon_I^n\sigma_I^0)$$

其中

$$0 < \varepsilon_i^n < 1, \ \lim_{n\to\infty}\varepsilon_i^n = 0, \ \forall i = 1, \cdots, I$$

对于每个 G^n，设 σ^n 是它一个 NE。因为序列 $\{\sigma^n\}$ 各项都在紧集合 Σ 内，应该有聚点 σ。为简单计，不妨设这个序列就收敛于 σ。我们只需证明 σ 就是个完美均衡。

注意，如果在 σ_i 中，某个纯策略 s_i 以正概率出现，那么对足够大的 $n > N(i)$，这个 s_i 也以正概率在 σ_i^n 中出现。于是，存在一个足够大的 N，使得当 $n > N$ 时，每个在 σ 中以正概率被每个局中人选用的纯策略都在 σ^n 中被这个局中人选用。这样一来，根据引理 6-1，当 $n > N$ 时，σ_i 是对每一个 σ_{-i}^n 的最优回应。定理得证。

I\II	L	R
T	1, 1	0, 0
B	0, 0	0, 0

图 6-13

注意，上面的证明是构造性的。为了加深对证明中逻辑的理解，我们再以例 6-7 加以说明（见图 6-13）。

选取 $\sigma^0 = \langle(0.5, 0.5), (0.5, 0.5)\rangle$。于是有

$$\pi_1^n(T, L) = \pi_1\left(\left(\frac{2n-1}{2n}, \frac{1}{2n}\right), \left(\frac{2n-1}{2n}, \frac{1}{2n}\right)\right) = \frac{(2n-1)^2}{4n^2}$$

$$\pi_2^n(T, L) = \pi_2\left(\left(\frac{2n-1}{2n}, \frac{1}{2n}\right), \left(\frac{2n-1}{2n}, \frac{1}{2n}\right)\right) = \frac{(2n-1)^2}{4n^2}$$

$$\pi_1^n(T, R) = \pi_1\left(\left(\frac{2n-1}{2n}, \frac{1}{2n}\right), \left(\frac{1}{2n}, \frac{2n-1}{2n}\right)\right) = \frac{2n-1}{4n^2}$$

$$\pi_2^n(T, R) = \pi_2\left(\left(\frac{2n-1}{2n}, \frac{1}{2n}\right), \left(\frac{1}{2n}, \frac{2n-1}{2n}\right)\right) = \frac{2n-1}{4n^2}$$

$$\vdots$$

$$\pi_1^n(B, R) = \pi_1\left(\left(\frac{1}{2n}, \frac{2n-1}{2n}\right), \left(\frac{1}{2n}, \frac{2n-1}{2n}\right)\right) = \frac{1}{4n^2}$$

$$\pi_2^n(B, R) = \pi_2\left(\left(\frac{1}{2n}, \frac{2n-1}{2n}\right), \left(\frac{1}{2n}, \frac{2n-1}{2n}\right)\right) = \frac{1}{4n^2}$$

于是，对于每个 $n > 2$，G^n 有唯一的 NE 是 $\langle T, L \rangle$；它就是 G 唯一的完美均衡。

注意，有限扩展型博弈化为策略型后，策略型的完美均衡甚至可能是非子博弈完美的。我们来看例 6-8。

【例 6-8】下面是一个扩展型博弈及其策略型（见图 6-14）。

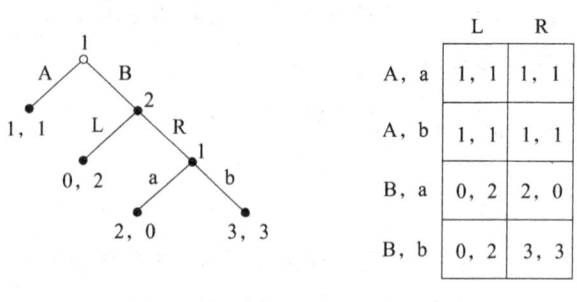

	L	R
A, a	1, 1	1, 1
A, b	1, 1	1, 1
B, a	0, 2	2, 0
B, b	0, 2	3, 3

图 6-14

【分析】容易验证 $\langle (A, a), L \rangle$ 是一个完美均衡。实际上，当局中人 1 选用策略 $(1-3\varepsilon, \varepsilon, \varepsilon, \varepsilon)$ 时，局中人 2 如果选择 L，期望赢得为 $1+2\varepsilon$；如果她选择 R，期望赢得为 $1+\varepsilon$；因此，对任何 $0 < \varepsilon < 1$，L 是她的最优回应。另一方面，如果局中人 2 选用策略 $(1-\delta, \delta)$，只要 $0 < \delta < 1/3$，(A, a) 都是局中人 1 的最优回应（之一）。

但是 $\langle (A, a), L \rangle$ 不是子博弈完美的：在末尾阶段的子博弈中，局中人 1 的选择 a 是非理性的。

为了引进扩展型博弈的完美均衡概念，我们先给出：

定义 6-12 在扩展型博弈中，如果某局中人有多于 1 个信息集，把他在不同信息集的决策看作由不同的代理人（agent）来独立执行的，这样得到的博弈的策略型叫作**代理人策略型**（agent strategic form）。

我们以例 6-8 加以说明。把 1 在博弈开始时信息集的代理人仍叫作 1，他在末尾阶段的信息集决策的执行人叫作 3，于是形式上我们得到一个三人博弈，注意在每一个博弈结果中 1 和 3 的赢得相同。

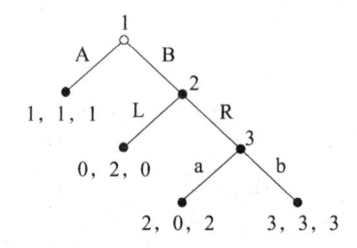

于是，所谓代理人策略型如图 6-15 所示。

2\3	1 A a	A b	B a	B b
L	1, 1, 1	1, 1, 1	0, 2, 0	0, 2, 0
R	1, 1, 1	1, 1, 1	2, 0, 2	3, 3, 3

图 6-15

在这个策略型中，尽管 $\langle A, L, a\rangle$ 仍然是个 NE，但它不再是完美均衡。实际上，无论 $\varepsilon > 0$ 与 $\delta > 0$ 多么小，当 1 选用 $(1-\varepsilon, \varepsilon)$ 而 2 选用 $(1-\delta, \delta)$ 时，如果 3 选用 a，他的期望赢得是 $1-\varepsilon+2\varepsilon\delta$，而当 3 选用 b 时，他的期望赢得是 $1-\varepsilon+3\varepsilon\delta$。所以 a 不再是 3 的最优回应！

定义 6-13 设 G 是一个有完美记忆的有限扩展型博弈。它的代理人策略型完美均衡就称为 G 的完美均衡。

注意，因为代理人策略型完美均衡的存在性蕴含于一般策略型完美均衡的存在性，所以，有完美记忆的有限扩展型博弈完美均衡的存在性也得到保证。

命题 6-1 完美记忆的有限扩展型博弈的每个完美均衡都是该博弈的序贯均衡，但反之不然。

【证明】 假设 σ 是这个博弈的完美均衡，于是存在完全混合策略组合序列 $\{\sigma^n\}$ 收敛于 σ。根据每个 σ^n 依贝叶斯法则可以算出与之相容的信念组合 μ^n。由紧致性知道序列 $\{\mu^n\}$ 有聚点 μ，于是不妨设 μ^n 收敛于 μ（否则可考虑 $\{\mu^n\}$ 收敛于 μ 的子序列和 $\{\sigma^n\}$ 相应的子序列）。这样一来，μ 是关于 σ 序贯相容。从有限扩展型博弈完美均衡的定义和引理 6-1 可知对每个局中人 i 的策略选择 σ_i 的序贯理性。定理前半部分结论得证。

要验证定理第二部分，参看下面的博弈（见图 6-16）。

容易明白，三个纯策略纳什均衡 $\langle A, a\rangle$, $\langle B, b\rangle$, $\langle C, c\rangle$ 都是序贯均衡。而 $\langle A, a\rangle$ 和 $\langle C, c\rangle$ 却不是完美均衡。比如，以 $\langle C, c\rangle$ 为例：当局中人 2 选用混合策略 $(\varepsilon, \delta, 1-\varepsilon-\delta)$ 时，局中人 1 的最优回应不是 C，而是 B。

在实际问题上，直接从定义验证一个 NE 是否序贯均衡往往比验证它是否完美均衡更为容易。我们通过证明完美均衡的存在性来证明序贯均衡的存在性是为了顺便介绍完美均衡的概念。序贯均衡存在性的一个直接证明可参阅 Subir K. Chakrabarti and Iryna Topolyan(2016)。

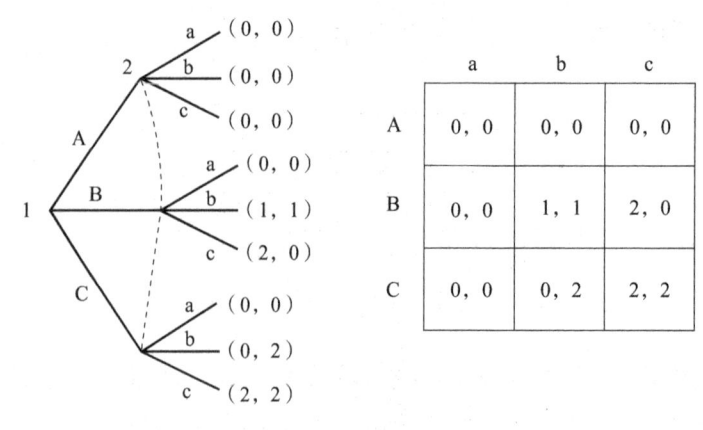

图 6-16

6.2.3 更多例子

为了加深对序贯均衡概念的理解，我们来考察更多有代表性的例子。

【例 6-9】我们再来看一个三人博弈[一]，它的扩展型和策略型由图 6-17 给出。

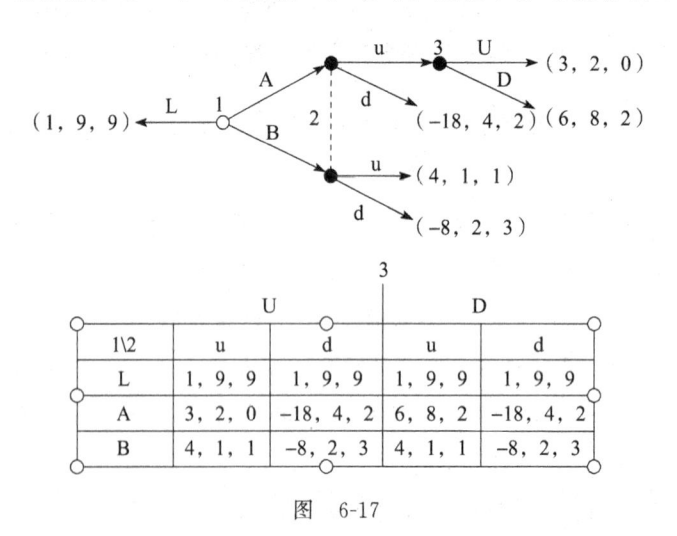

图 6-17

【分析】这个博弈有三个纯策略纳什均衡：⟨L, u, U⟩，⟨L, u, D⟩，⟨A, u, D⟩。显然第一个不是 SPNE，从而也不是序贯均衡。第二个是否序贯均衡依赖于局中人 2 的信念：以 p，$1-p$ 分别表示她认为博弈抵达上、下节点的概率，当且仅当 $8p+(1-p) \geqslant 4p+2(1-p)$ 时，即 $p \geqslant 0.2$ 时，它是个序贯均衡。第三个均衡则显然是个序贯均衡，这时局中人 2 唯一序贯相容的信念是 (1, 0)，即博弈到达了上节点。

一 这个例子来自 D. Kreps(1990)。

下面的例子很有趣，两个看起来差不多相同的博弈，有不同的序贯均衡。

【例 6-10】 考察下面两个非常相似的博弈（见图 6-18），如果考虑简化策略（reduced strategy），左边博弈中局中人 1 的选择 M 和 R 看起来和右边博弈中她的选择 C-M，C-R 分别"等价"。但如下文讨论所指出，这两个博弈有不同的序贯均衡。

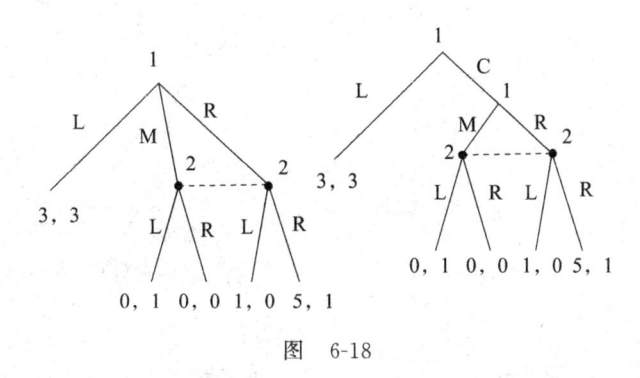

图 6-18

【分析】 在左边的博弈中，只要局中人认为博弈到达她信息集的左端点的概率不小于 0.5，她选择 L 就是序贯理性；另外，给定局中人 2 的选择 L，局中人 1 选择 L 也是理性的。

在右边的博弈中，给出局中人 2 的选择 L，局中人 1 在子博弈中的最优选择是 R 而不是 M；如果局中人 1 选择 R，则局中人 2 选择 L 就不是序贯理性的。于是，局中人 2 的选择 L 无论如何不能支持子博弈的纳什均衡。

注意，第一个博弈中 ⟨R，R⟩ 支持一个序贯均衡，而在第二个博弈中 ⟨C-R，R⟩ 也支持一个序贯均衡。

最后，第一个博弈中，⟨L，L⟩ 虽然是序贯均衡，但可以用"**向前归纳法**"（forward induction）把它剔除：当局中人 2 真有机会参与博弈时，逻辑上她只能相信局中人 1 选择了 R 而不是 M。因为这是唯一可以让她得到比选 L 更好结果的选择。于是，局中人 2 选 L 是违反向前归纳法的。

【例 6-11】 我们来看一个比较复杂的例子，类似于斯宾塞的求职传信（job market signaling）。某厂商想招聘一个员工，它认为应聘者中高技能者（w_1）的比例为 $1-q$，低技能者（w_2）的比例为 q。高技能者试图把学历作为参考材料供招聘者加以考虑，但低技能者也有可能获得相应的学历，只是双方为获得同样学历的机会成本不一样。假设 w_1 读书 s 年的机会成本是 $0.5s$，而 w_2 的相应机会成本是 s。假设实际读书多少年不影响一个人的工作技能。应聘者求职时把相应的学历提供给厂商。

厂商的问题是要根据应聘者获得学历年数（信号）选择一个工资合约 $w=w(s)$。假设高技能者每期给厂商带来的收益是 2，低技能者每期给厂商带来的收益是 1。假设 w_1 不接受低薪水，而厂商雇不到工人时损失一个面谈成本 c。

【分析】 图 6-19 是相关博弈示意图。厂商把 s 年学历作为高薪与低薪的划分界线。

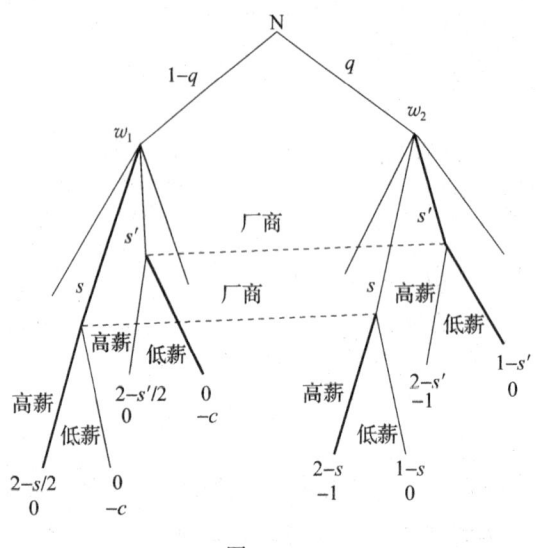

图 6-19

先来计算一个**分离均衡**（separating equilibrium）合约，即在这个合约设计下，两种应聘者选择不同的学历，并且有 $s'=0$。如图 6-19 所示，w_1 选择 s 年学历当且仅当 $2-0.5s\geqslant 1$，而 w_2 选择不拿学历当且仅当 $1\geqslant 2-s$。于是 s 满足 $1\leqslant s\leqslant 2$。这里，厂商的序贯相容信念如下：把学历年限大于或等于 s 者认为是高技能者，把学历年限不足 s 者认为是低技能者。[也就是说，图 6-19 中厂商在左边的信息集上的信念为 $(1, 0)$，在右边信息集上的信念为 $(0, 1)$]。于是厂商给予前者工资 2，而给予后者工资 1。容易验证，厂商的决策是序贯理性的，而两类应聘者的策略选择也是序贯理性的。

现在考虑**混同均衡**（pooling equilibrium）合约存在的可能性。因为这时两类应聘者学历相同、工资相同、以 w 表示工资，由竞争厂商的零利润条件知道工资应等于期望收益：

$$w=2(1-q)+q=2-q$$

现在假设 s 为获得这个工资的学历年数。因为两类应聘者都选择获得学历，所以必须有

$$2-q-s\geqslant 1$$
$$2-q-0.5s\geqslant 1$$

注意到第一个不等式蕴含了第二个，于是得 $s\leq 1-q$。比如，当 $q=0.5$ 时，有 $0\leq s\leq 0.5$。这时厂商的序贯相容信念为：把学历年限等于或者大于 s 的应聘者认为是高技能或低技能的概率各占 1/2（即维持初始信念），把学历年限少于 s 者认为是低技能者。于是厂商给予前者工资 1.5，给予后者工资 1。容易验证，厂商的策略选择是序贯理性的，两种应聘者选择 s 年的学历是序贯理性的。

必须指出，在这个例子中，厂商的信念及其工资的制定完全是来自应聘者的学历选择，特别是工资计划是根据应聘者发出的信号而制定的。只有在这个框架下，所谓混同均衡才会存在。如果厂商先行可以主动提出对分界学历年数的选择，从而对应聘者的类型加以甄别，那么在完全竞争的劳动力市场中，混同均衡就不会存在了[一]。

6.2.4 序贯均衡的继续精炼化

在很多问题中遇到的博弈，序贯均衡可以有多个。比如，在前面考察的教育传信博弈中，分离均衡就有无限多——对于每一个 $1\leq s\leq 2$，高技能应聘者选择 s 而低技能者选择 0，都支持一个分离均衡。所以，必须考虑如何确定一个更有代表性的序贯问题。

我们对序贯均衡的精炼化不做一般性讨论，这里仅以例 6-11 说明提出选择序贯均衡的所谓**直观性原则**（intuition principle）。它来源于对厂商在路径外的信息集的信念的精密化。比如，假设原来一个分离均衡中有 $s>1$。那么，当遇到一个应聘者其学历年限 v 满足 $1<v<s$ 的时候，厂商的信念怎样才算符合直观性原则呢？他会做如下分析：这种对 s 的偏离只会对高技能者带来好处，只要应聘者依然被判断为高技能者；而低技能者是不会选择 v 的，因为这只会使他的赢得变小。当厂商的信念真是这样时，高技能应聘者的序贯理性选择就不再是 s，而是 v。但只要仍然有 $v>1$，我们就还是可以做如上分析。最后只有 $v=1$ 的分离均衡不被排除。也就是说，例 6-11 符合直观性原则的分离均衡只有一个：高技能应聘者选择 1 年学历，低技能应聘者不要学历[二]。

■ 章末习题[三]

习题 6-1　计算下面各个扩展型博弈（见图 6-20）的纯策略纳什均衡、子博弈完美均衡、

[一] 参阅 JOHNES G, JOHNES J. Signaling and screening[M]//BROWN S, SISSIONS J G. International handbook on the economics of education. Northampton：Edward Elgar Publishing, Inc., 2004。
[二] 这里我们其实假设了低技能应聘者在得不到真实好处的情况下没有激励冒充高技能者。
[三] 这些习题大多来自戴维·M. 克雷普斯（David M. Kreps）、马斯·克莱尔（Mas Collell）和朱·弗登博格（Drew Fudenberg）等人的微观经济学和博弈论等名著。

评估均衡、序贯均衡和完美均衡。

a)

b)

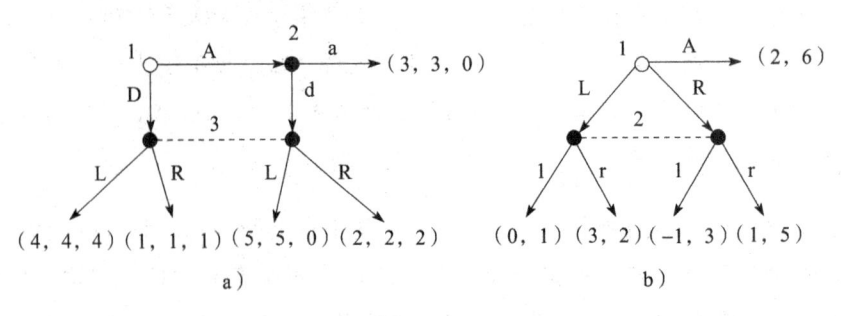

图 6-20

习题 6-2 计算下面扩展型博弈(见图 6-21)的纯策略纳什均衡、子博弈完美均衡、评估均衡、序贯均衡和完美均衡。

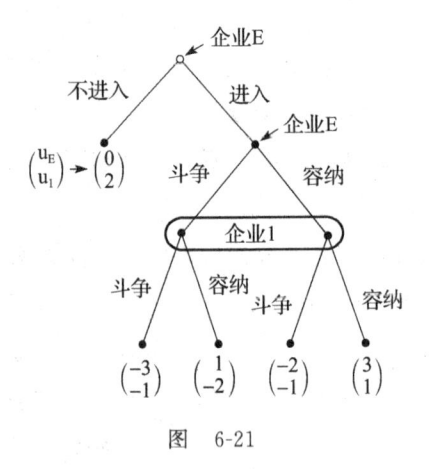

图 6-21

习题 6-3 计算下面"位置选择"博弈(见图 6-22)的纯策略纳什均衡、子博弈完美均衡、评估均衡、序贯均衡和完美均衡。

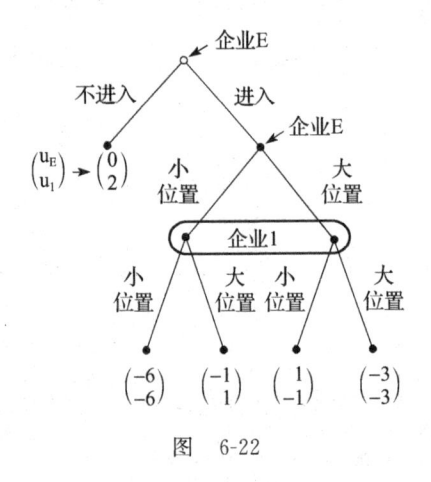

图 6-22

习题 6-4 计算下面"位置选择"博弈(见图 6-23)的纯策略纳什均衡、子博弈完美均衡、评估均衡、序贯均衡和完美均衡。

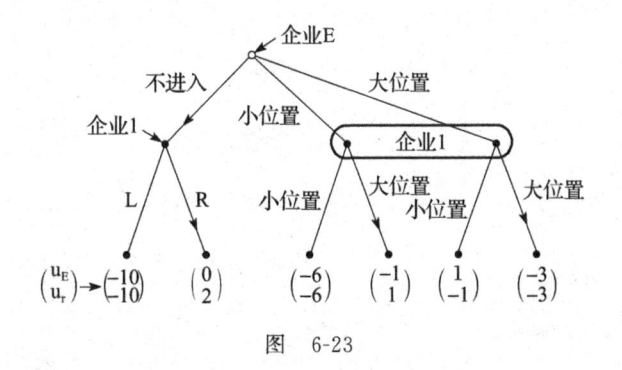

图 6-23

习题 6-5 验证下面扩展型博弈(见图 6-24)所示的序贯均衡不是扩展型完美均衡。

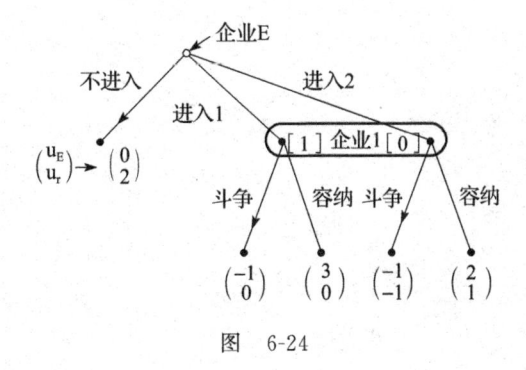

图 6-24

第 7 章

非完整信息博弈在信息经济学中的应用

这里我们先概括地提及信息经济学中非完整信息博弈的主要应用领域，相应的博弈模型和详细分析将在本章以后各节展开。

这里所说的"**信息经济学**"（information economics）指的是国内所说的"理论信息经济学"，它研究的是在不确定不对称信息的条件下人们的竞争或合作的经济行为及其导致的结果。信息经济学同时也研究如何设计博弈机制或契约来约束与规范博弈局中人的经济行为，使得各经济人在优化决策中能导致社会作为一个整体得到更有效率的资源配置。理论信息经济学实际上是非完整信息博弈论在经济学上的应用，其理论的发展与博弈论理论的研究和发展是相辅相成的。

7.1 拍卖

历史上有所谓英国式拍卖和荷兰式拍卖。前者拍卖者报价由低至高，后者相反，由高至低。现代实践中往往两种方式结合：先由高价快速下调，直到很多买者举手表示要买，再逐步把报价上调，等等。

7.1.1 问题的描述

下面我们以一个例子来描述"拍卖经济学"。

【例 7-1】某人 A 有一件古董，对他而言价值为 0。他知道社区内有 n 个古董收藏家会对这件古董有兴趣，但不知道每个收藏家对古董价值的准确评估，只知道每

个收藏家的评估 v_i 在区间 $[0,1]$ 上有均匀连续的概率分布。为了把古董卖个最好的价钱，A 决定进行一次拍卖。

【分析】 如题目所述，每个买者都准确知道古董对自己的私人价值。这样，在英国式拍卖中，每个买者的策略很容易决定：当且仅当报价 p 低于古董对自己的私人价值 v_i 时就举手参与竞价。而在荷兰式拍卖中，每个买者的决策则要复杂一些：当报价 p 第一次低于古董对自己的私人价值 v_i 时，是应该马上参与竞价还是等报价进一步下跌，这不容易决定：如果马上参与且并没有其他买者参与，则买者立刻赢得该古董，剩余为 $v_i - p$；如等报价进一步降低，有可能物品在这一轮就被别人赢去了，但买者也有可能在下一轮赢得物品，获得更高的剩余。

现在试图计算一个荷兰式拍卖中关于买者对称的纳什均衡策略组合。假定均衡策略可以表示为：

$$b = B(v) \tag{7-1}$$

也就是说，当买者知道古董对他的私人价值为 v 时，他在报价跌至 $B(v)$ 时就参与竞价。下面推导公式(7-1)这个函数关系。

考虑某个买者 i，假定他决定在报价下跌到 x 的时候就参与竞价。同时假设其他每个买者 j 都按照均衡策略报价。当且仅当 i 的报价高于所有其他人的报价，即 $x > b_j = B(v_j)$，$j \neq i$，他才能赢得古董。注意

$$x > b_j = B(v_j), j \neq i \Leftrightarrow v_j < B^{-1}(x), j \neq i$$

上式的 B^{-1} 是 B 的反函数。因为每个 v_j 在 $[0,1]$ 有均匀分布，上述事件发生的概率是 $[B^{-1}(x)]^{n-1}$。于是 i 的期望赢得是：

$$EU(x) = (v_i - x)[B^{-1}(x)]^{n-1} \tag{7-2}$$

由一阶条件得：

$$[B^{-1}(x)]^{n-1} + (n-1)(v_i - x)[B^{-1}(x)]^{n-2} B^{-1'}(x) = 0 \tag{7-3}$$

均衡假设(7-1)必须满足(7-3)。注意：

$$B^{-1}(B(v)) = v; \quad B^{-1'}(b) = \left[\frac{db}{dv}\right]^{-1}$$

化简后得到微分方程：

$$v \frac{db_i}{dv_i} + (n-1)b_i = (n-1)U_i \tag{7-4}$$

用幂级数方法解这个方程得到：

$$b_i = \frac{n-1}{n} v_i$$

这就是唯一的关于买者对称的纳什均衡策略。

注意：使用所谓包络定理(envelope theorem)也可以推导均衡策略函数，我们将在下一节加以说明。

7.1.2 拍卖理论的几个模型

1. 一级密封报价拍卖

在一级密封报价拍卖中，n 个买者对标的物品各有自己判定的私人价值 v_i，$i=1,\cdots,n$，每个 v_i 都高于物品对卖者的价值。为简单计，一般假定物品对卖者的价值为 0。这里 v_i 是私人信息，对其他人而言，它在区间 $[0,1]$ 中有均匀概率分布。拍卖开始时由各买者把出价写在纸片上，密封好交给卖者。卖者拆封后把物品卖给出价最高的买者，按其出价成交。当几个买者出价相同时(这种概率很小，理论上为 0)，抽签决定卖给谁。容易明白，买者决策时与在我们前面讨论的荷兰式拍卖的例子的场合本质相同。

我们这次用包络定理来计算均衡策略组合。假设对称均衡报价策略是
$$b = B(v)$$
当其他人按上述策略报价时，买者 i 赢得的期望值由他的私人价值 v_i 与报价 x 所决定：
$$EU(v_i, x) = (v_i - x)[B^{-1}(x)]^{n-1} \tag{7-5}$$
根据均衡策略假设，式(7-5)的最大值是
$$\pi(v_i) = EU(v_i, B(v_i)) = (v_i - b_i)v_i^{n-1} \tag{7-6}$$
于是
$$\frac{d\pi}{dv_i} = \frac{\partial EU}{\partial v_i} + \frac{\partial EU}{\partial x} B'(v_i)$$
由于公式(7-5)在 $x = B(v_i)$ 时取最大值，故上式右边第二项的系数为 0(此即包络定理一个最简单的形式)。于是
$$\frac{d\pi}{dv_i} = v_i^n$$
计算积分得
$$\pi = \frac{1}{n} v_i^n \tag{7-7}$$
把公式(7-7)与公式(7-5)比较
$$(v_i - b_i)v_i^{n-1} = \frac{1}{n} v_i^n \tag{7-8}$$
最后从公式(7-8)解得

$$b_i = \frac{n-1}{n} v_i \tag{7-9}$$

附注: 与例 7-1 的直接解法比较,使用包络定理的解法是否更简单,可谓仁者见仁,智者见智。

为加深对一级密封报价拍卖模型求解过程的理解,建议读者求解下面的问题。

练习题 7-1 假设一级密封报价拍卖中物品对卖者价值为 1。而 n 个买者中,每个人对标的物的私人价值 v_i 是私人信息;而作为共识,每个 v_i 在区间 [2,4] 中有均匀概率分布。试计算一个纳什均衡。(注意,由于关于 v_i 的分布是共识,卖者实际上确信标的物至少可以按价格 2 卖出,也可以认为标的物对他的价值实际上是 2。)

2. 二级密封报价拍卖

关于信息方面,二级密封报价拍卖与一级密封报价拍卖相同。不同的是,赢者(报价最高者)只需要付给卖者次高报价。可以想象买者的处境与英国式拍卖一样:当卖方把价格提高到 $\{v_i\}$ 的次高价值时,只剩下唯一一个买者举手,就是标的物对其有最高私人价值者。

我们来证明下面的命题。

命题 7-1 在二级密封报价拍卖中每个买者都按私人价值报价。

【证明】 考虑 i 的策略,先比较报价 v_i 和报价 $b<v_i$ 这两个策略:以 s 表示标的物次高私人价值。当 $s>v_i$ 时,i 的上述两个策略都导致 i 的赢得为 0;当 $s<b$ 时,上述两个策略都导致赢得为 v_i-s;当 $b<s<v_i$ 时,第一个策略导致赢得为 v_i-s,而第二个策略导致赢得为 0。综上所述,第一个策略弱优于第二个。再比较报价 v_i 和报价 $b>v_i$ 这两个策略:以 s 表示标的物次高私人价值。当 $s>b$ 时,i 的上述两个策略都导致赢得为 0;当 $s<v_i$ 时,上述两个策略都导致赢得为 v_i-s;当 $v_i<s<b$ 时,第一个策略导致赢得为 0,而第二个策略导致负赢得为 v_i-s。综上所述,第一个策略弱优于第二个。于是报价 v_i 是个最优策略。

3. 密封报价中卖者的期望收益计算

先考虑一级密封报价的情况。只考虑例 7-1 的简单情况。站在卖者的立场看,按照 v_i 的分布,标的物对每个买者的私人价值都有可能是最高的。这个最高私人价值落在长度为 dx 的区间微元 $[x, x+dx]$ 上,当且仅当 n 个私人价值中有一个是 x (不计无穷小量),而其余 $(n-1)$ 个私人价值都小于 x,这个事件的概率等于

$C_n^1 x^{n-1} \mathrm{d}x$,而这时卖者的收益是最高报价 $\dfrac{n-1}{n} x$。于是卖者的期望收益等于

$$\int_0^1 C_n^1 x^{n-1} \frac{n-1}{n} x \mathrm{d}x = \frac{n-1}{n+1}$$

现在来看二级密封报价的情况。依然考虑上面的例子,只是标的物按次高报价出售而每个人按私人价值报价。次高报价落在区间微元 $[x, x+\mathrm{d}x)$ 上的概率是 $C_n^1 C_{n-1}^1 x^{n-2} (1-x) \mathrm{d}x$——1个私人价值等于 x,1个大于 x,其余 $n-2$ 个小于 x;而这时卖者的收益是 x。于是卖者的期望收益等于

$$\int_0^1 C_n^1 C_{n-1}^1 x^{n-2} (1-x) x \mathrm{d}x = \frac{n-1}{n+1}$$

我们看到**两种拍卖中卖者的期望收益相等**,这就是所谓**"收益等价原理"**(revenue equivalence principle)的特例。

4. 共同价值标的物(common value object)拍卖

诸如石油开采权等拍卖,大家都知道它有个确定的价值,但是每个投标者都无法知道这个准确价值是什么。假定投标者有 n 个。假设每个投标者 i 根据自己所得的信息对这个价值有个估算 s_i;不妨设 s_i 在区间 $[0,1]$ 中有某个概率分布。为简单计,我们进一步假设这些分布都是均匀分布。我们认为所有这些 s_i 的平均值实际上是准确价值的无偏差估值。当某投标者取胜后,他会发现实际上他高估了标的物的真实价值,因而会后悔,这叫作**赢者的诅咒**(winner's curse)。因此,在计算期望赢得时,投标者应该更为审慎。

下面用一个两个投标者的简例来说明。

【例 7-2】假设在一个共同价值标的物拍卖中对称的纳什均衡报价策略是:

$$s \mapsto p = P(s)$$

假设 i 根据自己获得的信息竞标赢了。于是,他认为对手对标的物价值估计的条件概率分布为区间 $[0, s]$ 的均匀分布。如果他投标 x,他的期望赢得是:

$$EU(s, x) = P^{-1}(x) \int_0^{P^{-1}(x)} \left[\frac{s+s'}{2} - x \right] \frac{1}{P^{-1}(x)} \mathrm{d}s'$$

$$= \frac{1}{2} s P^{-1}(x) + \frac{1}{4} [P^{-1}(x)]^2 - x P^{-1}(x) \tag{7-10}$$

它在 $x = P(s)$ 时有最大值 $\pi(s) = EU(s, P(s))$。用包络定理得到:

$$\frac{\mathrm{d}\pi}{\mathrm{d}s} = \frac{\partial EU}{\partial s} = \frac{1}{2} P^{-1}(P(s)) = \frac{1}{2} s$$

$$\pi = \frac{1}{4} s^2 \tag{7-11}$$

比较公式(7-10)的右边和公式(7-11)得到：
$$\frac{1}{2}s^2+\frac{1}{4}s^2-ps=\frac{1}{4}s^2$$

最后解得
$$P(s)=\frac{1}{2}s$$

可以证明，如果有 n 个投标者，对称的均衡报价策略是：
$$P(s)=\frac{(n-1)(n+2)}{2n^2}s \tag{7-12}$$

从图 7-1 看到，买者越多，公共价值物品拍卖与私人价值物品拍卖相比，前者的报价比后者低得越多，这是因为前者存在赢者的诅咒。

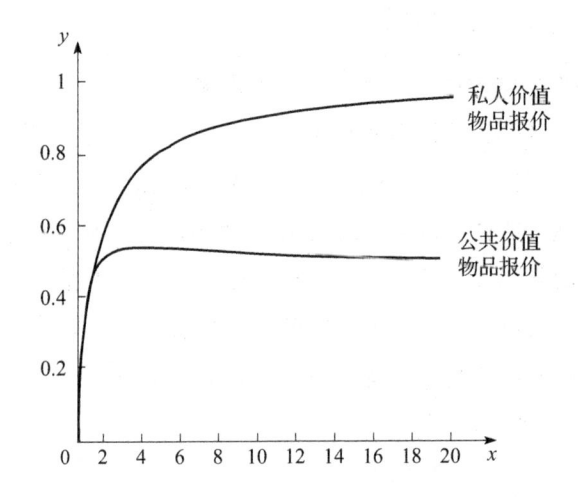

图 7-1 公共价值物品拍卖与私人价值物品拍卖报价对比

练习题 7-2 验证当 $n=3$ 时，公式(7-12)确实给出了共同价值标的物拍卖的均衡报价策略。

【证明】根据公式(7-12)，当 $n=3$ 时，我们有 $P(s)=\dfrac{5}{9}s$。

现在假设其中两个局中人都按照这个规则报价，要验证另一个局中人的最优策略也是按这个规则报价。设这个局中人 i 收到的标的物价值的信号为 s，假设他报价为 x。分别以 s'、s'' 表示其余两个局中人获得的信号，$[0,1]$ 中有均匀分布，或者说 (s',s'') 在单位正方形内有均匀的联合分布，分布密度是 1。如果局中人 i 报价 x 赢了，那么必须有

$$\frac{5}{9}s'<x,\ \frac{5}{9}s''<x$$

此即
$$s'<1.8x, s''<1.8x$$

这个事件发生的事前概率是$(1.8x)^2$。于是，当 i 赢时，他断定(s', s'')在边长为$1.8x$的正方形内有均匀分布，条件密度是$\dfrac{1}{(1.8x)^2}$。

根据上面的分析，局中人 i 的期望赢得是：
$$\pi(s, x) = (1.8x)^2 \int_0^{1.8x} \int_0^{1.8x} \left(\frac{s+s'+s''}{3} - x\right) \frac{1}{(1.8x)^2} ds' ds''$$
$$= \frac{1}{3}[(1.8x)^3 + (s-3x)(1.8x)^2]$$

从一阶条件得，当且仅当 $x = \dfrac{5}{9}s$ 时，这个期望赢得最大化。

证毕。

7.1.3 揭示性原理

拍卖问题的理论和揭示性原理与制度设计密切相关。这里只做一个粗浅的解析。假设在某种制度设计下，对标的物评估价值为 v 的投标者的最优报价是 $B(v)$，这里 B 是一个严格递增函数。只要把规则修改为"出最高报价 H 者赢得物品并支付 $B(H)$"，那么每个投标者的最优策略就是，报价等于他对物品的估值 v。这个结论的证明与二级密封拍卖的证明差不多。

一般而言，我们可以总结出下面的命题：

命题 7-2 只要博弈规则（社会制度）设计得当，参与博弈者的最优策略就是说真话。反过来，一个很多人说假话的社会，其根本问题在于社会制度存在弊病。

7.2 保险市场[一]

7.2.1 竞争性保险市场的描述

我们考虑一个竞争性的保险市场：市场内有众多的保险商（insurers）和大量的潜在被保险人（insured）。无论被保险人的保险标的物是什么，抽象来说，他之所以买保险，是因为他的部分财富在包含不确定性的经济环境中有可能灭失。

[一] 这一节的内容部分来自 H. Gravelle & R. Rees(2004)第 19 章。

可以用一个最简单的数学模型假设经济环境有两种状态：好环境和坏环境。比如，它们出现的概率分别是 $1-\pi$ 和 π。假设在好环境下，被保险人的财富是 W_0；在坏环境下，他的财富是 W_0-L。这里 $W_0 > L > 0$。我们考虑保险商提供的保险方案 (p,q) 满足如下条件：

$$p = \alpha q$$

这里 q 是**保险金额**（coverage），p 是**保险费**（premium），其中 q 由被保险人选择，p 是按上面公式计算的保险金，α 是给定的正数。当 α 等于 π 时，相应的保险合约叫作公平保险合约。一般情况下，签订合约时被保险人除了支付保险费 p 外，还要支付一点手续费 f。

假设被保险人厌恶风险，于是他有凹效用函数 $u = u(W)$。如果他不投保，他的期望效用是：

$$EU = (1-\pi)u(W_0) + \pi u(W_0 - L)$$

如果他投保并选择受保金额 q，期望效用则是：

$$(1-\pi)u(W_0 - \alpha q - f) + \pi u(W_0 - L + (1-\alpha)q - f)$$

上式对 q 求导，由一阶条件计算得：

$$\alpha(1-\pi)u'(W_0 - \alpha q - f) = (1-\alpha)\pi u'(W_0 - L + (1-\alpha)q - f) \tag{7-13}$$

在公平保险计划（$\alpha = \pi$）的情况下：

$$u'(W_0 - \alpha q - f) = u'(W_0 - L - f + (1-\alpha)q)$$

根据凹函数导数的递减性质有：

$$W_0 - \alpha q - f = W_0 - L - f + (1-\alpha)q$$

化简后得 $q = L$。

于是我们证明了：

命题 7-3 在保险合约为公平合约的前提下，如果投保者决定投保，他将会选择全额保险。

【**例 7-3**】假设某人的效用函数是 $u = \ln W$，W 是他的财产。假设他的总财产为 10 000，其中房产占 9 000。房产在地震中全部损毁的概率是 10%。假设某保险公司出售公平保险合约并且签约手续费为 0。计算他下列情况下的期望效用：①房产价值不投保；②半额投保；③全额投保。

【**分析**】容易算出他在上述三种情况下的期望效用：

(1) $EU = 0.9\ln 10\,000 + 0.1\ln 1\,000 = 8.980\,08$

(2) $EU = 0.9\ln(10\,000 - 450) + 0.1\ln(1\,000 - 450 + 4\,500) = 9.110\,58$

(3) $EU = 0.9\ln(10\,000 - 900) + 0.1\ln(1\,000 - 900 + 9\,000) = 9.116\,03$

很明显，全额投保是最佳选择。

在下面的讨论中，为简单计，我们假定签约手续费为 0。

先来证明下边的命题。

命题 7-4 如果 $\alpha < \pi$，投保人会选择 $q > L$；如果 $\alpha > \pi$，投保人会选择 $q < L$，甚至完全不买保险。

【证明】 我们只证明结论的前半部分。当 $\alpha > \pi$ 时，我们有：
$$\alpha(1-\pi) > \pi(1-\alpha)$$

由此
$$u'(W - \alpha q) < u'(W - L + (1-\alpha)q)$$
$$W - \alpha q > W - L + (1-\alpha)q$$
$$q < L$$

类似的推理可以证明结论后半部分：
$$\alpha < \pi \Rightarrow q > L$$

7.2.2 投保人的无差异曲线

为了解投保人在保险市场上的策略行为，我们讨论他们的无差异曲线。

用 x 表示投保人在好状态下的财富，用 y 表示他在坏状态下的财富，用 u 表示他的效用函数，则他的无差异曲线族有如下方程：
$$(1-\pi)u(x) + \pi u(y) = const.$$

两边求微分得知，通过某点 (x_0, y_0) 的无差异曲线在该点的斜率是：
$$\left.\frac{dy}{dx}\right|_{(x_0, y_0)} = -\frac{(1-\pi)u'(x_0)}{\pi u'(y_0)} \tag{7-14}$$

由此得到：

命题 7-5 投保人的无差异曲线斜率为负；风险较高的投保者（π 值较大）的无差异曲线与风险较低的投保人（π 值较小）的无差异曲线相比，在同一点处前者较平缓，后者较陡峭。

7.2.3 公平保险的合约曲线（contract curve）

对于公平保险，$\alpha = \pi$，投保者两种状态下的财富依赖于他对投保金额 q 的选择。其合约曲线(直线)满足下面的参数方程：
$$x=W_0-\pi q, \quad y=W_0-L+(1-\pi)q \tag{7-15}$$

合约曲线的斜率是：
$$\frac{dy}{dx}=-\frac{1-\pi}{\pi} \tag{7-16}$$

下面画出通过 $E(W_0, W_0-L)$ 的无差异曲线和合约曲线，如图 7-2 所示。

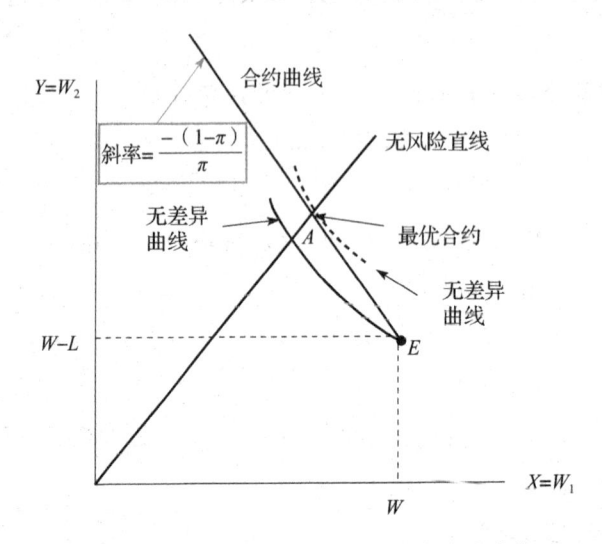

图 7-2 无差异曲线与合约曲线

注：1. 无差异曲线的方程：$(1-\pi)[u(x)-u(W_0)]+\pi[u(y)-u(W_0-L)]=0$。

2. 合约曲线方程：$y=-\frac{1-\pi}{\pi}x+\frac{1}{\pi}W_0-L$。

注意，合约曲线与 45°**无风险直线**(certainty line, $y=x$)的交点 A 是最优合约；比较方程(7-14)和方程(7-16)可知，在 A 点处无差异曲线(虚曲线)和合约直线相切。

附注：在一般情况下，不管合约(p, q)是否公平，合约曲线的方程是：
$$x=W_0-p, \quad y=W_0-L+q-p$$

如果以点 $E(W_0, W_0-L)$ 表示投保人未买保险时两种状态下的财富，那么(x, y)平面第一象限中每一个落在左上方的点 $A(x, y)$ 都对应于一个定额保险合约。这个定额合约的保险金是 $p=W_0-x$，保险额是 $q=y+L-x$。今后直接把这样的点 A 称为一个定额保险合约。如果 A 点刚好在公平合约直线上，就称之为一个公平定额保险合约。

练习题 7-3 计算例 7-3 公平合约直线与无差异曲线的斜率。

【解】 公平合约直线的方程是：
$$y=-9x+91\,000$$

通过点$(10\,000,1\,000)$的无差异曲线方程是：
$$0.9(\ln x-\ln 10\,000)+0.1(\ln y-\ln 1\,000)=0$$
化简后得：
$$y=10^{33}x^{-9}$$
通过$A(9\,100,9\,100)$的无差异曲线方程是：
$$y=9\,100^{10}x^{-9}$$
它在A点的斜率是-9，与合约直线的斜率相等。

7.2.4 保险市场上的逆向选择（adverse selection）

容易明白，如果竞争保险商知道每个投保人的风险大小（π值），他就可以向每个投保人提供公平的合约，而投保人选择全额保险。但实际上，π值是投保人的私人信息。只要投保人有高低不同的风险，保险商就不可能提供因人而异的公平保险合约而自己不亏损。

比如，为简单计，假设有两类不同风险的投保人，前者坏状态发生的概率是π，后者坏状态发生的概率是π'，而$\pi'>\pi$；再假设这两类投保人有相同的W_0和L。如果保险商提供两类保险合约给各种类型的投保人选择$(\alpha q,q)$，$(\alpha' q',q')$；在假设投保人的类型能被甄别的情况下，因为保险市场的竞争性，必须有$\alpha=\pi$，$\alpha'=\pi'$。这时每个类型的投保人就选择为他们设计的合约购买全额保险。但是由于信息不对称，保险商实际上不能甄别投保人的类型。这样一来，高风险投保人就会冒充低风险投保人，并选择为低风险投保人设计的合约。即使他们为了不被发现只选择与低风险投保人相同的投保额L，也会造成保险商的亏损。如命题7-4所言，高风险的投保人甚至会选择高于L的投保额，这样保险商就会亏损得更厉害。这就是保险市场中的逆向选择问题。

【例7-4】考虑一个保险市场，一半投保人（500人）坏状态发生概率为10%，另一半投保人坏状态发生概率为50%；$W_0=10\,000$，$L=9\,000$。这时保险商可以设计的两个公平合约是
$$(p,q):p=0.1q$$
$$(p',q'):p'=0.5q'$$

如果各类投保人诚实地选择给自己设计的全额保险合约，那么保险商的期望经济利润为0；如果高风险投保人也选择给低风险投保人设计的合约并只购买全额保险，那么保险商的预期经济利润为：

$$500[900-0.1(9\,000)]+500[900-0.5(9\,000)]=-1\,800\,000$$

如果高风险投保人也选择给低风险投保人设计的合约并购买最优保险 $q'=49\,444$[①]，这时保险商的预期经济利润是：

$$500[900-0.1(9\,000)]+500[4\,944.4-0.5(49\,444)]=-9\,888\,800$$

7.2.5 混同均衡的不存在性

当存在风险大小不同的两类投保人时，是否可能有混同合约支持竞争保险市场的均衡呢？所谓混同合约，指的是一条合约直线让两类投保人都在其上选择投保金额 q，同时按比例支付相应的保险费 $p=\alpha q$。我们将证明，不可能存在这种混同均衡。

如果混同均衡存在，先计算混同均衡合约的 α 值。假设投保人中低风险的占比为 r。如果所有投保人都选择相同的投保金额 q，那么只有当：

$$\alpha=r\pi+(1-r)\pi'$$

的时候，保险商才能得到正常预期利润：

$$\alpha q-(r\pi q+(1-r)\pi' q)=0$$

如果保险商按照提供合约让投保人自己选择投保金额，因为 $\alpha>\pi$，低风险投保人会选择 $q<L$，甚至不买保险；高风险投保人则会选择 $q'>L$。这样一来，保险商就肯定亏损。因此，倘若混同均衡存在，保险商只能提供定额保险，即所有投保人只能选择相同的投保金额 q。

现在往证任何一个定额保险合约都不可能成为混同均衡合约。倘若有这样一个合约，两类投保人购买保险后在两种状态中的财富由 (x,y) 平面上的同一个点 A 表示，而且两类投保人在该点处的期望效用应该都比不买保险高。A 点必须落在高风险者的公平保险合约直线与低风险者的公平保险合约直线之间（实际上是在混同合约曲线上，但这点不影响我们的论述，所以图中没有画出混同合约直线），如图 7-3 所示。

注意，通过 A 点的低风险投保人无差异曲线比高风险投保人的更陡，我们在 A 点的右下方紧靠 A 处找到点 N——它位于通过 A 点的高风险投保人无差异曲线的下方，同时位于通过 A 点的低风险投保人无差异曲线的上方。设想另一个保险商兜售定额保险合约 N。于是他会把所有低风险的投保人拉走而同时留下所有高风险投保人给原保险商，这就破坏了我们虚拟假设中的混同均衡 A。注意，新保险商之所以

[①] q' 使得 $0.5\ln(10\,000-0.1q')+0.5\ln(1\,000+0.9q')$ 取最大值。

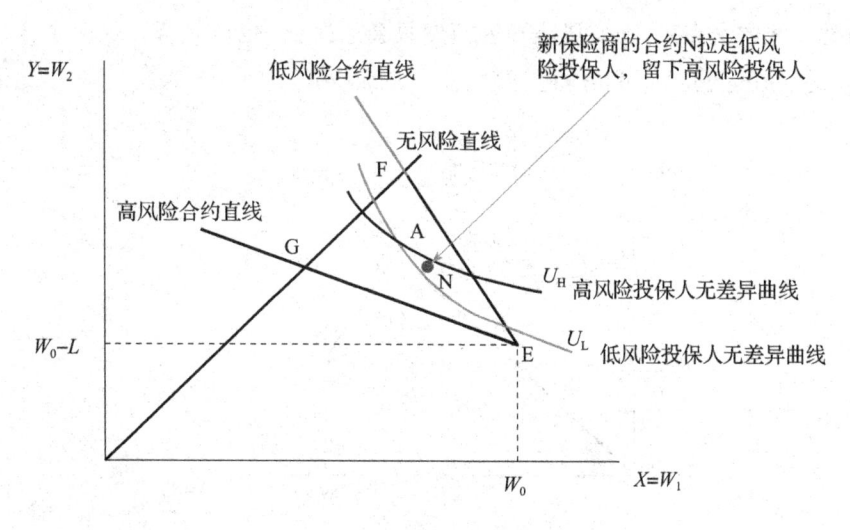

图 7-3 混同均衡的不存在

有激励提供保险合约 N，是因为 N 点仍然在低风险投保人公平合约直线的左侧，这使他得到超额利润。

综上所述，竞争的保险市场不可能有混同均衡。

练习题 7-4 继续考虑例 7-4，请读者验证：

(1) 假设两类投保人数量相同，混同合约直线的 α 值是 0.3。

(2) 如果保险商提供上述混同合约，低风险投保人的最优保险额约等于 151。

(3) 如果保险商提供定额混同合约 $(0.3 \times 151, 151) = (45.3, 151)$，那么一个新保险商可以提供定额合约 $(0.28 \times 140, 140) = (39.2, 140)$，把所有低风险投保人拉走，同时把所有高风险投保人留给原来的保险商。

7.2.6 分离均衡存在的必要条件

显而易见，如果保险商设计两个不同的定额保险合约分别出售给两类顾客，要支撑竞争保险市场的均衡，这两个合约应该是分别对两类顾客的公平合约 $(\pi q, q)$，$(\pi' q', q')$。现在我们确定这两个合约的保险额。

图 7-4 中的 G 点是高风险顾客的最优公平合约，U_H 是通过 G 点的高风险无差异曲线，J 是这条无差异曲线与低风险合约直线的交点——假设这个交点在 E 点的上方。往证 G, J 是唯一可能支持分离均衡的一对合约。

首先，当保险商推出图 7-4 中的 G, J 两个合约时，高风险投保人没有冒充低风险投保人的激励，因而会选择 G（在实践中，J 点略低于高风险无差异曲线 U_H 与低风险合约直线的交点),而低风险顾客当然只会选择J。也就是说,这两个合约是激励相容(incentive compatible)的。

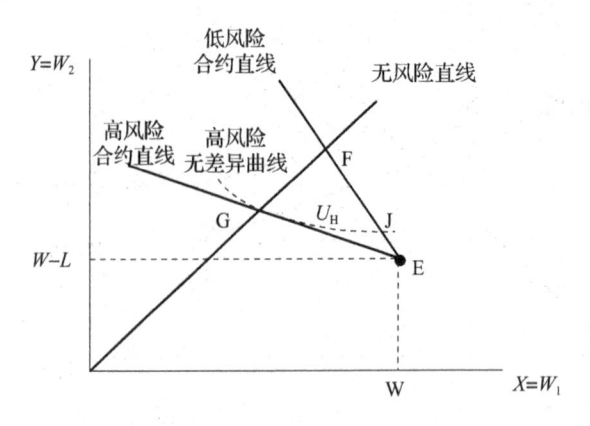

图 7-4 分离均衡存在的必要条件

现在论证,如若分离均衡真的存在,则G,J是唯一的一对均衡合约。实际上,如果提供任何另一对合约G′,J′并且G′不同于G,那么新保险商可以提供一个图7-5所示的定额混同合约N,把所有高风险顾客拉走,这个新保险商还能获得超额利润。这个合约只需落在通过G′的高风险无差异曲线与高风险合约直线围成的"弓形"内部。同理可论证J′不可能不同于J。

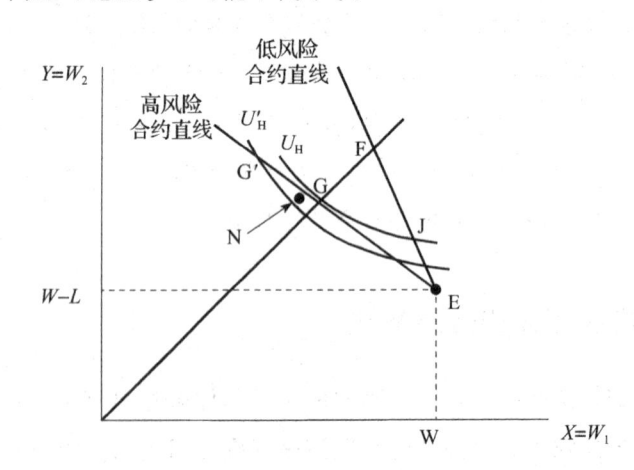

图 7-5 分离均衡的唯一性

注:高风险合约直线上任何其他点G′不可能支持分离均衡;低风险合约直线上任何其他点J′不可能支持分离均衡。

【例 7-5】(例 7-4 续)在例 7-4 中,高风险顾客的最优公平合约在点 G(5 500,5 500)上,通过该点的无差异曲线与低风险合约直线的交点由下列方程组决定:

$$0.5\ln x + 0.5\ln y = \ln 5\,500$$

$$\frac{y-1\,000}{x-10\,000}=-9$$

解方程组得

$$x=9\,767,\quad y=3\,097$$

也就是说，低风险顾客的保险额是 2 330，保险金是 233。

必须注意，这样算出的两个定额合约不受两种类型顾客所占比例的影响。但它们是否实际上支持分离均衡，却与两类顾客的比例相关。在这个例子中，如果两种顾客人数的比例是 1∶1，那么通过 J 点的低风险无差异曲线与混同合约直线无交点，这时上述的两个合约 G，J 确实给出分离均衡。如图 7-6 所示。

另外，如果低风险的顾客占很大的比例，这时混同合约直线就和通过点 J 的低风险无差异曲线相交，此时，新进入的保险商可以推出单一定额保险合约，让它落在低风险无差异曲线和混同合约直线之间。这样一来，所有顾客都被这个新保险商拉走，且新保险商能够获得超额利润。如图 7-7 所示。

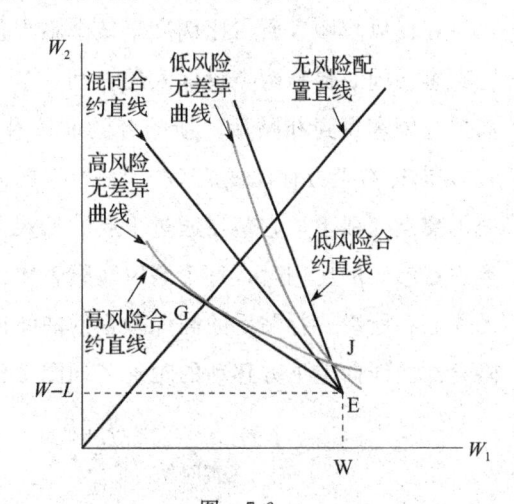

图 7-6

注：当混同合约直线不与过 J 点的低风险无差异曲线相交，G，J 给出分离均衡。

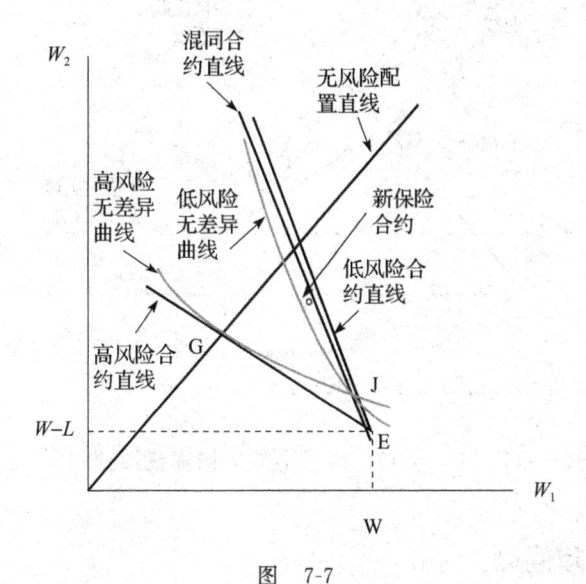

图 7-7

注：当混同合约直线与过 J 点的低风险无差异曲线相交，G，J 不支持分离均衡。

综合上述的讨论，我们得到：

定理 7-1 本节讨论的两类风险不同的顾客的竞争保险市场中，在关于顾客的所有资料参数给定的前提下，存在实数 $r \in (0, 1)$，当且仅当低风险顾客所占的比例不大于 r 时，保险市场存在分离均衡合约。

7.2.7 征税与补贴

在低风险顾客所占比例高于某个临界值时，对低风险投保人征税用于补贴高风险顾客会同时提高两类投保人的福利。乍一看这好像有点不可思议。实际上，因为高风险顾客得到补贴后，新的合约曲线往右上方移位，高风险最优合约点从 G 沿 45°方向往右上方移动变成 G′；经过 G′的高风险无差异曲线与税后的低风险合约曲线的交点变成 J′，它落在通过 J 点的低风险无差异曲线之上。这是因为在低风险顾客占足够大的比例时，每个高风险顾客得到的补贴可以远大于每个低风险顾客上交的税收；所以，补贴后的高风险合约曲线向右上方移动的距离可以远大于税后低风险合约曲线向左下方移动的距离，如图 7-8 所示。

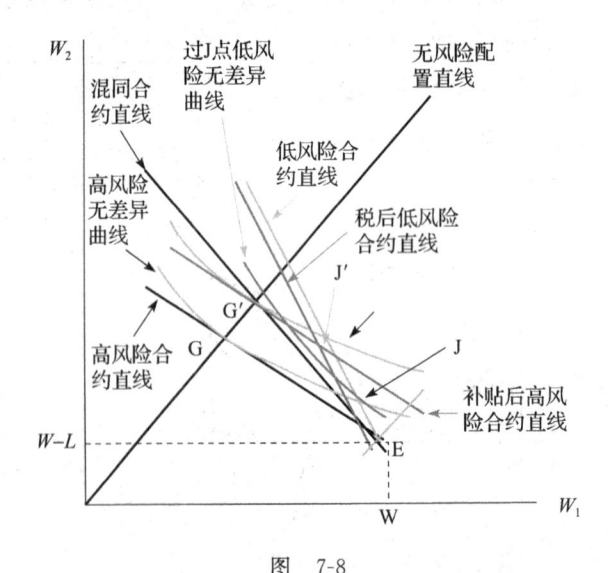

图 7-8

注：征税与补贴：高风险合约从 G 变为 G′，低风险合约从 J 变为 J′。

从这个图形可知，(G′, J′) 与 (G, J) 相比是个**帕累托改进**(Pareto improvement)。

7.2.8 道德风险问题

美国有一些州的法律规定出租车司机不准系安全带，原因是司机系安全带后认为自身安全有保障，于是驾车时精神不那么集中，反而增加发生事故的概率。保险市场中也有这类**道德风险**(moral hazard)问题，即投保人购买保险后认为出事有保险公司赔偿，行为往往变得不再小心谨慎，因而增加了坏状态发生的概率。

我们就以汽车保险为例解析保险商如何应对顾客的道德风险问题。假设谨慎驾驶时发生事故的概率是 π，不谨慎驾驶时发生事故的概率是 π'。小心驾驶要付出的成本是 c。假设保险商提供的定额保险合约是 $(\pi q, q)$。要保证顾客投保后依然小心驾车，必须有：

$$(1-\pi)u(W_0-c-\pi q)+\pi u(W_0-L-c+(1-\pi)q) \geqslant$$
$$(1-\pi')u(W_0-\pi q)+\pi' u(W_0-L+(1-\pi)q) \tag{7-17}$$

注意到 $q=0$ 时，公式(7-17)的左边大于右边(没有保险时谨慎驾车比不谨慎好)，而全额保险时($q=L$)，左边($u(W_0-c-\pi L)$)小于右边($u(W_0-\pi L)$)，于是从期望效用函数关于 q 的连续性以及在区间 $(0, L)$ 中的单调性知道，存在某个 q 值使得不等式(7-17)的等号成立。

我们于是有：

定理 7-2 在存在道德风险的保险市场中，保险商只能提供部分保险。⊖

7.3 委托-代理博弈

7.3.1 模型的描述

上一节中的保险市场博弈中，先行者(保险商)缺少关于投保人风险高低的信息，要设计分离均衡合约把后发者所属的类型甄别开来，并诱导他们各自选择为之设计的合约或规范他们在下一步博弈中的行为。另一种在日常生活中常见的合约设计问题叫作**"委托代理"**(principal-agent)问题。

设想某企业的老板(委托人)想聘用一名经理(代理人)。老板知道企业利润的高低和经理的努力程度有关，同时也受不确定的经济环境的影响。如果老板能直接监控经理的努力程度，他可以把薪酬与经理的表现直接挂钩；如果老板无法监控经理的努力程度，为了督促经理努力工作，他可以设计"奖金"制度，把经理的报酬与企业的绩效挂钩。

为使读者易于理解，我们以三个简单例子说明这种问题的解法。

⊖ 在实践中，车祸发生时肇事者要首先支付总损失的一部分，称为"免赔额"。

【例 7-6】在下边的博弈树中(见图 7-9),委托人 P 先决定是否聘用(hire or don't)代理人 A;然后 A 决定是否接受聘任(accept or reject)。受聘后 A 决定努力工作还是不努力工作(high effort or low effort),经济环境(nature)决定企业收益(未扣除代理人的薪酬)高(500)或低(200)的概率。从图 7-9 所示的博弈树可以看到,代理人努力工作时,企业获得高利润的概率较大。

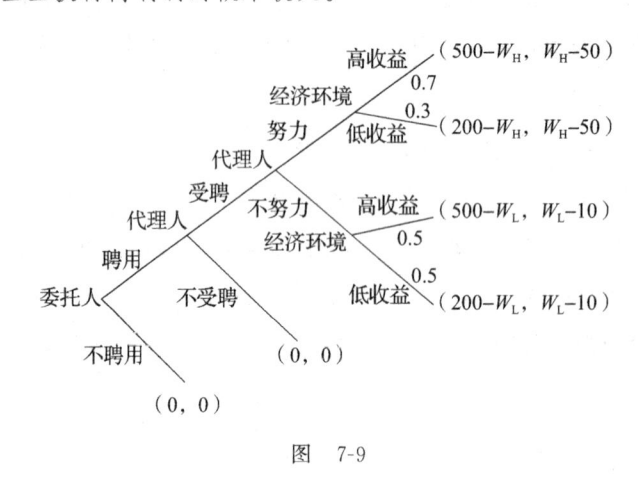

```
                                    高收益  (500−W_H, W_H−50)
                           经济环境  0.7
                      努力          0.3
                  代理人         低收益  (200−W_H, W_H−50)
              受聘
          代理人                    高收益  (500−W_L, W_L−10)
                      不努力  经济环境  0.5
      聘用                          0.5
                                   低收益  (200−W_L, W_L−10)
  委托人    不受聘
                      (0, 0)
      不聘用

      (0, 0)
```

图 7-9

这里假定委托人能监控代理人的努力程度而无须为监控付出成本。在这种最简单的情况下,委托人可以把薪酬直接与代理人的工作努力程度联系起来,根据努力程度的高低支付不同的薪酬(W_H 或 W_L)。注意代理人即使不应聘,她也能够(比如在原有的岗位上)得到薪酬 150。

【分析】这实质上是个完美信息博弈。应用倒推归纳法可以求得代理人两种不同工作态度分别导致的期望赢得向量$(410−W_H, W_H−50)$,$(350−W_L, W_L−10)$。想要代理人努力工作,薪酬设计必须满足"激励相容"条件,即**自我选择的原则**(self-selection criterion):

$$W_H − 50 \geq W_L − 10 \iff W_H − W_L \geq 40$$

另外,要保证代理人应聘,必须让**"参与条件"**(participation constraint)得到满足:

$$W_H − 50 \geq 150$$

可以选择 $W_H = 201$,$W_L = 160$。这时委托人的期望净利润(扣除支付给代理人的薪酬后的利润)比代理人不努力工作时高,结果如下:

$$410 − 201 − (350 − 160) = 29$$

【例 7-7】现在假设委托人无法监控代理人努力工作的程度(或者监控成本很高)。委托人于是只能把薪酬与企业的毛利润挂钩(如图 7-10 所示)。

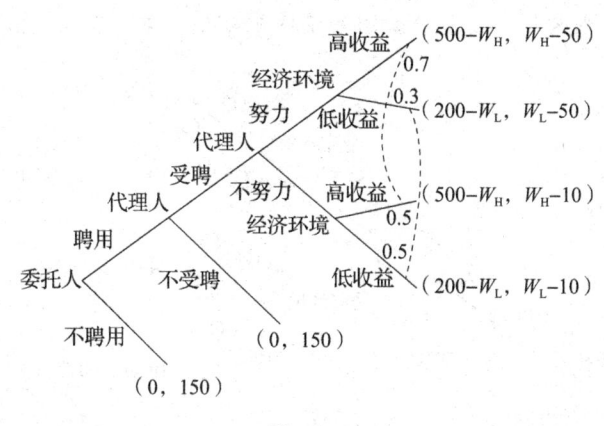

```
                                          高收益  (500-W_H, W_H-50)
                              经济环境    0.7
                                     努力  0.3
                                代理人         低收益 (200-W_L, W_L-50)
                        受聘
                     代理人         不努力   高收益 (500-W_H, W_H-10)
               聘用              经济环境   0.5
           委托人                             0.5
                     不受聘                低收益 (200-W_L, W_L-10)
               不聘用             (0, 150)
                      (0, 150)
```

图 7-10

【分析】 先考虑委托人想让代理人努力工作的情况。努力工作的代理人的期望赢得是：

$$0.7W_H + 0.3W_L - 50$$

反之，不努力工作时他的期望赢得是：

$$0.5W_H + 0.5W_L - 10$$

由自我选择原则得到：

$$0.2(W_H - W_L) \geq 40 \iff W_H - W_L \geq 200$$

考虑到"参与条件"：

$$0.7W_H + 0.3W_L - 50 \geq 150$$

实际上要解一个线性规划问题：

$$\text{Max } 410 - 0.7W_H - 0.3W_L$$
$$0.7W_H + 0.3W_L - 50 \geq 150$$
$$W_H - W_L \geq 200$$

它的解是 $W_H = 260$，$W_L = 60$。实际上可以选择 $W_H = 261$，$W_L = 60$。

如果委托人只想让代理人参与而不必努力工作，最简单的办法就是支付固定薪酬 W。

注意，"参与条件"改为：

$$W - 10 \geq 150$$

就是支付固定薪酬 160。

可以验证，第一个薪酬设计可以给委托人带来更高的期望净利润。

【例 7-8】 现在考虑代理人是风险厌恶的情况。我们把原来博弈树中的数据改动了。特别是我们假设代理人努力工作的（负效用）成本是 3，不努力工作的（负效用）

成本为1；而薪酬带来的正效用是薪酬数量的平方根。如图 7-11 所示。

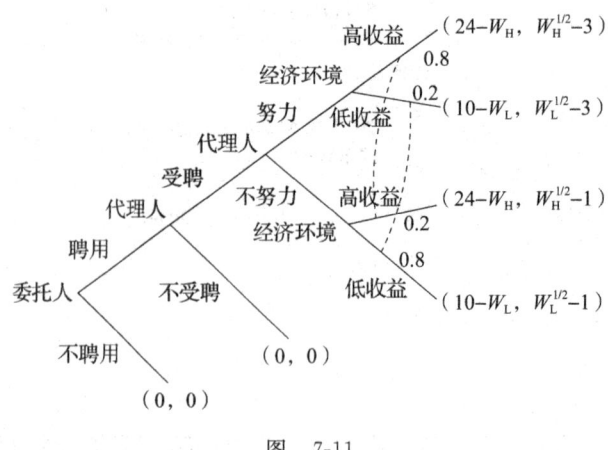

图 7-11

【分析】 要引导代理人参与并努力工作，相应的"参与条件"和自我选择条件是：

$$0.8W_H^{1/2}+0.2W_L^{1/2}-3\geqslant 0$$

$$0.6(W_H^{1/2}-W_L^{1/2})\geqslant 2$$

而委托人的目的是：

$$\text{Max } 0.8(24-W_H)+0.2(10-W_L)$$

引入变量代换：

$$x=W_H,\ y=W_L$$

我们得到一个数学规划问题：

$$\text{Min } 0.8x^2+0.2y^2$$

$$0.8x+0.2y\geqslant 3$$

$$x-y\geqslant \frac{10}{3}$$

最优解在凸多边形许可域（解区域）某边界上取得。如图 7-12 所示。

注意：

$$0.8x^2+0.2y^2=const.$$

是一族中心在 (0, 0) 的椭圆。满足所述数学规划的最优解应该是某椭圆与许可域通过 A(11/3, 1/3)，B(15/4, 0) 上线段的切点。直线 AB 的方程是：

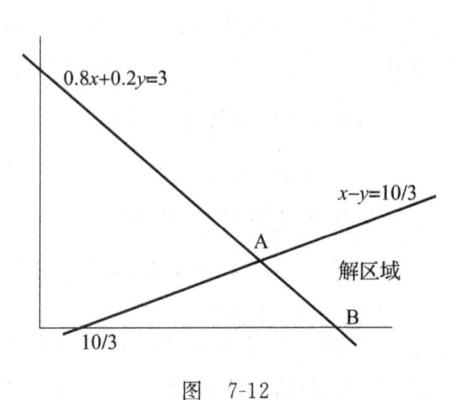

图 7-12

$$y = -4x + 15$$

问题变为：

$$\min 0.8x^2 + 0.2(-4x+15)^2, \quad x \in [10/3, 15/4]$$

目标函数在端点 A(11/3, 1/3) 上取得最小值 97/9。原问题的解是 $W_H = 121/9$，$W_L = 1/9$。委托人的期望净利润是 $0.8(24) + 0.2(10) - 97/9 = 334/45$。

如果委托人只想让代理人参与而不必努力工作，那么可以支付固定薪酬 $W = 1$。这时他的期望净利润是 $0.2(24) + 0.8(10) - 1 = 11.8$。对比一下，让代理人不努力工作反而更好。

这个例子乍看起来不合常理，但并非完全违反实际。当一个非常厌恶风险的代理人努力工作带来的负效用很大时（比如有可能因过度劳累而出现严重的健康问题），他就会要求超高的薪酬 W_H 作为补偿，这会给委托人造成过高的负担。

7.3.2 效率工资理论与博弈模型

20 世纪初期，美国福特汽车公司（Ford Motor Company）的老板亨利·福特宣布给工人大幅度加薪。结果发现加薪后公司的利润大幅度提高，原因是加薪后工人为了保住报酬优厚的工作都非常努力工作，导致生产效率大幅度提高，公司收益的增加超过工资成本的增加。

索罗（Solow）1979 年提出的**效率工资**（efficiency wages）理论认为，如果支付给工人的工资高于他们的保留工资，可以提高工人的工作效率，为雇主带来更高的利润。本节我们首先简述索罗的有效工资模型，然后结合委托-代理理论做进一步分析。

假设雇主的利润函数由下式给出：

$$\pi(w, N) = f(Ne(w-z)) - Nw$$

其中，w 是工资，N 是雇用的劳动力，z 是工人的保留工资（即工人愿意受聘的最低工资），$e(\cdot)$ 是一个递增二阶可微函数，其函数值表示受雇工人工作的努力程度，今后我们称 e 为**生产效率函数**（productivity function），称 $Ne(w-z)$ 为**有效劳动**（effective labor）。注意，雇主的目的是要选择 (w, N) 让利润最大化。

先来论证，在索罗的模型中，因为 w, N 可以由雇主选择，利润最大化的必要条件是有效劳动投入的平均成本最小化。实际上，假设 (w^*, N^*) 是使利润最大化的工资-物理劳动投入，于是 $e(w^* - z)N^* \equiv EN$ 就是最优有效劳动投入。只要保证有效劳动投入等于 EN，则雇主的收益 $f(EN)$ 就不变，既然 (w^*, N^*) 使得利润 $f(EN) - wN$ 最大化，所以 (w^*, N^*) 是下列问题的最优解：

$$\mathrm{Min}\{wN : e(w-z)N = EN\}$$

容易明白,上述问题的解中工资 w 的最优选择必须满足:

$$w^* = Arg\,\mathrm{Min}\left\{\frac{w}{e(w-z)} \equiv c(w)\right\}$$

从一阶条件可以解得:

$$\frac{\mathrm{d}c}{\mathrm{d}w} = \frac{e - we'(w-z)}{e^2} = 0$$

$$e'(w-z) = \frac{e(w-z)}{w}$$

再从二阶条件可以得到:

$$\frac{\mathrm{d}^2 c}{\mathrm{d}w^2} = \frac{-wee''(w-z) - 2e'(w-z)(e - we'(w-z))}{e^3} > 0$$

$$\Rightarrow e''(w-z) < 0$$

我们得到以下结果:

命题 7-6 索罗模型中的生产效率函数是凹函数。

现在注意,前面讨论中保留工资 z 是一个外生给定的参数。当这个参数变动时,最优解

$$w^*(z),\ e^*(z) \equiv e(w^*(z) - z),\ \pi^*(z) \equiv \pi(w^*(z), N^*(z))$$

也跟着变化。

我们往证以下的命题。

命题 7-7 上面各个最优函数对 z 的全导数满足:

$$\frac{\mathrm{d}w^*}{\mathrm{d}z} > 1,\ \frac{\mathrm{d}e^*}{\mathrm{d}z} > 0,\ \frac{\mathrm{d}\pi^*}{\mathrm{d}z} < 0$$

【证明】注意

$$e'(w^*(z) - z) = \frac{e(w^*(z) - z)}{w^*(z)}$$

对 z 求全导数得到:

$$e''(w^*(z) - z)(w^{*'}(z) - 1) = \frac{e'(w^*(z) - z)(w^{*'}(z) - 1)w(z) - e(w^*(z) - z)}{(w^*(z))^2}$$

注意上式分子第一项中的 $e'(w^*(z) - z)$ 可以用下式替代。

$$e'(w^*(z) - z) = \frac{e(w^*(z) - z)}{w^*(z)}$$

化简后得:

$$e''(w^*(z)-z)(w^{*'}(z)-1) = \frac{-e(w^*(z)-z)}{(w^*(z))^2} < 0$$

因为

$$e''(w^*(z)-z) < 0$$

我们必须有

$$w^{*'}(z)-1 > 0 \Leftrightarrow \frac{\mathrm{d}w^*}{\mathrm{d}z} > 1$$

接着有：

$$\frac{\mathrm{d}e^*}{\mathrm{d}z} = e'(w^*(z)-z)(w^{*'}(z)-1) > 0$$

最后，当 z 增大时，要维持原来的生产效率就必须有更高的平均成本 w，因而利润 π^* 是 z 的减函数：

$$\frac{\mathrm{d}\pi^*}{\mathrm{d}z} < 0$$

命题 7-7 得证。

下面来看有关效率工资的一个简单博弈模型[⊖]。

【例 7-9】雇主 P 设计一份工资合约，工人 A 选择接受或拒绝。如果接受合约，工人选择工作努力程度(e)；这时雇主发现工人偷懒的概率是 $1-e$。雇主在没有发现工人偷懒时支付工资 w，否则支付工资 z。雇主一共雇用 n 个工人，产量是 $q(ne)$，在竞争市场中产品价格为 1；工人的效用是工资(w，z)与闲暇($1-e$)的乘积。雇主与工人的博弈如图 7-13 所示，其中 N 是一个机会节。

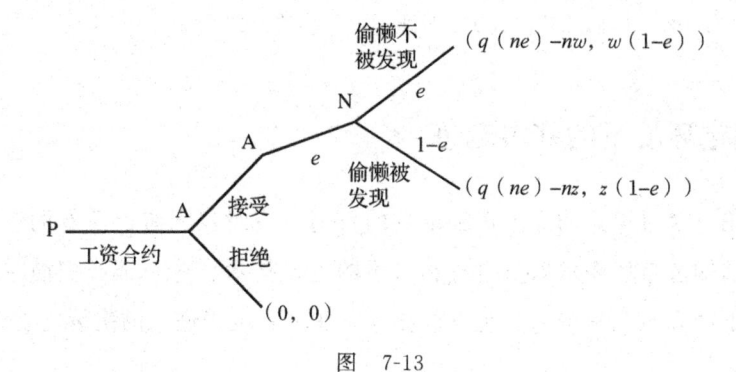

图 7-13

【分析】我们用倒推归纳法解这个博弈问题。工人的期望赢得(效用)是：

⊖ 例子来自赫伯特·金迪斯(Herbert Gintis, 2009)，本书作者做了小修改。

$$we(1-e)+z(1-e)^2$$

从一阶条件得出：

$$e=\frac{w-2z}{2(w-z)}\equiv e(w) \tag{7-18}$$

倒推至雇主关于工资合约 w 设计的节点。注意雇主的期望利润是：

$$q(ne(w))-n(w-z)e(w)-nz$$

利用一阶条件得（分别对 w，n 求偏导）：

$$e'q'-e-(w-z)e'=0$$
$$eq'-(w-z)e-z=0$$

消去含有 q' 的项，解出：

$$ze'=e^2$$

代入式(7-18)，解得：

$$w^*=(2+\sqrt{2})z$$

$$e^*=\frac{1}{\sqrt{2}(1+\sqrt{2})}\approx 0.29$$

倘若工人的保留效用为 z_0，雇主必须保证使他得到与此相等的期望效用：

$$w^*e^*(1-e^*)+z(1-e^*)^2=z_0$$

由此解得

$$z=\frac{2z_0}{1+\sqrt{2}}$$

附注：这个例子中工人的最优努力程度比较低，$e^*\approx 0.29$，原因是他的效用函数中"收入" w 与"闲暇" $(1-e)$ 同等重要。

7.4 不确定环境下的寡占竞争

我们在第 4 章讨论过的寡占竞争市场的行为。当时我们假定所有的竞争者都有完整信息，即知道市场需求以及自身和对手的生产技术。这一节我们简单讨论一下不确定环境下的寡占竞争市场，重点放在考察在位者阻挠进入的决策之上。

7.4.1 信息环境与阻挠进入

第 4 章我们讨论阻挠进入机制时，假定在位者与进入者进行斯塔克尔伯格式的产量竞争。在很多实际情况下，进入者进入市场后不会坐等在位者先行选定产量占据市场。所以，更贴合实际的模型是进入后双方进行古诺竞争。在这种情况下，当进入者比在位者有更好的生产技术时，在位者阻挠进入策略就往往不再有效。

下面我们以例题加以说明。

【例7-10】考虑一个在位厂商A和一个潜在进入者B，假定A的边际成本是$c=1/4$而固定成本是$f=1/16$，B的边际成本是$c'=1/4$而固定成本是$f'=1/18$。假定产品市场的需求反函数是$P=1-Q$。这里我们考虑的是一个两阶段决策模型：第一阶段在位者垄断市场，选取自身的产量；第二阶段潜在进入者决定是否进入，如果进入将与在位者进行古诺竞争。

【分析】当A垄断市场时，容易算出他的最优产量和利润分别是：
$$q_M^* = 3/8$$
$$\pi_M^* = 5/64$$

如果潜在进入者进入市场，在双头垄断古诺竞争中，容易算出均衡产量利润分别是[○]：
$$q_D^* = 1/4, \quad q_D'^* = 1/4$$
$$\pi_D^* = 0, \quad \pi_D'^* = 1/144$$

因为我们假定信息完整，即潜在进入者精确知道在位者的成本，所以无论第一阶段在位者如何决策，都不会影响潜在进入者在第二阶段进入以获取超额利润。

另外，在潜在进入者无法准确知道在位者的生产技术的情况下，在位者可以利用信息的不完整性，在第一阶段伪装成一个有技术优势的生产者，以吓阻潜在对手在第二阶段的进入。

继续这个例子的讨论。如果在第一阶段中潜在进入者认为在位者的边际成本c或者等于$1/4$，或者等于0，二者的概率都是0.5。当在位者知道潜在进入者这个估计时，他就可以在第一阶段把产量选为$1/2$（这是当他的边际成本为0时的最优产量）。潜在进入者看到在位者这个产量时，至少依然会维持他原先关于在位者的边际成本的估计。于是，在决定是否进入并在第二阶段与在位者进行产量竞争之前，潜在进入者必须计算进入后自己的期望利润。

有一半的可能性是在位者的边际成本为$1/4$，于是在第二阶段的产量竞争中，他本身的利润（如前）是$1/144$；另一半的可能性是在位者的边际成本为0，这时在古诺竞争中，在位者的最优产量是$5/12$，而进入者的最优产量为$1/6$，利润为$-1/36$。也就是说，进入者的期望利润是：

$$0.5(1/144) + 0.5(-1/36) < 0$$

○ 这里，加撇的变量都属于潜在进入者。

经过上面的计算，潜在进入者在第二阶段不会进入。于是，在位者在第一阶段生产 1/2，得到的利润 1/16 稍低于最优垄断利润 5/64；但第二阶段因为没有进入发生，他就可以保持垄断并获得最优垄断利润。

我们看到，在信息不完整的情况下，在位者有更大的空间采用阻挠进入策略。

7.4.2 阻挠进入机制下的分离均衡与混同均衡

从上一节的简单例子我们知道，在进入者没有掌握在位者生产成本的准确信息时，在位者可以利用这种"优势"阻挠进入，以最小的代价维持垄断。上面的均衡是一个混同均衡，也就是说，在进入者关于在位者成本的初始信念之下，低边际成本($c=0$)与高边际成本($c=1/4$)的在位者都会把产量定为 1/2。

下面我们以一个新的例子详尽讨论非完整信息下的阻挠进入机制，说明导致混同均衡或者分离均衡与进入者初始信念密切相关。

【例 7-11】 在位者生产某种产品，他的边际成本是 c，固定成本是 5。潜在进入者正等待机会进入，他每期的固定成本是 5，边际成本是 3。市场对这种产品的需求是 $Q=11-P$，P 是价格，Q 是需求量。以上信息，除了 c 之外，都是**共识**(common knowledge)。在位者准确知道自己的边际成本 c 到底是 1 还是 3，但潜在进入者只知道 $c=1$ 的概率是 p，$c=3$ 的概率是 $1-p$。双方的博弈分两个阶段，第一阶段在位者垄断市场，选择自己的产量；第二阶段潜在进入者先根据第一阶段观察到的市场情况更新自己关于在位者边际成本的信念，决定进入与否。如果进入，就与在位者作古诺竞争，否则在位者维持垄断。

【分析】 还是应用倒推归纳法。假定通过对第一阶段市场情况的观察，潜在进入者信念更新后认为在位者 $c=1$ 的概率是 q，而 $c=3$ 的概率是 $1-q$。假定潜在进入者在第二阶段进入，他的想法是按照如下过程计算自己的利润：

以 y 表示潜在进入者自己的产量，他遇到低成本对手的概率为 q，设这个对手的产量为 x。这时低成本对手的利润函数是：

$$\pi = x(11-x-y)-x-5 = -x^2+(10-y)x-5$$

潜在进入者遇到高成本对手的概率为 $1-q$，设这个对手的产量为 x'。这时高成本对手的利润函数为：

$$\pi' = x'(11-x'-y)-3x'-5 = -x^2+(8-y)x-5$$

潜在进入者自己的期望利润等于：

$$\pi^E = q[-y^2+(8-x)y-5]+(1-q)[-y^2+(8-x')y-5]$$
$$= -y^2+\{8-[qx+(1-q)x']\}y-5$$

从三个一阶条件解出反应函数：
$$x = 5 - 0.5y$$
$$x' = 4 - 0.5y$$
$$y = 4 - 0.5[qx + (1-q)x']$$

解方程组得：
$$x^* = \frac{11+q}{3}$$
$$x'^* = \frac{8+q}{3}$$
$$y^* = \frac{8-2q}{3}$$

他们各自的均衡利润是：
$$\pi^* = \left(\frac{11+q}{3}\right)^2 - 5$$
$$\pi'^* = \left(\frac{8+q}{3}\right)^2 - 5$$
$$\pi^{E*} = \left(\frac{8-2q}{3}\right)^2 - 5$$

于是，潜在进入者在当且仅当下式成立时进入：
$$q < 4 - \frac{3\sqrt{5}}{2} \approx 0.646$$

特别是，当 $q=0$ 时，潜在进入者进入；当 $q=1$ 时，潜在进入者不进入。同时注意，在第二阶段中，低成本在位者垄断时利润是 20，与进入者竞争时利润是 11；高成本在位者垄断时利润是 11，与进入者竞争时利润是 19/9。

现在来看第一阶段，先考虑混同均衡的存在性。在混同均衡中，低成本在位者在第一阶段必然生产最优垄断产量 5（要价为 6），而为了伪装成低成本在位者，高成本在位者也必须生产同一产量以阻挠潜在进入者在第二阶段的进入。既然潜在进入者不进入，他原先的信念应该是 $p \geqslant 0.646$。在第二阶段开始时，他的序贯相容信念是：

$q = p$，如果第一阶段在位者的要价不小于 6

$q = 0$，如果第一阶段在位者的要价大于 6

这时，低成本在位者两个阶段都生产最优垄断产量，当然满足序贯理性原则。要验证的是高成本在位者的序贯理性。在冒充低成本在位者的情况下，高成本在位者两个阶段的总利润是 $10+11=21$；如果高成本在位者不冒充低成本在位者，因为第二阶段引起进入，两个阶段总利润不超过 $11+19/9$。所以他冒充低成本在位者也是序贯理性的。我们已经验证上述的混同均衡是个序贯均衡。

现在考虑分离均衡。首先注意在第一阶段中两类在位者生产自己的最优垄断产量，即 $x=5$，$x'=4$ 不支持分离均衡。因为这时进入者更新后的序贯相容信念是：

$q=1$，如果第一阶段在位者的要价等于 6

$q=0$，如果第一阶段在位者的要价等于 7

在他信息集其他点的信念可以任意给出。但在这信念之下，高成本在位者的序贯理性选择应该是冒充低成本在位者生产产量 5（即要价 6）以阻挠进入，正如在分析混同均衡时所指出的。

于是，要支持一个分离均衡，低成本在位者就必须向潜在进入者发出一个足够强的"信号"（signal），以便让潜在进入者识别自己从而不敢进入。所谓"足够强"的信号，是说它使得理性的高成本在位者不想冒充自己。⊖ 在这个例子中，"足够强"的具体表现就是生产足够高的产量（或者要价足够低）。

下面估算低成本在位者第一阶段产量 x 要多大才能支持一个分离均衡。

(1) 必须让理性高成本在位者不想冒充：

$$[x(11-x-3)-5]+11 \leqslant 11+19/9$$

上式左边中括号内是高成本在位者冒充低成本在位者第一阶段的利润，第二项是他阻挠进入后第二阶段的最优垄断利润。右边第一项是他不冒充低成本在位者的第一阶段最优垄断利润，第二项是潜在进入者介入后高成本在位者的竞争利润。

(2) 必须让低成本在位者不阻挠进入时更好：

$$[x(11-x-1)-5]+20 \geqslant 20+11$$

上式左边括号内是低成本在位者阻挠进入时第一阶段的利润，第二项是阻挠进入后第二阶段的最优垄断利润。右边第一项是他第一阶段的最优垄断利润，第二项是他第二阶段的竞争利润。

解上述两个不等式，得出：

$$6.982 \leqslant x \leqslant 8.39$$

由所谓直观性原则，可以选定

$$x=6.982$$

他的要价为 4.018。

⊖ 这类由具有私人信息的先行者向后发对手传递信号，让对手识别自己特征的博弈叫作传信博弈，我们在讨论教育传信的例子时就遇到过。一个有效的信号应满足两个要求：①完全表露的，即表露出自己异于他人的全部特征；②若想冒充需付出足够高的成本，因而使他人不想冒充。

潜在进入者相应的序贯相容信念是：

$q=1$，如果第一阶段在位者的要价不大于 4.018

$q=0$，如果第一阶段在位者的要价大于等于 4.018

两类在位者的决策的序贯理性在上述两个不等式得到保证，所以相应的分离均衡是个序贯均衡。

7.5 传信博弈(signaling games)

在前面的讨论中，我们已经接触过传信博弈的例子，比如教育传信以及非完整信息下阻挠进入的分离均衡等，这一节我们对传信博弈做进一步讨论。

7.5.1 一个小故事

晚上下雨后，在潮湿的草地地带往往会听到万蛙齐鸣。据说鸣叫的都是雄性的青蛙，而它们鸣叫的目的是吸引雌蛙进行竞争。这样说好像是把"理性"硬加到青蛙的身上。但从演化博弈论的角度看，可以认为是一代一代的青蛙通过**"干中学"**(learning by doing)逐渐形成的青蛙群体的一种"社会规范"，并且这种"社会规范"会一直保留下去。

把青蛙拟人化，雄蛙是在进行"传信博弈"。雄蛙之中的最强壮者鸣声特别洪亮，这让周围的雌蛙通过鸣声就能从雄蛙群体中辨别出自己，所以能够吸引最好的雌蛙；次一等的雄蛙为什么也鸣叫呢？因为它们也想传信让周围的雌蛙将自身区别于更次一等的雄蛙；依此类推，再次一等的雄蛙也鸣叫。

于是鸣叫声就是雄蛙发出的信号，它具有如下特征：

(1) **完全表露性**(fully disclosure)：鸣声的强弱充分表露了不同雄蛙的"体格"。

(2) **高成本伪冒**(costly to fake)：体格较弱的雄蛙竭尽全力也无法发出更洪亮的鸣声。

在人类的传信博弈中，上述两个条件正是有效信号必须满足的必要条件。

7.5.2 定义与例子

定义 7-1 传信博弈是一种非完整信息博弈，其中先行者有两个以上的不同类型，博弈中具有私人信息的先行者决定是否向缺少信息的后发者发出信号，以让对方识别自己的特征；后发者在不准确知道先行者类型和不知道先行者所发出信息的真实性的情况下，必须做出自己的策略选择。

【例7-12】在位者 A 是个老厂商，其生产技术为共识；潜在进入者 B 是个新厂商，其生产技术包含私有信息。A 认为 B 属于强和弱两种类型之一。如果 B 进入而在位者 A 挑战 B，那么 A 会战胜弱的进入者但会输给强的进入者；战胜者将垄断整个市场。当 A 垄断市场时，他每期的利润为 3；当 B 垄断市场时，强者每期利润为 4 而弱者每期利润为 2；双方在争夺市场时付出的成本是 2。前面对赢得的描述如以下双矩阵博弈所示（见图7-14）。

【分析】下面我们分几种情况讨论，假设 A 的初始信念是对手 B 属于弱型的概率是 w。

A\B	强	弱
挑战	−2, 2	1, −2
退出	0, 4	0, 2

图 7-14

（1）没有传信的情况。这时 A 计算他挑战 B 时的期望利润，并将它与退出市场时的利润（等于 0）比较：

$$(1-w)(-2)+w(1)=3w-2$$

只有在 $w>2/3$ 时，A 才会挑战 B，否则他宁愿退出市场。另外，强的潜在进入者永远选择进入；弱的潜在进入者在 $w>2/3$ 时，应该选择不进入，在 $w\leqslant 2/3$ 时应该选择进入。

（2）假定强的潜在进入者可以发出一个信号表明自己的特征并且无须支付成本；而弱的潜在进入者要发出同样的信号必须支付成本 c。于是，进入者的一个策略包括是否进入和是否发出上述信号。这个博弈的博弈树如图7-15所示。

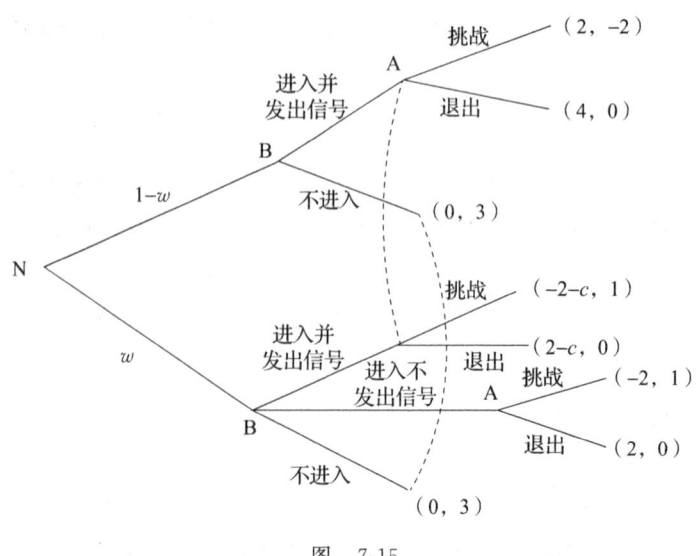

图 7-15

1) 如果弱潜在进入者发出信号的成本 $c>2$，那么容易验证下面的评估是个分离均衡：

强潜在进入者进入并发出信号；

弱潜在进入者不进入；

在位者退出市场；

在位者更新后的信念：发出信号的进入者是强的，不发出信号的进入者是弱的。

事实上，这时的策略组合如图 7-16 粗线所示。

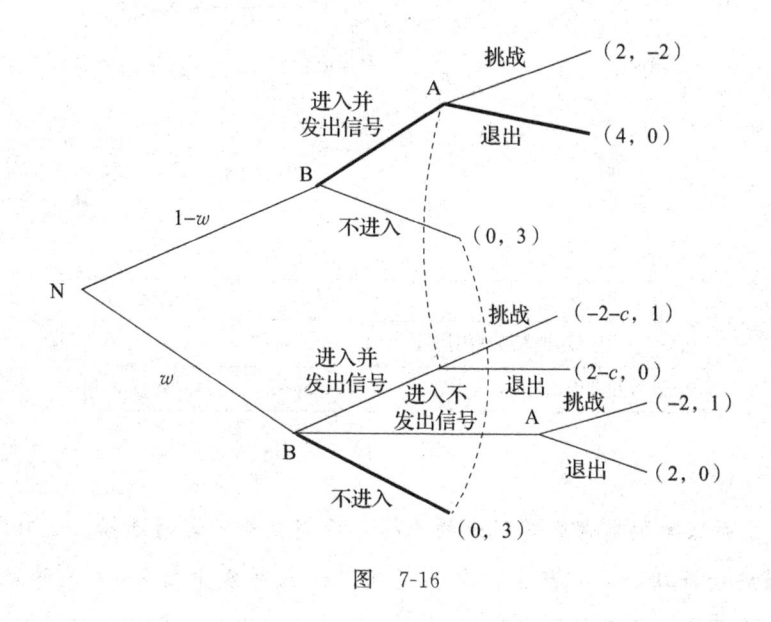

图 7-16

不难验证在位者上述的更新后信念是序贯相容的。在这个信念之下，强潜在进入者选择进入而且发出信号是序贯理性的，弱潜在进入者选择不进入也是序贯理性的。因此我们得到一个分离(序贯)均衡。它与在位者原先的信念无关。

2) 再考虑 $c<2$，$w<2/3$ 的情况。注意，这时当在位者维持原来的信念时，他发现对手进入后会选择退出市场[如情况(1)]。在这种情况下，弱进入者进入并冒充强进入者发出信号是有利可图的。于是我们得到一个混同均衡。读者可以补充做出相应的策略组合图。

3) 再考虑 $c<2$，$w>2/3$ 的情况。先用倒推归纳法把博弈树化简如图 7-17 所示。当 B 进入但不发出信号时，在位者总选择挑战，因而赢得向量为 $(-2, 1)$。

注意，在这种情况下弱潜在进入者的策略"进入而不发出信号"总是劣于"不进入"，而强潜在进入者的策略"进入并发出信号"是个优策略。因此，进一步简化后的博弈之双矩阵形式如图 7-18 所示。

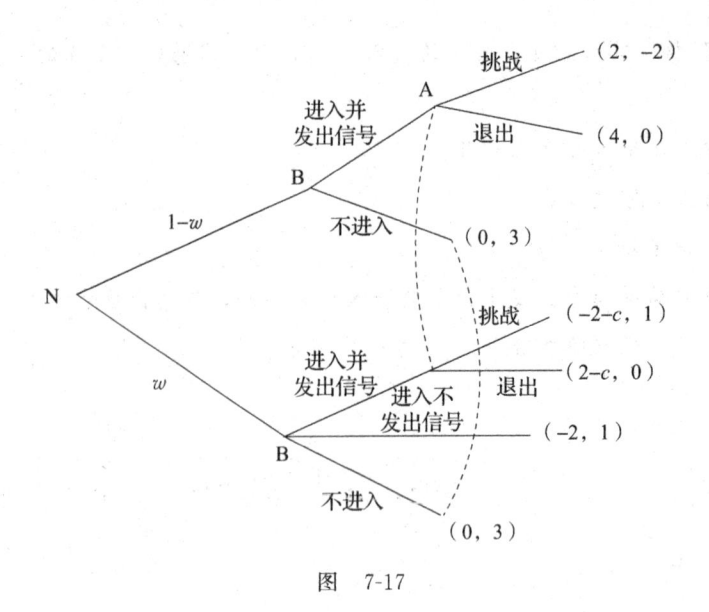

```
                                        挑战
                                    ┌────── (2, -2)
                         进入并    A │
                         发出信号 ┌──┤ 退出
                               ┌─┤  └────── (4, 0)
                               │ B
                     1-w        │  不进入
                  ┌────────────┘  └──────── (0, 3)
                  │
               N ─┤
                  │                        挑战
                  │ w          进入并    ┌────── (-2-c, 1)
                  │           发出信号  │ 退出
                  └────────────┬──┬────┤────── (2-c, 0)
                               │ B │进入不
                               │   │发出信号
                               │   └──────── (-2, 1)
                               │
                               │  不进入
                               └──────── (0, 3)
```

图 7-17

B\A	挑战	退出
进入并发出信号–进入并发出信号	$2-4w-wc$, $3w-2$	$4-2w-wc$, 0
进入并发出信号–不进入	$2-2w$, $5w-2$	$4-4w$, $3w$

图 7-18

注意，B 的策略的前部分是强者的选择，后部分是弱者的选择。这时容易验证不存在纯策略纳什均衡。实际上，当 B 选用"进入并发出信号-进入并发出信号"时，在位者的最优回应是"挑战"（$3w-2>0$），但当在位者选择"挑战"时，进入者的最优回应却是"进入并发出信号-不进入"（$2-2w>2-4w-wc$），所以不存在混同均衡。另外，当 B 选用"进入并发出信号-不进入"时，A 的最优回应是"退出"（$3w>5w-2$），但当在位者选择"退出"时，B 的最优回应是"进入并发出信号-进入并发出信号"（$4-2w-wc>4-4w$），所以不存在分离均衡。

我们计算一个混合策略均衡。按照第 2 章 "2.3.1 2×2 双矩阵博弈" 的计算公式：

$$p = \frac{2(1-w)}{w}, \quad 1-p = \frac{3w-2}{w}$$

$$q = \frac{2-c}{4}, \quad 1-q = \frac{2+c}{4}$$

我们把这个序贯均衡㊀叫作"半分离均衡"（semi-separating equilibrium）。

───────────

㊀ 读者请验证这是个序贯均衡。

■ 章末习题

习题 7-1　在一个一级密封拍卖中，标的物对卖主的价值为 0。假设有两个买主，共识是标的物对他们的私人价值在集合 $\{1, 2\}$ 中有等概率离散分布；而每个人准确知道标的物对自己的私人价值。假设每个投标者提交的价格必须是 0.1 的整数倍，试验证：各人出价等于私人价值的 0.8 倍时支持一个 NE。

习题 7-2　如果习题 7-1 的拍卖改为二级密封拍卖，均衡竞价函数是否不同？

习题 7-3　构造一个包含高低风险两类投保人的保险市场的数值例子，使得它的确存在分离均衡。

习题 7-4　在例 7-8 中，把代理人的效用函数改为 $2\ln w - e$，其中 w 是薪水，e 是劳动成本。计算均衡合约和委托人的期望利润。

习题 7-5　画出例 7-11 的博弈树，再分别画出混同均衡与分离均衡的树形图。

习题 7-6　商家推销高档商品的时候，有时会告知顾客"如果你使用后不满意，可以 100% 退货还款"，英文叫作"money back guarantee"。使用传信博弈的原理解析这种市场竞争方式。

第 8 章

合作博弈简介

在政治、经济、军事活动中,不同的个体之间往往既有竞争也有合作。从博弈的角度看,只要某些局中人之间不是完全利害冲突的,在博弈过程中协调或合作就是可以考虑的决策选择。对合作博弈的系统研究早在冯·诺依曼的时代就已经开始了;在纳什提出**议价理论**(bargaining theory)以及沙普利-舒比克提出**核**(core)和**沙普利值**(Shapley value)等概念后,合作博弈论就越来越受到重视。现在很多学者感兴趣的**匹配理论**(matching theory)是合作博弈论的一个重要分支。

作为简介,本章我们只讨论合作博弈论一些最基本的概念和方法,包括非结盟合作博弈与结盟合作博弈。前者以纳什议价模型为主,后者包括效用不可转移的合作博弈(NTU Games)和效用可以转移的合作博弈(TU Games)。如想了解合作博弈论更深入的内容,如结盟议价理论等,读者可以参阅相关资料,如 H. 维泽(H. Wiese,2010)。

8.1 纳什议价模型

8.1.1 引言

几个局中人通过谈判确定利益分享或成本分担就叫作议价。我们在第 3 章已经讨论过策略型议价,它由一系列替换提议构成,直到某局中人的提议为对手所接受。策略型议价过程有时会延续很多阶段,并且结果与谁先行提议有关。

另外,纳什引入一个公理化的途径解决这类问题,如果局中人承认这些公理,议价的唯一结果立刻就被给出，不涉及所谓替换提议。

这里先通过一个例子对纳什议价的基本概念进行解析。

【例 8-1】 A，B 两个人在街上漫步时发现路面上有一张 100 美元的钞票，他们打算通过议价决定如何处理这笔钱。双方同意：如果议价达成共识，则按议价结果分享这笔钱；如果议价失败，就把钞票销毁。

【分析】 这是一个最简单的议价问题。我们假定每个人的效用等于他最终分得的钱数，以 x，y 分别表示 A，B 得到的分享，于是议价成功的各种有效结果描画出 xy 平面上的一条线段：

$$x+y=100, \quad x\geq 0, \quad y\geq 0$$

如果议价失败，相应的结果就是：

$$x=0, \quad y=0$$

我们看到，按照纳什提供的议价解法，在一定条件下，这个议价问题的结果是：

$$x=50, \quad y=50$$

上面的议价问题可以用图 8-1 表示。图 8-1 中的点 (0，0) 叫作**议价失败点**（disagreement point），线段 $x+y=100$，$x\geq 0$，$y\geq 0$ 叫作议价问题的**有效边界**（efficiency frontier），由这个边界与坐标轴围成的三角形区域叫作（议价）**容许集**（feasible set）。

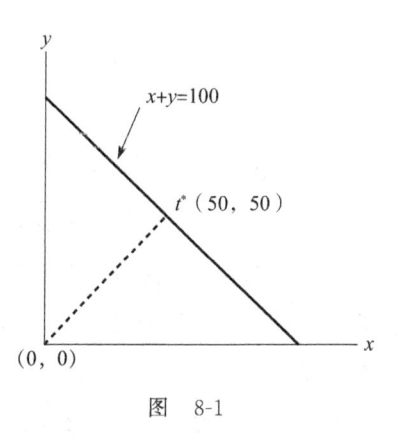

图 8-1

8.1.2 记号与公理

一个 n 人的纳什议价问题可以用一个 n 维图形 (R,d) 表示，如图 8-2 所示。

议价容许集 R 是 n 维欧几里得空间的一个有界[⊖]闭凸区域，它里面的每一个点代表各局中人各自选定行为或策略时可能导致的一个效用向量；其中第 i 个分量是第 i 个局中人获得的效用。我们把 R 中的每个点叫作一个**可能方案**（alternative）。议价失败点 $d=(d_1,\cdots,d_n)$ 是区域 R 内的一个点，d_i 表示议价失败时各局中人 i "单干"时能确保的最低效用，为方便计，我们称之为该局中人的"保留效用"。

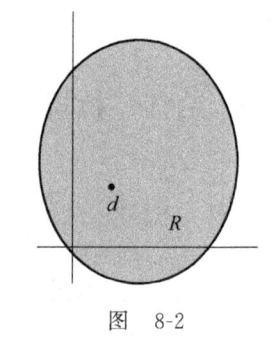

图 8-2

⊖ 假设有界性是为了讨论方便，实际上只需要所谓"上方有界性"。

如果每个局中人都是理性的，R 中的点 $r=(r_1, \cdots, r_n)$ 当某个 $r_i<d_i$ 时不会成为议价结果（比如在 $n=2$ 时 d 点左下方的点），因为局中人 i 宁愿退出议价选择单干以获得他的保留效用。

另外，R 中的内点 $r=(r_1, \cdots, r_n)$ 即使对每个 i 满足 $r_i \geq d_i$，它都不满足帕累托最优条件；事实上，设 $r'=(r_1', \cdots, r_n')$ 是射线 dr 与 R 的边界的交点，于是对每个 i 有 $r_i' > r_i$，无疑每个局中人都更喜欢 r' 的结果。因而议价问题的有效边界就是

$$F=\{r \in R: r_i \geq d_i \, \forall i; \, r' \notin R \, \forall r' > r\}$$

记号 $r' > r$ 指的是对每个 i 有 $r_i' > r_i$；相应的条件 $r' \notin R, \forall r' > r$ 是说，如果 r 是有效边界上的议价结果，那么在议价区域中就不可能存在结果 $r' > r$。

纳什议价解的公理如下所述：

以 r^* 表示图 8-2 的议价问题的解，那么它应该满足：

A1. 有效性：$r^* \in F$。

这个公理要求议价解必须是帕累托最优的。

A2. 对称性：如果议价容许集 R 关于直线 $r_1 = \cdots = r_n$ 对称，而且议价失败点 d 各分量相等，那么 r^* 各个分量相等。

这个公理是说，在议价中环境和保留效用完全对称时，各局中人最终获得相同的效用。

A3. 线性变换下的不变性：假设在线性变换 $T(r)=\alpha_i r_i + \beta_i; \, \alpha_i > 0 \, \forall i$ 作用下，$T(R)=R'$，$T(d)=d'$，那么议价问题 (R', d') 的解是 $T(r^*)$。

这个公理是说，改变效用的量度单位和量度基准点，本质上不影响议价结果。

A4. 无关的可能方案不影响议价解：把议价容许集 R 中的某部分 R' 去掉后得闭凸子集 $R \setminus R'$，如果议价失败点 d 和 r^* 仍在 $R \setminus R'$ 内，那么议价问题 $(R \setminus R', d)$ 的解仍然是原来问题 (R, d) 的解 r^*。

这个公理的选择最具争议；其含义是 R 中有些可能方案对议价的结果实际完全没有影响，如果有不包括这些可能方案的 R 的闭凸子集，它包含原来议价问题的议价失败点和议价解，如图 8-3 所示。

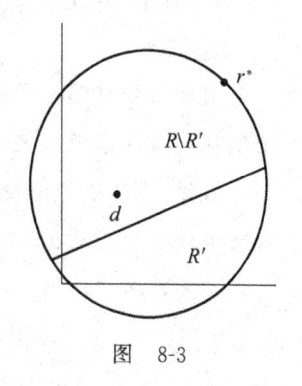

图 8-3

8.1.3 纳什议价解的存在性和唯一性

我们要证明下面的定理。

定理 8-1 满足上述四个公理的纳什议价解存在而且唯一，它是下列数学规划问题

$$(P): \max_{r \in R} \prod_{i=1}^{n} (r_i - d_i)$$

的最优解 $r^* = (r_1^*, \cdots, r_n^*)$。

【证明】 根据在有界闭集上关于 r_i 的连续函数最大值的存在性得知数学规划问题 (P) 解的存在性；又注意 (P) 的最大值函数是严格拟凹函数，因而它的最优解是唯一的。

我们往证 (P) 的最优解满足纳什四个公理。

有效性是显而易见的，因为上面的最大值函数关于每一个 r_i 是增函数。

要证明对称性，根据 (P) 的最优解的唯一性。如果 $r_i = r$，$d_i = d$ 对每一个 i 都成立，则必须有 $r_1^* = \cdots = r_n^*$；否则，把 $r_1^*, \cdots, r_n^*$ 的不等分量互换，就得出 (P) 的不同解。

要证线性变换下的不变性，假设在线性变换 $T(r) = \alpha_i r_i + \beta_i$；$\alpha_i > 0 \, \forall i$ 之下，只需注意到

$$\Pi_i (T(r)_i - T(d)_i) = (\Pi_i \alpha_i) \Pi_i (r_i - d_i)$$

毫无疑问有

$$\Pi_i (r_i^* - d_i) = \max_{r \in R} \Pi_i (r_i - d_i) \Leftrightarrow \Pi_i (T(r^*)_i - T(d)_i)$$
$$= \max_{r \in R} \Pi_i (T(r)_i - T(d)_i) = \max_{r' \in T(R)} (r_i' - (T(d)_i)$$

再来看公理 A4，十分明显

$$\max_{r \in R \setminus R'} \Pi_i (r_i - d_i) \leqslant \max_{r \in R} \Pi_i (r_i - d_i) = \Pi_i (r_i^* - d_i)$$

既然 $r^* \in R \setminus R'$，自然有

$$\max_{r \in R \setminus R'} \Pi_i (r_i - d_i) = \Pi_i (r_i^* - d_i)$$

前面已经证明数学规划问题 (P) 的最优解合乎纳什解的定义，我们还需证明满足纳什公理要求的解案只能是 (P) 的最优解。

假设 s^* 是议价问题满足四个公理的解案，而 r^* 是相应的数学规划 (P) 的解。为简单计，不妨设 $r_i^* > d_i$，$i = 1, \cdots, n$，即是说这是个真有意义的议价问题。定义 α_i, β_i，$i = 1, \cdots, n$，使得

$$\alpha_i r_i^* + \beta_i = 1/n, \quad \alpha_i d_i + \beta_i = 0, \quad i = 1, \cdots, n$$

由上面 $r_i^* > d_i$ 的假定可知，上述方程组都有唯一解。

做线性变换 T：

$$T(r)_i = \alpha_i r_i + \beta_i, \quad i = 1, \cdots, n$$

则 $R' = T(R)$ 是有界闭凸集，而且 $T(r^*) = (1/n, \cdots, 1/n) \equiv u^*$，$T(d) =$

$(0, \cdots, 0)$。

先证明 $\sum_i r_i' \leqslant 1$, $\forall r' \in R'$：如其不然，设有 $r' \in R'$, $\sum_i \hat{r}_i > 1$。因为超平面 $\sum_i r_i' = 1$ 和超曲面 $r_1', \cdots, r_n' = 1/n^n$ 相切于 u^*，而 $\hat{r}$ 在超平面 $\sum_i r_i' = 1$ 的上方。于是，线段 $\hat{r}u^*$ 靠近 u^* 的点必落在超曲面上方——在这些点处有 $r_1', \cdots, r_n' > 1/n^n$；而这与 u^* 作为 $(T(R), T(d))$ 的数学规划最优解矛盾。所以必须有 $\sum_i r_i' \leqslant 1$，$\forall r' \in R'$，如图 8-4 所示。

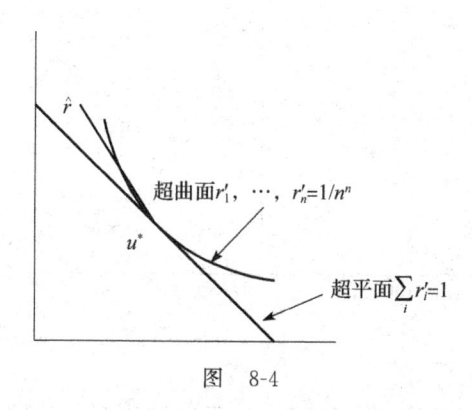

图 8-4

于是，存在一个对称的有界闭凸集 R'' 包含 R'，并且其有效边界是 $\sum_i r_i' = 1$，$r_i' \geqslant 0$。根据公理 A4，应该有 $T(s^*) = u^*$，从而 $s^* = T^{-1}(u^*) = r^*$。

定理证毕。

8.1.4 评价失败点对议价结果的影响

考虑 $n=2$ 的情况：设议价失败点为 $d(d_1, d_2)$，而有效边界为 $y = f(x)$。根据定理 8-1，我们需要求以下问题的最优解：

$$\max(x - d_1)[f(x) - d_2]$$

其一阶条件为

$$f'(x) = -\frac{f(x) - d_2}{x - d_1} \tag{8-1}$$

其几何含义很明显：在有效边界上找一点，使边界曲线在该点上的切线斜率，等于该点与 d 点连线的斜率的相反数，如图 8-5 所示。

我们回来看例 8-1，假定双方的效用可以用财富或金钱直接量度。由有效性和对称性公理容易明白，议价

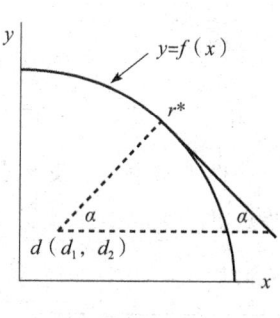

图 8-5

解就是(50，50)，正如我们前面所述。

为说明议价失败点对议价结果的影响，可把例 8-1 修改如下：

【例 8-1'】在例 8-1 的基础上设想如下一种新的情况：局中人 1 是个文弱书生，局中人 2 是个蛮汉，如果议价失败，前者会被后者打伤，不但分不到钱，还要自己承担治疗费用 100 美元。那么议价失败点就必须改为 $d=(-100,0)$，新的议价解就是(0，100)，也就是说，捡到的钱全给蛮汉，如图 8-6 所示。

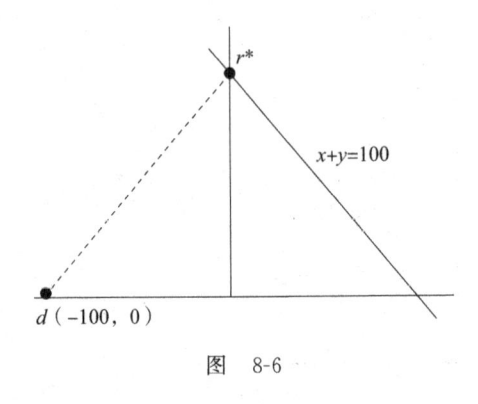

图 8-6

在例 8-1 和例 8-1'的讨论中，我们一直假定议价双方的效用可以用金钱直接量度。换句话说，一直假定双方都是风险中性的。现在来看例 8-1″。

【例 8-1″】在例 8-1 的基础上，设局中人 1 是风险厌恶的，其效用是 $u_1=\sqrt{x}$；而局中人 2 是风险中性的，效用是 $u_2=y$。在这种情况下，议价容许集的边界是

$$u_2=y=100-x=100-u_1^2$$

议价容许集如图 8-7 所示。○

求这时的纳什议价解。

【分析】根据式(8-1)，只需解以下方程：

$$-2u_1=-\frac{100-u_1^2}{u_1}$$

得

$$u_1^2=\frac{100}{3}=x, \quad u_2=\frac{200}{3}=y$$

因为局中人 1 更害怕缺钱的风险，就更害怕议价破裂使他一文不名，所以他宁愿少分一点以确保达成协议。

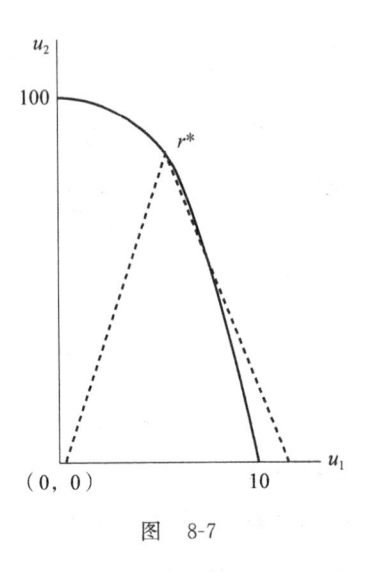

图 8-7

○ 图中两轴的单位长度不一样。

8.1.5 案例分析

我们来看一个比较有实际意义的例子。

【例 8-2】一个厂商的 CRS(固定替代弹性)生产函数 $Q=2N$,其中 N 是劳动投入,Q 是产量。假设在该厂打工的工人总数是 $L=30$,他们都是某工会的会员。厂商所生产产品的市场需求量是 $D=103-P$,其中 P 是产品价格。失业工人每小时可从政府获得 14 美元的救济金。就业工人的工资与就业人数由工会与厂商议价确定。

【分析】假定工资为每小时 W 美元,又假定厂商雇用 N 个工人。于是厂商的利润为

$$\pi=(103-2N)(2N)-WN$$

而全体工人的总收入是

$$I=WN+14(30-N)$$

劳资合作必须把 $\pi+I=(103-2N)(2N)+14(30-N)$ 最大化。

容易解出:

$$N=24,\ \pi+I=2\,724$$

接着看工会与老板如何议价分享这个总收益。注意议价区域的边界是

$$x+y=2\,724$$

而议价失败点是 $(0,420)$ⓐ。由图 8-8 可知,老板、工人分别可获得

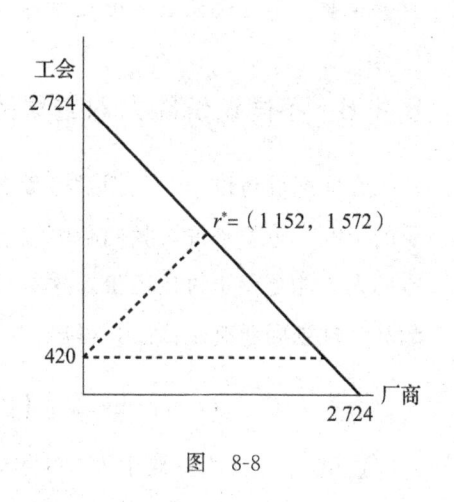

$$\pi=\frac{2\,724-420}{2}=1\,152,\ I=\frac{2\,724+420}{2}=1\,572$$

$$W=\frac{1\,572-6\times 14}{24}=62$$

图 8-8

【例 8-3】("保安"与小偷)一个小偷考虑是否盗窃某住宅区某家一件价值为 w 的物品,但他被"保安"逮着的概率为 p。这名保安逮着小偷后会先向小偷索取贿赂 b,大小由议价决定。如达成协议,保安就放过小偷,否则就把他交给派出所处理,这时小偷被罚款 qw,$0<q<2$。

【分析】假定小偷和保安双方的效用可以用所得的财富直接量度。我们先来看小

ⓐ 如议价失败,老板没有收入,工人全部领失业救济金。

偷盗窃后，如果被保安逮着，他们议价问题的解。这时候双方考虑如何分摊 w。如果议价破裂，小偷的结果是 $(1-q)w$，而保安的结果是 0。容易算出，议价结果是 $((2-q)w/2, qw/2)$，如图 8-9 所示。注意，派出所处罚的程度 q 直接影响保安受贿的大小，处罚规则越严厉，保安得到的贿赂越多！

再来看小偷是否决定行窃。注意，他行窃所得的期望效用是 $p(2-q)w/2+(1-p)w$，前一项来自被保安逮着时议价所得，后一项来自没被逮着。无论 p 如何接近 1，q 如何接近 2，两项都是正的，小偷总是决定行窃。这说明即使惩罚机制相当严厉，只要执行者（保安）愿意受贿，都无法阻止一般犯罪行为。严厉的惩罚往往养肥受贿者！

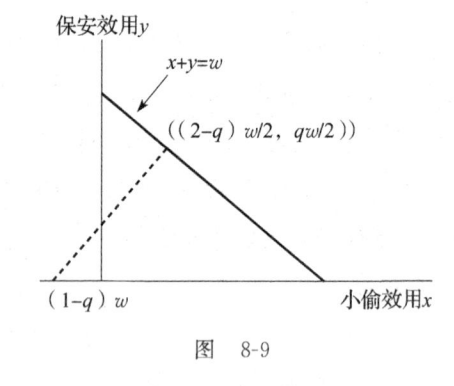

图 8-9

8.1.6 不同议价能力对结果的影响

在前面的讨论中，我们没有考虑各个局中人议价能力的不同可能对议价结果产生的影响，也就是说，我们暗中假定了各个局中人的议价能力是相同的。在实践中，有的人可能更善于讨价还价，这有可能帮助他得到更好的议价结果。把定理 8-1 中的数学规划问题略做修改，得出：

$$(P'): \max_{r \in R} \prod_{i=1}^{n}(r_i - d_i)^{\gamma_i}, \quad \gamma_i > 0, \quad \sum_{i=1}^{n}\gamma_i = 1$$

这里 γ_i 可视为对局中人 i 的相对议价能力的量度。上述数学规划问题的最优解是 8.1.3 的纳什议价解的推广，相应的公理与存在唯一性的证明只是略微复杂一些，我们就省略了。

练习题 8-1 试证明，如果议价容许集的有效边界是 $\sum_{i}r_i = c$，c 是正数，而 $d_1 = \cdots = d_n < c/n$，并且 $\gamma_i > 0$，$\sum_{i=1}^{n}\gamma_i = 1$。那么在纳什议价解 r^* 中，$\gamma_i > \gamma_j \Leftrightarrow r_i^* > r_j^*$。

注意，在例 8-1' 中我们知道，在议价容许集的有效边界关于各局中人对称时，有较高"保留效用"d_i 的局中人在议价解中得到较高效用，但这不是因为这个局中人有较高的议价能力或技巧。这好比等级社会中的一个特权者，他的智力或能力可能比普通人差得多，但无论与普通人的"议价"成功与否，他总可以靠特权占有比普通人更多的财富。反之，在一个公平正义的社会里，只有更高能力的人，才有可能获得比别人更多的享受。

8.2 效用可转移的双矩阵博弈的合作解

8.2.1 竞争还是合作？

我们知道，双矩阵非合作博弈的解是个纳什均衡。它要求双方选择的策略互为最优回应。一般情况下，相应的赢得结果不是帕累托最优的，有时甚至是福利效率最差的结果(如囚徒困境)。正因如此，哪怕是二人博弈，在实践中往往也存在双方协调和合作的可能性。

我们先来考虑一个简例。

【例 8-4】考察下面的双矩阵博弈(见图 8-10)，假定双方的赢得有同样的量度单位，因而在双方同意的条件下可以互相转移。

1\2	L	M	R
T	−1, 3	4, 2	10, −5
B	−2, 7	3, 8	9, 10

图 8-10

容易看出，⟨T, L⟩是唯一的纳什均衡，双方的赢得加起来最小。

另外，⟨B, R⟩对应的赢得向量是(9, 10)，它给予每个局中人的赢得比⟨T, L⟩的好得多。看起来双方应该有协调去玩⟨B, R⟩的动机。问题是，如果双方真的合作，取得总赢得 $9+10=19$ 之后，赢得如何重新分配才"合理"？

【分析】解决上述"赢得重新分配"这个问题的办法之一就是以双方的安全值作为参照，即纳什议价问题的议价失败点。从双矩阵看，L 是局中人 2 的攻击策略，而 T 是局中人 1 的防卫策略，所以有 $v_1=-1$；碰巧，T 是局中人 1 的攻击策略，而 L 是局中人 2 的防卫策略，于是 $v_2=3$。按照纳什议价的原则，以(x, y)表示赢得的合理分配，应该有：$x+y=19$，$x-(-1)=y-3$，解得 $x=7.5$，$y=11.5$。

8.2.2 把安全值作为参照值的合作解

定义 8-1 考察效用可以转移的双矩阵博弈(A, B)。根据下面方法构造的纳什议价问题的解叫作这个博弈的合作解。

议价区域：$R=\{(x, y)\}: x+y=\max_{(i,j)}\{a_{ij}+b_{ij}\}$

议价失败点：$d=(v_1, v_2)$

【例 8-5】薇姬(V)和娜拉(N)共同拥有一个小公寓。这个小公寓只够一个人居住。如果让薇姬住，她相当于每月节省了 600 美元；如果让娜拉住，她相当于每月节省了 500 美元。现在每人都有三个策略选择：

(1) 要求对方让自己入住。

(2) (自己不要求入住)，如果对方提出要住自己就答应。

(3) (自己不要求入住)，不答应对方入住的要求。

博弈可以用下列双矩阵表示(见图 8-11)。

容易明白，

$R=\{(x, y): x+y \leqslant 600\}$, $(v_1, v_2)=(0, 0)$

合作解为 $(x^*, y^*)=(300, 300)$

即公寓让给薇姬居住，而她每期支付给娜拉 300 美元作为补偿。

V\N	A	B	C
A	0, 0	600, 0	0, 0
B	0, 500	0, 0	0, 0
C	0, 0	0, 0	0, 0

图 8-11

再来看一个例子：

【例 8-6】双矩阵博弈 (A, B) 由下面的矩阵定义：

$$A=\begin{pmatrix}30 & 50 \\ 60 & 0\end{pmatrix}; B=\begin{pmatrix}20 & 30 \\ 10 & 10\end{pmatrix}$$

计算合作解，容易算得：

$$R=\{(x, y): x+y \leqslant 80\}$$
$$D=(v_1, v_2)=(37.5, 10)$$

于是得合作解：

$$(x^*, y^*)=(53.75, 26.25)$$

8.2.3 沙普利-合作解

沙普利教授提出的效用可转移的双矩阵博弈合作解与 8.2.2 小节中的有所区别，其关键在于如何计算议价失败点。沙普利的定义建立在和矩阵 $\boldsymbol{\Sigma}=\boldsymbol{A}+\boldsymbol{B}$ 和差矩阵 $\boldsymbol{\Delta}=\boldsymbol{A}-\boldsymbol{B}$ 之上。在双方同意下协调取得

$$\sigma=\max_{(i,j)}(a_{ij}+b_{ij})=\max_{ij}\{s_{ij}\in\boldsymbol{\Sigma}\}$$

之后考虑赢得分配时，每个局中人都想尽可能得到更多的分成。问题是怎样才是合理的分成呢？沙普利认为，差矩阵 Δ 正好反映了局中人 1 对于局中人 2 的相对"优势"。所以分成时候应该以 Δ 定义的零和博弈 1 的均衡赢得 δ 作为参照值：

$$\pi_1 = \frac{\sigma+\delta}{2}, \quad \pi_2 = \frac{\sigma-\delta}{2}$$

练习题 8-2 依照沙普利的定义来重算例 8-5 和例 8-6。

在例 8-5 中，

$$\sigma = 600$$

$$\Delta = \begin{pmatrix} 0 & 600 & 0 \\ -500 & 0 & 0 \\ 0 & 0 & 0 \end{pmatrix}$$

在零和博弈 Δ 中，1 的均衡赢得是 0。于是沙普利定义的合作解与 8.2.2 中的一致。

另外，在例 8-6 中

$$\sigma = 80$$

$$\Delta = \begin{pmatrix} 10 & 20 \\ 50 & -10 \end{pmatrix}$$

在零和博弈 Δ 中，1 的均衡赢得是 110/7。

所以沙普利合作解是

$$(\pi_1, \pi_2) = (335/7, 225/7) \approx (47.86, 32.14)$$

注意，这个解与 8.2.2 中的不同。为方便计，我们把 8.2.2 中的解概念叫作纳什解，搞清楚它与沙普利解的区别是很有意思的。纳什解以各局中人自己能保证的赢得(安全值)为参考值。在本例中，当局中人 2 采用最小最大策略时，比如第二个纯策略，她能保证自己的赢得为 10，但却不能保证局中人 1 的赢得超出她自己的部分不多于 100/7。实际上，当局中人 1 采用第一个纯策略时，他的赢得为 50，比局中人 2 多出 20。

8.3 NTU 结盟博弈

博弈人数在 3 个以上时，前面讨论的合作解实际上过于简单，常常忽略了部分局中人在博弈中有可能"结盟"协调策略选择，以追求"小团体"利益最大化的情形。为了说明这种情况，我们考察下边的例子。

【例 8-7】 六个房主 A、B、C、D、E、F 想互换房子,他们的偏好如表 8-1 所示(这里用大写字母表示房主,相应的小写字母表示他的房子,每个房主对所有房子的喜好按从高到低的顺序排列)。

表 8-1

A	c, e, f, a, b, d	D	c, a, b, e, d, f
B	b, a, c, e, f, d	E	d, c, b, f, e, a
C	e, f, c, a, d, b	F	b, d, e, f, a, c

在这个例子中,{A, B, C, D, E, F}是参与博弈的局中人集合,它的每一个子集都是一个联盟,如果愿意,联盟中的房主可以只与盟内的房主交换房子,而不与盟外的房主交易。可以想象,不单每个人自己房子的档次会影响他在 6 人博弈中的行为和结果,每个联盟盟内交易的可能结果也会影响其成员在 6 人博弈中的行为和结果。我们将在后面的章节详细讨论这个例子。

8.3.1 定义

先给出一系列相关定义:

定义 8-2 考虑一个有 n 个局中人的合作博弈,全体局中人的集合记为 N。N 的每一个子集 S 叫作一个联盟。特别的空集叫作空盟,N 本身叫作大联盟。

定义 8-3 一个有 n 个局中人的合作博弈中,每个联盟 S 全体成员互相协调能够确保的博弈结果构成的集合记为 F^S,它称为 S 的容许集。F^S 中每个结果 f^S 给予 S 的局中人的效用向量 $v^S(f^S)$ 的集合 V^S 叫作联盟 S 的效用容许集。用数学符号表示:

$$V^S = \{v^S(f^S) = (u_1(f^S), \cdots, u_n(f^S)) : f^S \in F^S\}$$

附注:每个局中人的效用可以是基数效用或序数效用,而且不同局中人的效用量度或标准可以各不相同。因此局中人之间效用不可转移。

【例 8-8】 有三个消费者 1、2、3,他们分别有一个苹果(A)、一只香蕉(B)、一颗樱桃(C)。消费者 1 对这些水果的偏好由高到低是 B, C, A;消费者 2 对这些水果的偏好由高到低是 C, A, B;消费者 3 对这些水果的偏好由高到低是 A, B, C。假定他们玩一个交换水果的合作博弈,于是有 8 个联盟:O, {1}, {2}, {3}, {1, 2}, {1, 3}, {2, 3}, {1, 2, 3};其中 O 是空集,不包含任何一个消费者,称为空盟。

这时关于联盟容许集有

$$F^{\{1\}} = \{(1A)\}, \cdots$$
$$F^{\{1,2\}} = \{(1A, 2B), (1B, 2A)\}, \cdots$$
$$F^{\{1,2,3\}} = \{(1A, 2B, 3C), (1A, 2C, 3B), (1B, 2A, 3C), (1B, 2C, 3A),$$
$$(1C, 2A, 3B)(1C, 2B, 3A)\}$$
$$\cdots$$

其中，比如(1A，2B)表示消费者1吃苹果，消费者2吃香蕉；(1B，2A)表示消费者1吃香蕉，消费者2吃苹果；等等。

而联盟的效用容许集有，比如：

$$V^{\{1,2\}} = \{(u_1(A), (u_2(B)), (u_1(B), (u_2(A)))\}$$

其中，$u_1(A)$，$u_1(B)$分别是消费者1吃苹果和吃香蕉得到的不同效用，等等。于是$F^{\{1,2\}}$包含联盟$\{1,2\}$两个局中人协调能得到的两个不同的消费结果，而$V^{\{1,2\}}$包含联盟$\{1,2\}$两个局中人协调能得到的两个不同的效用向量。

定义8-4 大联盟N容许集F^N中的一个结果f^N称为被某个联盟S弱抵制 (weakly blocked)，如果存在f^S使得

$$u_i(f^S) \geqslant u_i(f^N), \forall i \in S$$

并且，上述不等式中至少有一个是严格不等式，即其中的"$\geqslant$"至少有一个被">"代替。又如果上述不等式每个都是严格的，即所有的"$\geqslant$"都被">"代替，那么结果f^N称为被某个联盟S所抵制(blocked)。

例如，设$f^{\{1,2\}} = (1B, 2A)$，$f^{\{1,2,3\}} = (1A, 2B, 3C)$，因为$u^1(B) > u^1(A)$，$u^2(A) > u^2(B)$，所以$f^{\{1,2,3\}} = (1A, 2B, 3C)$被联盟$\{1,2\}$抵制，也就是说，联盟$\{1,2\}$本身可以使每个成员取得高于$f^{\{1,2,3\}}$给予他们的效用。

定义8-5 许可集F^N中的一个结果f^N称为一个严格核结果(strict core outcome)，如果它不会被任何联盟所弱抵制。换句话说，与f^N的结果比较，任何联盟都不可能让它某些成员变好而不使其他成员变坏。结果f^N称为一个核结果(core outcome)，如果它不会被任何联盟所抵制。换句话说，与f^N的结果比较，任何联盟都不可能让它某些成员全部变得更好。

例如，$f^{\{1,2,3\}} = (1B, 2C, 3A)$是个严格核结果。读者可以自行验证，任何联盟都不可能弱抵制这个结果。

8.3.2 例子

我们再用一个有趣的例子说明上述定义的概念。

【例8-9】 三个男孩1、2、3分别和三个女孩A、B、C交朋友,每个男孩对女孩的偏好和每个女孩对男孩的偏好由表8-2给出。

表 8-2

男孩	对女孩偏好	女孩	对男孩偏好
1	A, B, C	A	1, 3, 2
2	B, A, C	B	1, 2, 3
3	B, C, A	C	3, 2, 1

于是:

$N=\{1, 2, 3, A, B, C\}$,$F^N=\{(1-A, 2-B, 3-C), (1-B, 2-A, 3-C), \cdots\}$ 考虑 $f^N=(1-B, 2-A, 3-C)$,$S=\{1, A\}$,$f^S=(1-A)$。显然与 f^N 相比,f^S 让它两个成员的效用变高。所以 f^N 不是个核结果。

另外,我们来考虑 $g^N=(1-A, 2-B, 3-C) \in F^N$,$S=\{1, B\}$,$g^S=(1-B)$。与 g^N 相比,尽管 g^S 让B的结果变好,但让1的结果变坏,所以 g^N 并没有给 g^S 所抵制。我们事实上可以证明,g^N 是个核结果。

8.4 婚姻博弈[1]

上一节的例8-9描述的是所谓的婚姻博弈(marriage games),是匹配博弈(matching games)的一个简单而又有趣的分支。2012年诺贝尔经济学奖得主劳埃德·S.沙普利和埃尔文·罗斯正是由于对匹配博弈的开创性研究而获此殊荣。

8.4.1 定义

在例8-9中我们已经看到婚姻博弈的一个简例。一般的婚姻博弈模型如下面的定义所描述。

定义 8-6 以B表示一组男孩,G表示一组女孩。假定任何一个B中的男孩对G中的全部女孩有一个严格序数性偏好,而G中每个女孩也对B中全部男孩有一个序数性偏好。以$|B|$表示B中的男孩数目,$|G|$表示G中女孩的数目,令$n=\min\{|B|, |G|\}$,那么一个婚配方案(match)μ由n对男女的配对组成,满足条件:

(1) μ 中每个男孩只匹配1个女孩,反之亦然。

(2) 或者有男孩配不上女孩,或者有女孩配不上男孩,但二者不会同时发生。

---

[1] 本节内容主要来自劳埃德·S.沙普利(1987)。

定义 8-7 称一个婚配方案 μ 为不稳定的，如果有男孩 b 和女孩 g，他们没有被 μ 配对，但是 b 觉得 g 比 μ 配给他的女孩好，同时 g 也觉得 b 比 μ 配给她的男孩好。相反如果不存在上述的 b 和 g，则称 μ 是稳定的。

附注：容易明白，按上一节关于核的定义，稳定的婚配方案 μ 必须是个核结果；反之，婚配博弈任何一个核结果必定是稳定的。

8.4.2 算法

我们接下来讨论稳定婚配方案的算法。下面的"推迟接纳"算法是劳埃德·S.沙普利与大卫·盖尔(David Gale)发明的，分为男孩主动的算法与女孩主动的算法。

1. "男孩主动"的算法

设想女孩坐成列，让每个男孩去求婚，按下列次序展开算法。

第一天：每个男生选择他最喜欢的女生，如果每个女生最多只让 1 个男生选择，那么这个算法已经结束，相应的婚配方案就是稳定的；反之，如果有些女生被 1 个以上的男生求婚，这些女生就在求婚者中选择自己更喜欢的那个，让其他追求者进入第二天的选择。

第二天：第一天被女生拒绝的男生重新在其余的女生中选择最喜欢者，如果这时每位女生刚好只有一个男友，则算法结束；反之，被 1 个以上男生求婚的女生再选其中最理想的男友，被拒绝的男生再进入下一轮。

如此循环，直到每个女生最多只有 1 个男友为止。注意，如果 $|G|>|B|$，则有 $|G|-|B|$ 个女孩没有男友。

2. "女孩主动"的算法

"女孩主动"的算法由对称性可以定义。

我们以例 8-9 来进行说明(见表 8-3)。

表 8-3

男孩	对女孩偏好	女孩	对男孩偏好
1	A, B, C	A	1, 3, 2
2	B, A, C	B	1, 2, 3
3	B, C, A	C	3, 2, 1

男生主动算法见表 8-4：

结果为 (1—A, 2—B, 3—C)。

女生主动算法见表 8-5：

表 8-4

女孩	第一天	第二天
A	1	1
B	2, ~~3~~	2
C	3	3

表 8-5

男孩	第一天	第二天
1	A，B	A
2		B
3	C	C

结果为(1—A，2—B，3—C)。

附注：在此例中，两个算法结果相同。但一般情况下两种算法会导致不同配对。

8.4.3 定理

我们来证明下面几个定理。

定理 8-2 用上述算法得到的结果总是稳定婚配方案。

【证明】只证明男孩主动算法的结果是稳定的。女孩主动算法结果稳定性的证明方法完全相同。假设迈克尔喜欢简更甚于他在算法中得到的女友，这表明在他向简求婚时，简没有选择他而是选择了自己更喜欢的男孩，比如罗伯特。于是在算法结果中简只能嫁给罗伯特或者她喜欢程度甚于罗伯特的另一个男孩。于是，算法的结果婚配方案不会被任何一对(男孩-女孩)所抵制。按定义算法结果是稳定的。

定理 8-3 如果"男生主动"的算法与"女生主动"的算法得到两个不同的结果，那么在"男生主动"的算法之下，每个男孩得到的女伴不会比在"女生主动"算法中得到的女伴差，反之亦然。

【证明】为了证明这个定理，我们先引进一个定义。

定义 8-8 如果存在某个稳定婚配方案把这个女孩(男孩)结合成一对，则称一个女孩(男孩)为某个男孩(女孩)的容许女友(男友)。

回到定理 8-3 证明。只考虑女孩主动算法的结果，为此我们只需证明，在这个算法下，没有与任何女孩结合的男孩必定不是她的容许男友。

用反证法，假设存在某个女孩在女孩主动算法中没有与某个男孩结合，但是该男孩却是她的容许男友。假定在算法中首次出现这种情况发生在玛丽追求杰克的时候。假定杰克拒绝玛丽并最后选择了凯特。

因为我们假定杰克是玛丽的许可男友，那么存在另一个稳定婚配方案把他与玛丽结合，同时凯特配以拉里。

$$\mu = \{玛丽\text{-}杰克，凯特\text{-}拉里，\cdots\}$$

但是，在女孩主动算法中，凯特认为比杰克好的男孩都是那些已经拒绝她的，根据假设，这些男孩对凯特而言都不是容许男友。因此对她而言，拉里必须比不上杰克。这样一来，μ 就不可能是稳定婚配方案，因为它被（凯特-杰克）所抵制！

定理 8-4 如果"男生主动"与"女生主动"这两种算法给出同一婚配方案，那么这是唯一的稳定婚配方案。

【证明】结论实际是定理 8-3 的推论。假定 μ 是任意一个稳定婚配方案，我们往证它必须与男孩主动算法的结果相同。倘若不然，假设男孩主动算法杰克的女友是玛丽，而杰克在 μ 中的女友为凯特。于是根据定理 8-3，对杰克而言，凯特比不上玛丽，另外，在女孩主动算法中，因为玛丽的男友是杰克，所以对玛丽而言，杰克应该比她在 μ 中的男友更好。因此 μ 实际上被（杰克-玛丽）所抵制。这说明任何稳定婚配方案都必须与男孩主动算法（以及女孩主动算法）的结果一致。

定理 8-5 假设男孩和女孩的数目不相等，那么所有稳定婚配方案中，找不到伴侣的人的集合都相同。

【证明】不妨设男孩的数目多于女孩的数目。设在男孩主动算法中没有女友的男孩子集为 S，设任一稳定婚配方案 μ 中没有女友的男孩子集为 S_μ。根据定理 8-3，S 中每个男孩都不可能在 μ 中有女友。因此 $S \subseteq S_\mu$。注意到 $|S| = |S_\mu|$，因此 $S = S_\mu$。

8.4.4 更多例子

再来看一些例子。

【例 8-10】四对男女生的婚姻博弈偏好表和计算结果如图 8-12 所示。

男孩（1-4）
1: B, D, A, C
2: C, A, D, B
3: B, C, A, D
4: D, A, C, B

女孩（A-D）
A: 2, 1, 4, 3
B: 4, 3, 1, 2
C: 1, 4, 3, 2
D: 2, 1, 4, 3

男孩主动算法
A:　　4
B: <u>1</u>, 3
C: 2
D: <u>4</u>, 1
女孩主动算法
1: C, <u>D</u>
2: A, <u>D</u>
3:　　B
4: <u>B</u>,　C

男孩主动算法导致稳定匹配：
{(1, D), (2, C), (3, B), (4, A)}

女孩主动算法导致稳定匹配：
{(1, D), (2, A), (3, B), (4, C)}

图 8-12

比较男生主动和女生主动的结果：前者男生 2、4 所匹配的女生都更令他们满意；后者女生 A、C 所匹配的男生更让她们满意。

【例 8-11】 6 个男生与 5 个女生的婚姻博弈，偏好表与算法如图 8-13 所示。

下边的匹配不在核内
$\mu=\{(1,1),(2,2),(3,3),(4,4),(5,5)\}$
它被 (1, 3) 所抵制，也被 (6, 1) 所抵制。

男孩偏好表

1	2, 3, 4, 5, 1
2	3, 5, 2, 4, 1
3	1, 4, 2, 3, 5
4	4, 3, 2, 1, 5
5	5, 3, 4, 2, 1
6	1, 2, 3, 4, 5

女孩偏好表

1	6, 3, 4, 5, 1, 2
2	3, 6, 2, 5, 1, 4
3	1, 4, 6, 3, 2, 5
4	6, 3, 4, 5, 2, 1
5	1, 6, 4, 2, 5, 3

男孩主动算法
算出下面的稳定匹配

$\mu=\{(6,1),(2,2),(1,3),(3,4),(4,5)\}$

男孩5没有女友

女孩偏好表

1	6, 3, 4, 5, 1, 2
2	3, 6, 2, 5, 1, 4
3	1, 4, 6, 3, 2, 5
4	6, 3, 4, 5, 2, 1
5	1, 6, 4, 2, 5, 3

3, 6,		4, 5
1,	5, 4,	2
2,	4, 5	1
4,	3	5
5,	2,	4

女孩主动算法
算出另一个稳定匹配

$\mu=\{(1,3),(2,2),(3,4),(4,5),(6,1)\}$

男孩5依然没有女友

男孩偏好表

1	2, 3, 4, 5, 1
2	3, 5, 2, 4, 1
3	1, 4, 2, 3, 5
4	4, 3, 2, 1, 5
5	5, 3, 4, 2, 1
6	1, 2, 3, 4, 5

| 3, 5 |
| 2 |
| 2, 4 |
| 5 |
| 1, 4, 5, 2 |

图 8-13

我们看到，无论是用男生主动算法还是女生主动算法，男生 5 总是找不到女伴。换句话说，即使他临时找到女友，之后女方也会与他分手。

8.5 大学招生博弈

大学招生博弈与婚配博弈都是一种匹配博弈，婚姻博弈的匹配是 1 对 1 的，而大学招生博弈则是 1 对多的，一个大学可以同时招收多个不同的学生。

8.5.1 相关定义

定义 8-9 假定有若干所大学 $u=\{A, B, C, \cdots\}$，每所大学招收的学生数量有限额。假定有一批学生 S 打算入学。一个招生方案是 u 中每所大学与 S 一个子集的学生的匹配 μ，它满足以下两个条件：

(1) 没有任何一个学生被两所不同的大学录取。

(2) 或者有大学招生不足，或者有学生没有被任何大学录取，但两种情况不会同时发生。

定义 8-10 一个招生方案 μ 称为不稳定的，如果其中存在两所大学 A、B 和两个学生 1、2 使得：

(1) 1 被 A 录取而 2 被 B 录取。

(2) A 喜欢 2 更甚于 1。

(3) 2 喜欢 A 更甚于 B。

这时我们称招生方案 μ 被大学-考生对 (A-2) 所抵制。

定义 8-11 一个招生方案 μ 称为稳定的，如果它不是不稳定的。

附注：

(1) 显然从效用不可转移的合作博弈关于核的定义来看：一个招生方案是稳定的，当且仅当它是这个博弈的核结果。

(2) 稳定招生方案的算法与稳定婚配方案的算法相似，但我们只考虑"考生主动"的算法，即让每个学生选择学校，如果某所大学的学生数目超过它的招生限额，这所大学就根据对学生的偏好按顺序逐个挑选学生，直到配额填满为止。其他学生则在下一轮中再按偏好选择其他大学，依此类推。

8.5.2 定理与例子

定理 8-6 考生主动算法得出的招生计划是稳定的，而且在所有稳定招生计划中，每个考生能得到他的最优可能结果。

【证明】假如考生辛迪在算法中被大学 A 录取，但她更喜欢大学 B。那么大学 B 在拒绝辛迪时，报考它的其他考生数目已经达到它的招收限额，而且它认为这些考生每一个都比辛迪更好。最终大学 B 所招收的考生当然每个都比辛迪更好。所以考生主动算法的结果不可能被任何一对(大学-考生)所抵制。定理前一部分结论得证。

往证第二部分结论。如果存在一个稳定招生方案让一所大学录取一个考生，则称这所大学对这个考生为许可的。证明在考生主动算法中拒绝任意一个考生的大学对这个考生都不是许可的。用反证法：如若算法中存在某考生被某大学拒绝但该大学对他而言是许可的情况，设最先发生的是大学 A 拒绝考生桑迪并录取了凯特；同时存在另一个稳定招生方案 μ，让大学 A 录取桑迪，而凯特被大学 B 所录取。根据假设，在考生主动算法中拒绝了凯特的大学对她而言比大学 A 好的大学都不是许可的，因此大学 B 对凯特来说比不上大学 A。这样一来，μ 就被(A-凯特)所抵制！

定理 8-7 如果考生总数超过各大学招生名额之和，那么每个稳定招生方案中未被录取的考生集合相同。

【证明】 以 S 表示考生主动算法中未被录取的考生子集，则根据定理 8-6，在任何稳定方案中这些考生都不可能被录取。结论显然。

【例 8-12】 考虑一个简单的招生博弈，其中有 A、B、C 三所大学，分别招收 3、4、2 个学生；考生共有 10 人。偏好表和算法过程如图 8-14 所示。

大学对考生偏好表
A（3）：1, 2, 3, 4, 5, 6, 7, 8, 9, 10
B（4）：3, 1, 5, 7, 8, 10, 2, 4, 6, 9
C（2）：3, 2, 1, 6, 5, 4, 10, 9, 8, 7

考生对大学偏好表
1：B, A, C
2：A, C, B
3：A, B, C
4：C, B, A
5：A, C, B
6：A, B, C
7：B, A, C
8：C, B, A
9：B, A, C
10：A, B, C

算法
A（3）：2, 3, 5, <u>6</u>, <u>10</u>,　　<u>9</u>
B（4）：1, 7, <u>9</u>,　　<u>6</u>, 10, 8
C（2）：4, <u>8</u>,　　　　　　<u>9</u>, 6

稳定招生方案：{（A: 2, 3, 5），（B: 1, 7, 8, 10），（C: 6, 4）}

图 8-14

注意，考生 9 最终没有被任何大学录取。

8.6 换房子博弈

假定有房主集合 $N=\{1, 2, \cdots, n\}$，每个房主 i 拥有一套房子 h_i。全体房子的集合记为 H。从房主集合 N 到房子集合 H 的一个双单射叫作一个换房计划。我们假设每个房主对全部房子都有一个严格偏好表。

8.6.1 例子与定义

【例 8-13】 四个房主{1，2，3，4}有意互相交换房子，约定交换后不给予旁支付(side payments)。房主 i 原来拥有的房子记为 h_i。假设这四个人对房子的偏好由表 8-6 给出。

表 8-6

房主	对房子的偏好	房主	对房子的偏好
1	h_3, h_2, h_4, h_1	3	h_1, h_4, h_3, h_2
2	h_4, h_1, h_2, h_3	4	h_3, h_2, h_1, h_4

于是下面是一个换房计划：

$$(1h_3, 2h_4, 3h_1, 4h_2)$$

定义 8-12 这个换房计划 μ 叫作强稳定的(strongly stable)，如果任何一个房主的子集通过子集内的房子交换不使他获得比 μ 中更好的房子，同时不使其他房主得到的房子比他/她在 μ 中的更差。

容易明白，稳定交换计划是个严格核结果。

在例 8-12 中，换房计划 $(1h_4, 2h_2, 3h_1, 4h_3)$ 不是强稳定的，因为它被{1，3}联盟的交换结果 $(1h_3, 3h_1)$ 所弱抵制。另外，换房计划 $(1h_3, 2h_4, 3h_1, 4h_2)$ 是强稳定的。

8.6.2 求强稳定换房计划的算法

换房博弈中求解强稳定交换方案的最优交换圈(top trading cycle)算法，最先由大卫·盖尔提出，经过劳埃德·S. 沙普利和赫伯特·斯卡夫(Herbert Scarf)改写后发表，下面是算法的描述：

(1) 把每个房主作为一个有向图(directed graph)的顶点。所谓有向图，是指连接任何两个顶点的弧线(可以多于 1 条)每条都有确定方向，这些弧线的做法遵从(2)。

(2) 从任何一个顶点出发，比如 A(房主)出发，做出 1 条有向弧线，指向他最喜欢的房子的主人(顶点)，比如 B；如果 B 不同于 A，再从 B 出发，做 1 条有向弧线，指向 B 最喜欢的房子的主人(顶点)，依此类推，直到有 1 条弧线指向某个以前已经出现过的顶点，因而形成第一个交换圈(trading cycle)。

(3) 让(2)中出现的第一个交换圈的房主按弧线指向交换房子。把这个交换圈从有向图中去掉，再考虑余下的房子交换问题。

(4) 对余下的房主(及他们的房子)重复上述的步骤(1)(2)(3)，直到每个房主都在某个交换圈出现。

我们以例 8-13 加以说明。运用算法我们依次做出两个最优交换圈 TC_1 和 TC_2，如图 8-15 所示。

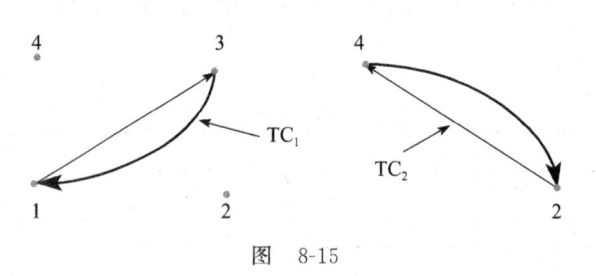

图 8-15

得到严格核结果 $\{1h_3, 2h_4, 3h_4, 4h_2\}$。

再来考虑另一个例子：

【例 8-14】六个房主想互换房子，他们的偏好如表 8-7 所示。这里用大写字母表示房主，相应的小写字母表示他的房子。

表 8-7

房主	对房子的偏好	房主	对房子的偏好
A	c, e, f, a, b, d	D	c, a, b, e, d, f
B	b, a, c, e, f, d	E	d, c, b, f, e, a
C	e, f, c, a, d, b	F	b, d, e, f, a, c

运用算法，依次得到 4 个最优交换圈，如图 8-16 所示。严格核结果是：(Ce, Ed, Dc, Bb, Ff, Aa)。

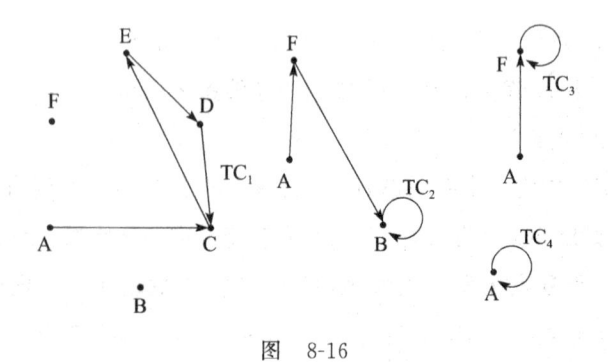

图 8-16

8.6.3 定理及其证明

我们将证明一系列定理：

定理 8-8 应用 TTC 算法得出的换房方案是强稳定的(即在严格核中)。

【证明】 假定 μ 是用 TTC 算法求出的换房方案,且 μ 不是强稳定的,于是存在房主的某个子集 S,通过 S 内的换房方案 μ',使得某些 S 中的房主得到比 μ 更好的结果,而其他的房主得到的房子不比 μ 中的差。我们称 μ' 中变好的房主为受惠者,而称没有变好的房主为非受惠者。

假定 i_0 是在 TTC 算法中的第一个受惠者。假设 μ 在第 k 轮中已经给予 i_0 他最喜欢的房子;而 μ' 给予 i_0 的房子更好——这个房子的房主应该是 S 中某个 j_0。而 j_0 在 TTC 算法中应该在第 $k-1$ 轮之前出现,比如 $T^* = [\cdots, j_0, j_1, j_2, \cdots]$。假设 $j_0 \in S$ 在 μ' 中必须是非受惠者,于是他在 μ' 中得到的房子应与其在 μ 中的一样,因此 $j_1 \in S$。同理,$j_1, j_2, \cdots$ 都不能是受惠者,而且都在 S 中。他们每个在 μ 中拿到的房子与在 μ' 中拿到的相同。特别是,j_0 的房子给了 T^* 中排在他前面的房主,而这与 $i_0 \notin T^*$ 矛盾。

定理 8-9 换房博弈只有唯一的强稳定方案,即用 TTC 算法求出的方案 μ。

【证明】 假定 μ' 是一个不同于 μ 的换房方案,假定 $(T_1, \cdots, T_p)$ 是 μ 中 TTC 算法中按顺序出现的交换圈。让 T_k 是第一个换房结果异于 μ' 的交换圈。令 $S = T_1 \cup \cdots \cup T_k$,于是与 μ' 的结果相比,子集 S 可以强抵制 μ' 的结果,这是因为 $T_1 \cup \cdots \cup T_{k-1}$ 的成员与 μ' 的结果一致,而 T_k 的成员在 μ 中得到该轮最好的房子,于是 μ' 不可能强稳定。

8.6.4 练习题

练习题 8-3 求下面换房博弈的强稳定方案(见表 8-8)。

表 8-8

房主	对房子的偏好	房主	对房子的偏好
A	c d f b a c	D	f e c d a b
B	d f c e a b	E	c e a d b f
C	c a b e f d	F	e c f d b a

练习题 8-4 考虑下面的换房博弈(见表 8-9)。

表 8-9

房主	对房子的偏好	房主	对房子的偏好
A	b d a c	C	d b c a
B	c a d b	D	a c b a

求证 $\mu^1 = (Ab, Ba, Cd, Dc)$ 不是个强稳定方案。

8.7 效用可以转移之合作博弈(TU Games)

现在考虑效用可以转移的博弈。为简单计，我们假设各个局中人的效用都可以用同一单位量度，因此在联盟内局中人同意的情况下，旁支付是可能发生的。在这个情况下，结盟博弈可以用特征函数的形式来表示。

8.7.1 TU 博弈的一些基本定义

定义 8-13 以 N 表示 n 人 TU 博弈的全体局中人的集合，N 的每个子集 S 叫作一个联盟，对每个联盟 S，以 $v(S)$ 表示该联盟在博弈中（不管盟外的人为何行动）能够确保的总赢得，$v(S)$ 称为 S 的盟值(worth)，$v(N)$ 表示大联盟 N 的盟值。我们约定对空集 $\mathbf{O}$，其盟值 $v(\mathbf{O})=0$。

定义 8-14 大联盟成员合作取得最大总赢得 $v(N)$ 后，可以考虑如何让它的成员分享，以 x_i 表示成员 i 分享的赢得，显然有：

$$\sum_{i=1}^{n} x_i = v(N)$$

定义 8-15 以 N 表示 n 人 TU 博弈，如果对每个联盟 S，其盟值 $v(S)$ 都已经给定，那么我们就称 $v: 2^N \to R$ 为这个 TU 结盟博弈的特征函数形式(characteristic function form)。今后总假定特征函数 v 满足以下性质：

$$v(S \cup T) \geqslant v(S) + v(T), \quad \forall S, T \in 2^N, S \cap T = \mathbf{O}$$

这个性质叫作超可加性(superadditivity)。

关于 TU 博弈的核，我们有：

定义 8-16 大联盟盟值的一个分享方案 $(x_1, \cdots, x_n)$：

$$\sum_{i=1}^{n} x_i = v(N)$$

叫作一个**核结果**(core outcome)，如果对每个联盟 S，都满足

$$\sum_{i \in S} x_i \geqslant v(S)$$

注意 N 的子集有 2^n 个，上述有 2^n 个不等式，特别是，包括下列两个明显条件：

$$\sum_{i \in \mathbf{O}} x_i = v(\mathbf{O}) = 0, \quad \sum_{i \in N} x_i \equiv \sum_{i=1}^{n} x_i = v(N)$$

这 2^n 个条件确保每个联盟没有退出大联盟的激励，因为退出后它不能让自己的

成员得到的激励比大联盟给予的更多。

定义 8-17 以 $C(v)$ 表示特征函数为 $v(\cdot)$ 的结盟博弈全体核结果的集合，称为**核**(core)。于是

$$C(v)=\{(x,\cdots,x_n):\sum_{i=1}^n x_i=v(N),\sum_{i\in S}x_i\geqslant v(S),\forall S\subset N\}$$

附注：一个 TU 博弈的核可以是空集，也可能包含很多核结果；见例 8-14 和例 8-15。

定义 8-18 大联盟盟值的一个分享方案 $(x_1,\cdots,x_n)$ 称为被联盟 S 所抵制，如果

$$\sum_{i\in S}x_i<v(S)$$

也就是说，联盟 S 的成员通过协调可以使每个成员得到的赢得比他在分享方案 $(x_1,\cdots,x_n)$ 中分得的更大。

注意，在 TU 博弈中"被抵制"和"被弱抵制"是等价的。

8.7.2 几个例子

【例 8-15】（寄钱博弈）按博弈规则，n 个局中人（$n\geqslant 3$）每人必须向其他人之一寄出 1 美元。试写出该博弈的特征函数，并求出这个博弈的核。

容易明白：

(1) 任意一个单人联盟有 $v(\{i\})=-1$，因为其他 $(n-1)$ 人联盟 S 可以构成一个邮寄的循环圈，而 i 则必须寄出 1 美元给 S 中某个成员。

(2) 任意一个至少有两个成员的结盟 S，如果人数少于 $n-1$，则有 $v(S)=0$；因为 S 自己可以构成一个邮寄循环圈，而 $N\setminus S$ 的人也可以构成一个邮寄循环圈。

(3) 对任意有 $n-1$ 个成员的联盟 S，$v(S)=1$，这一点由(1)可知。

(4) $v(N)=0$，这是显而易见的，因为大联盟的钱既不会增加，也不会减少。

下面论证这个博弈的核是空集。事实上，如果 $(x_1,\cdots,x_n)\in C(v)$，那么

$$x_i\geqslant v(\{i\})=-1,\forall i$$

$$x_i+x_j\geqslant v(\{i,j\})=0,\forall i\neq j$$

$$\cdots$$

$$x_2+x_3+\cdots+x_n=\cdots=x_1+x_2+\cdots+x_{n-1}\geqslant 1$$

$$x_1+x_2+\cdots+x_n=0$$

最后两组不等式互相矛盾，故 $C(v)=0$。

【例 8-16】一个爵士乐队由 3 个成员组成,女钢琴家 P,女歌唱家 S,男鼓手 D,如果女钢琴家单独表演,每晚可得收入 300 美元;如果女歌唱家单独表演,每晚可得收入 200 美元;如果男鼓手单独表演,每晚收入只有 50 美元;如果钢琴家与歌唱家联合表演,每晚可得 600 美元;如果钢琴家与鼓手合作表演,每晚收入 450 美元;如果歌唱家与鼓手合作表演,每晚可得 300 美元;如果 3 人联合演出,每晚可以收入 800 美元。假定 3 人联合演出,收入 800 美元应该如何分享。

$$v(\{P\})=300,\ v(\{S\})=200,\ v(\{D\})=50$$
$$v(\{P, S\})=600,\ v(\{P, D\})=450,\ v(\{S, D\})=300$$
$$v(N)=800$$

假设 $(x, y, z) \in C(v)$,那么:

$$x \geqslant 300,\ y \geqslant 200,\ z \geqslant 50$$
$$x+y \geqslant 600,\ x+z \geqslant 450,\ y+z \geqslant 300$$
$$x+y+z=800$$

我们用作图法解这个问题。

根据 $x+y+z=800$,我们可以做一个通过 (x, y, z) 空间三个点 $P(800, 0, 0)$,$S(0, 800, 0)$,$D(0, 0, 800)$ 的平面 H。为简单计,我们把它作成平面图形(见图 8-17)。

现在考虑 $x \leqslant 300$,$y+z \geqslant 300$。因为 $x+y+z=800$,$x \geqslant 300$ 蕴含了 $y+z \leqslant 500$,所以核只能包含在平面 H 上的条形区域 $300 \leqslant y+z \leqslant 500$ 内。

类似地,$y \geqslant 200$,$x+z \geqslant 450$ 蕴含了核只能包含在 H 上的条形区域 $450 \leqslant x+z \leqslant 600$ 内。

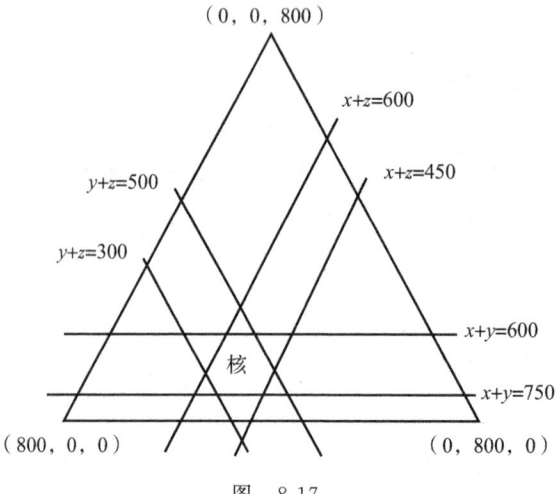

图 8-17

同理，$z \geq 50$，$x+y \geq 600$ 蕴含了核只能包含在 H 上的条形区域 $600 \leq x+y \leq 750$ 内。

上述三个条形区域的交集非空，如图 8-17 中的六边形所示。特别是，$(x, y, z)=(400, 275, 125)$ 就在核 $C(v)$ 中。

必须指出，从结果的"稳定性"看，核结果当然满足要求；另外，即使一个经济问题的核包含唯一结果，有时把它作为经济问题的解并不一定很有说服力。

【例 8-17】某牧场 A 饲养牲口，每次把养大的牲口送到集市出售时，必须向农场 B 或农场 C 借道。假定借道使农场产生的成本可以忽略，每运一趟牲口到集市出售所得的利润是 1 200，请问：愿意借道的农场应收多少费用？

容易写出这个 TU 博弈的特征函数：

$$v(\{A\})=v(\{B\})=v(\{C\})=0$$
$$v(\{A, B\})=v(\{A, C\})=1\,200, \quad v(\{B, C\})=0$$
$$v(\{A, B, C\})=1\,200$$

如果 $(x, y, z) \in C(v)$，那么：

$$x, y, z \geq 0$$
$$x+y \geq 1\,200, \quad x+z \geq 1\,200, \quad y+z \geq 0$$
$$x+y+z=1\,200$$

这些不等式有唯一解：

$$x=1\,200, \quad y=z=0$$

也就是说，任何一个农场都应该免费借道给牧场 A。这看来有些不切实际。

8.7.3 平衡集族与平衡博弈⊖

一个 TU 结盟博弈是否有稳定解关键在于其核是否非空。我们想找出判断特征函数表示的结盟博弈有非空核的条件。下面关于平衡子集族的讨论正是为了这一目的。本段的内容大部分来源于吉耶尔莫·欧文（Guillermo Owen, 1982）。

下面证明一系列定理：

定理 8-10 如果 v 和 w 是两个特征函数形式的 N 人结盟博弈，如果 $C(v) \neq \mathbf{O}$，$C(w) \neq \mathbf{O}$，那么对于任何非负实数 α、β，$C(\alpha v+\beta w) \neq \mathbf{O}$。⊜

【证明】只需注意，对任何联盟 $S \subseteq N$：

⊖ 这段内容比较数学化，对数学理论不太感兴趣的读者可以略过。
⊜ 注意这里 $\mathbf{O}$ 表示空集。

$$(\alpha v + \beta w)(S) = \alpha v(S) + \beta w(S)$$

容易明白

$$x \in C(v), y \in C(w) \Rightarrow rx + sy \in C(rv + sw)$$

定理 8-11 以特征函数形式 v 表示的结盟博弈有非空核的充分必要条件，是下列线性规划问题(LP)的最优值 $z^* \leqslant v(N)$：

$$\text{Min } z = \sum_{i=1}^{n} x_i$$

S. T.

$$\sum_{i \in S} x_i \geqslant v(S), \quad \forall S \subseteq N$$

【证明】 充分性：容易明白任何最优解 $x^* \in C(v)$；必要性：$x^* \in C(v) \Rightarrow x$ 是这个线性规划问题的许可解而且 $\sum_{i=1}^{n} x_i = v(N)$，因此这个规划问题的最优值 $z^* \leqslant v(N)$。

现在考虑上述(LP)问题的对偶问题(LP′)[①]：

$$\text{Max } q = \sum_{S \subseteq N} y_S v(S)$$

S. T.

$$\sum_{i \in S \subseteq N} y_S = 1$$

$$y_S \geqslant 0$$

根据线性规划的对偶定理，可直接得到：

定理 8-12 特征函数 v 表示的结盟博弈 N，它的核非空当且仅当对偶线性规划问题(LP′)的最优值 $q^* \leqslant v(N)$。也就是说，当且仅当

$$\sum_{S \subseteq N} y_S v(S) \leqslant v(N), \quad \forall \left\{ \{y_S\}_{S \subseteq N}: y_S \geqslant 0, \sum_{i \in S \subseteq N} y_S = 1 \right\}$$

定义 8-19 一个 2^n 维向量 $\{y_S\}_{S \subseteq N}$ 叫作上述结盟博弈 N 的一个**平衡向量**(balancing vector)，如果对于 N 的每个局中人 i，都有 $\sum_{i \in S \subseteq N} y_S = 1$；这时相应的子集族 $\mathscr{S} = \{S \subseteq N: y_S > 0\}$ 叫作 N 的一个**平衡子集族**(balanced collection)，而平衡向量中所有大于 0 的分量的全体叫作这个平衡子集族的**平衡系数**(balancing coefficients)。[②]

[①] 这个对偶问题的变元 $\{y_S\}$ 有 2^n 个，每个对应于 N 一个子集。为方便计，规定与空子集对应的 $y_\varnothing = 0$。

[②] 注意平衡向量总是 2^n 维的，但平衡子集族包含的子集数目可以小于 2^n 个，这时平衡系数也就小于 2^n 个。

练习题 8-5 考虑 $N=\{1, 2, 3\}$，验证下面给出的是个平衡向量并求出相应的平衡子集族和平衡系数。

$$y_\emptyset=0, \quad y_{\{1\}}=y_{\{2\}}=y_{\{3\}}=0$$
$$y_{\{1,2\}}=y_{\{1,3\}}=y_{\{2,3\}}=1/3 \quad (*)$$
$$y_{\{1,2,3\}}=1/3$$

【分析】容易验证：

$$\sum_{1\in S\subseteq N} y_S = y_{\{1\}}+y_{\{1,2\}}+y_{\{1,3\}}+y_{\{1,2,3\}}=1$$
$$\sum_{2\in S\subseteq N} y_S = y_{\{2\}}+y_{\{1,2\}}+y_{\{2,3\}}+y_{\{1,2,3\}}=1$$
$$\sum_{3\in S\subseteq N} y_S = y_{\{3\}}+y_{\{1,3\}}+y_{\{2,3\}}+y_{\{1,2,3\}}=1$$

所以($*$)给出一个平衡向量。相应地，$\mathscr{S}=\{\{1, 2\}, \{1, 3\}, \{2, 3\}, \{1, 2, 3\}\}$ 是个平衡集族，$(1/3, 1/3, 1/3, 1/3)$ 是它的平衡系数。

读者可以验证，$\mathscr{S}=\{\{1, 2\}, \{1, 3\}, \{2, 3\}, \{1, 2, 3\}\}$ 也可以有另一组平衡系数 $(1/4, 1/4, 1/4, 1/2)$，因而有另一个平衡向量。

利用上面的定义，定理 8-12 也可以陈述为：

定理 8-12′ 特征函数 v 表示的结盟博弈 N，它的核非空当且仅当对于 N 的每一个平衡子集族 $\mathscr{S}$ 和相应的平衡系数 $\{y_S>0: S\in\mathscr{S}\}$ 都有 $\sum_{S\subseteq N} y_S v(S) \leqslant v(N)$。[⊖]

当 N 较大时，有很多平衡子集族，上面的定理应用起来很不方便。为此，我们引进最小平衡子集族的概念，并把判断非空核的定理简化。

再来看另外一些平衡子集族的例子，为简便计，我们只给出平衡系数：

【例 8-18】任意一个 N 的分割 $N=S_1\cup\cdots\cup S_k$ ($S_i\cap S_j=\emptyset, i\neq j$) 都是一个平衡子集族，相应的平衡系数是 $\{y_S: y_{S_j}=1, j=1, \cdots, k\}$。

【例 8-19】设 $N=\{1, 2, 3\}$。那么 $\Psi=\{\{1, 2\}, \{2, 3\}, \{3, 1\}\}$，是个平衡子集族，其平衡系数是 $(0.5, 0.5, 0.5)$。

读者可以验证，以上两个例子中的平衡集族都有唯一的平衡系数和平衡向量。这就是我们下面将要讨论的最小平衡集族。

作为下面讨论的开始，先来证明：

⊖ 这个定理也可以用平衡向量来陈述，留给读者练习。

定理 8-13 N 的若干个平衡子集族的并集也是 N 一个平衡子集族。

【证明】 只需证明两个平衡子集族的并集也是个平衡子集族。假设 $\Psi_1 = \{S_j : j = 1, \cdots, J\}$ 是一个平衡子集族，平衡系数为 $\sigma_j : j = 1, \cdots, J$；$\Psi_2 = \{T_k : k = 1, \cdots, K\}$ 是另一个平衡子集族，平衡系数为 $\tau_k : k = 1, \cdots, K$。记 $\Psi = \Psi_1 \bigcup \Psi_2 = \{U_l : l = 1, \cdots, L\}$。先定义两个平衡子集族的特征函数：

$$I_{\Psi_1}(U_l) = 1, \text{如果} U_l = S_j \in \Psi_1; \quad I_{\Psi_1}(U_l) = 0, \text{如果} U_l \notin \Psi_1$$

$$I_{\Psi_2}(U_l) = 1, \text{如果} U_l = T_k \in \Psi_2; \quad I_{\Psi_2}(U_l) = 0, \text{如果} U_l \notin \Psi_2$$

对任意实数 $\lambda \in (0, 1)$，定义

$$\mu_l = \lambda \sigma_j I_{\Psi_1}(U_l) + (1-\lambda) \tau_k I_{\Psi_2}(U_l)$$

显然有：

$$\mu_l > 0$$

$$\sum_{i \in U_l} \mu_l = \lambda \sum_{i \in S_j} \sigma_j + (1-\lambda) \sum_{i \in T_k} \tau_k = 1, \quad \forall i \in N$$

所以 $\Psi_1 \bigcup \Psi_2$ 是一个平衡子集族，而 $(\mu_1, \cdots, \mu_L)$ 是相应的平衡系数。

定理 8-14 假设 Ψ_1 与 Ψ 是 N 的两个平衡子集族，并且 Ψ_1 是 Ψ 一个真子族。那么存在一个平衡子集族 Ψ_2，使得 $\Psi_1 \bigcup \Psi_2 = \Psi$。

【证明】 假设 $\Psi_1 = \{S_j : j = 1, \cdots, k\}$，相应的平衡系数是 $\{y_j : j = 1, \cdots, k\}$；

假设 $\Psi = \{S_j : j = 1, \cdots, k, \cdots, m\}$，相应的平衡系数是 $\{z_j : j = 1, \cdots, k, \cdots, m\}$；

容易明白，至少有某个 $j \leq k$ 使得 $y_j > z_j$。

我们记：

$$t = \min\left\{\frac{z_j}{y_j - z_j} : y_j > z_j, j = 1, \cdots, k\right\}$$

$$\Psi_1' = \{S_j : S_j \in \Psi_1, (1+t)z_j = ty_j\}$$

$$\Psi_2' = \Psi \setminus \Psi_1'$$

$$w_j = (1+t)z_j - ty_j, \quad j = 1, \cdots, k$$

$$w_j = (1+t)z_j, \quad j = k+1, \cdots, m$$

容易验证：

$$\Psi_1' \bigcup \Psi_2' = \Psi$$

$$S_j \in \Psi_1' \Rightarrow w_j = 0$$

$$S_j \in \Psi_2' \Rightarrow w_j > 0$$

并且对于任意 $i \in N$ 有：

$$\sum_{i\in S_j} w_j = (1+t)\sum_{i\in S_j\in\Psi} z_j - t\sum_{i\in S_j\in\Psi_1} y_j = 1$$

所有大于 0 的 w_j 构成 Ψ_2 的平衡系数。

定义 8-20 N 的一个平衡子集族 Ψ 叫作最小平衡子集族(minimal balanced collection)，如果它不包含真子平衡子集族。

定理 8-15 N 的任意一个平衡子集族都是一些最小平衡子集族的并集。

【证明】以 k 表示 Ψ 中元素的数目，我们对 k 采用数学归纳法来证明定理。当 $k=1$ 时，$\Psi=\{N\}$，定理结论成立。假设 Ψ 中元素的数目不大于 $k-1$ 时定理结论成立；现在考虑 Ψ 中元素的数目为 k 的情况。如果 Ψ 本身是最小平衡子集族，定理结论成立。如果 Ψ 本身不是最小平衡子集族，那么存在 Ψ 的真子集 Ψ_1，它本身是个平衡子集族。根据定理 8-14，存在平衡子集族 Ψ_2，使得 $\Psi=\Psi_1\bigcup\Psi_2$。注意，这时 $|\Psi_1|<k$，$|\Psi_2|<k$，由归纳假设它们各自可以表示为一些最小平衡子集族的并集，从而 Ψ 也是一些最小平衡子集族的并集。

定理 8-16 当且仅当一个平衡子集族是最小平衡子集族时，它有唯一的平衡系数(从而有唯一的平衡向量)。

【证明】必要性：如果一个平衡子集族不是最小的，则它含有一个平衡真子集族，如定理 8-14 中的 Ψ 含有真子集族 Ψ_1。

引入记号：

$$t=\min\left\{\frac{z_j}{y_j-z_j}: y_j>z_j,\ j=1,\cdots,k\right\};$$
$$\forall\tau\in(0,t)$$
$$w_j=(1+\tau)z_j-\tau y_j,\ j=1,\cdots,k$$
$$w_j=(1+\tau)z_j,\ j=k+1,\cdots,m$$

于是，$w_j>0$，$j=1,\cdots,m$ 是 Ψ 另一组平衡系数。

充分性：假设平衡子集族 Ψ 有两个不同的平衡向量 $y\neq z$。定义 t 如上。容易验证 $w=(1+t)z-ty$ 大于 0 的分量构成是 $\Psi'=\{S_j\in\Psi:(1+t)z_j>y_j\}$ 的平衡系数，因而 Ψ' 是 Ψ 的平衡真子集族。

定理 8-17 对偶问题(LP')的许可域的每个顶点[注]是最小平衡子集族的平衡向量。

【证明】假定向量 $y=(y_S)_{S\subseteq N}$ 满足(LP')许可域约束。那么 $\Psi=\{S\subseteq H:$

[注] 注意许可域的顶点(vertex)与极端点(extreme point)以及基本许可变元(basic feasible point)的定义是相互等价的。参考塞尔坎·侯斯坦(Serkan Hosten, 2003)。

$y_S>0\}$ 就是一个平衡子集族，它的平衡系数由 $y=(y_S)_{S\subseteq N}$ 的非零分量构成。如果 Ψ 不是最小平衡子集族，就存在真子集 Ψ_1 本身是平衡子集族，它的平衡系数由 $z=(z_S)_{S\subseteq N}$ 的非零分量构成。容易明白 $z_S>0 \Rightarrow y_S>0$。于是对于足够小的正实数 τ：

$$w=(1-\tau)y+\tau z$$
$$w'=(1+\tau)y-\tau z$$

各自满足(LP′)的许可域约束条件。显然有：

$$w_S < w_S', \quad \forall S \in \Psi \setminus \Psi_1$$

注意到

$$y=\frac{1}{2}(w+w')$$

于是，$y=(y_S)_{S\subseteq N}$ 不是许可域的顶点。

现在假设 Ψ 是一个最小平衡子集族，往证其平衡向量 y 是(LP′)许可域的某个顶点。如若不然，就存在两个不同的非负向量 $w \neq w'$，使得 $y=0.5(w+w')$。毫无疑义，$y_S=0 \Rightarrow w_S=w_S'=0$。引入记号：

$$\Psi_1=\{S\in\Psi: w_S>0\}, \quad \Psi_1'=\{S\in\Psi: w_S'>0\}$$

那么，它们每个都是 Ψ 的真子平衡子集族。但由假设必须有 $\Psi_1=\Psi_1'=\Psi$。因此 $w \neq w'$。

推论 8-1 N 人结盟 TU 合作博弈的每个最小平衡子集族最多包含 n 个 N 的子集。

证明：因为与之相应的(LP′)问题只有 n 个基本变元(参考"第 6 章习题"注脚㈢)。

定理 8-18 N 人结盟 TU 合作博弈的核非空的充要条件是，对于 N 的每个最小平衡子集族 Ψ，下列条件都得到满足：

$$\sum_{S\in\Psi} y_S v(S) \leq v(N)$$

【证明】必要性显而易见。要证明充分性，只需注意(LP′)的最优值在许可域的某个顶点取得。

8.7.4 应用举例

在 N 很大时计算核结果比较花时间，而用最小平衡子集族理论判断核结果的存在性就比较简单。下面以例子说明。

【例8-20】当 $N=\{1, 2, 3\}$ 时，只要3个最小平衡子集族 N, $\{\{1\}, \{2\}, \{3\}\}$, $\{\{1, 2\}, \{2, 3\}, \{3, 1\}\}$ 前两个是 N 的分割，按 TU 结盟博弈定义，定理 8-17 的条件自动满足。所以只需要对第三个最小平衡子集族验证条件。

以例 8-15 的数据进行说明：
$v(\{A, B\})=v(\{A, C\})=1\,200$, $v(\{B, C\})=0$, $v(\{A, B, C\})=1\,200$, 平衡向量是 $(0.5, 0.5, 0.5)$，计算得 $0.5v(\{A, B\})+0.5v(\{A, C\})+0.5v(\{B, C\})=v(\{A, B, C\})$。即定理 8-17 的条件得到满足。所以核非空。

【例8-21】当 $N=\{1, 2, 3, 4\}$ 时，除了 N 的分割，只要验证 4 个最小平衡子集族是否满足定理 8-17 的条件：

$\{\{1, 2, 3\}, \{1, 2, 4\}, \{1, 3, 4\}, \{2, 3, 4\}\}$, $y=(1/3, 1/3, 1/3)$

$\{\{1, 2\}, \{1, 3\}, \{1, 4\}, \{2, 3, 4\}\}$, $y=(1/3, 1/3, 1/3, 2/3)$

$\{\{1, 2\}, \{1, 3\}, \{2, 3\}, \{4\}\}$, $y=(1/2, 1/2, /1/2, 1)$

$\{\{1, 2\}, \{1, 3, 4\}, \{2, 3, 4\}\}$, $y=(1/2, 1/2, 1/2)$

8.8 TU 合作博弈的沙普利值解

核的概念无疑为合作博弈的解提供了一个很好的选择。但无论是 NTU 博弈还是 TU 博弈，一般情况下都不能保证核结果的存在性；而在存在性得到保证的情况下，往往核结果的唯一性又得不到保证。

尽管沿着核概念的思路，博弈论学者们又引入了一系列精细化的核概念，诸如 ε 核、核仁、等等。但是，比如所谓核仁（neucleolus）的概念，不但计算烦琐，而且其定义也不见得与问题的实际背景有什么直接的关联。

TU 博弈的另一个解概念叫作沙普利值，其优点是对于所有有限的 TU 博弈，这个解总是存在而且唯一，而其定义也有一定的实践依据；缺点则是它不一定是个核结果，因而可能缺少"稳定性"。

沙普利值这一概念的直观背景是按贡献分配成果，也可以说成是"按劳分配"，这个"劳"是指"功劳"。具体说就是，考虑各个局中人 i 按照各种次序依次加入每个原来不包括他的联盟 S，而她加入后 $S \cup \{i\}$ 的盟值比 S 增大的部分就是他的贡献之一，把他的所有贡献加在一起作为他对大联盟的贡献量度，这应该与他在沙普利值中的分享成比例。

先用一个例子加以解析：

【例8-22】 某州有三个选区 A、B、C，依次有 42、34、24 张有效选票。这三个选区联合向州政府申请 6 亿美元社区发展经费。按规定，一项申请动议在州内需要 60 张有效选票支持才能获批。现在的问题是，申请获准后，三个选区应如何分享这笔经费。

【分析】 把这个故事用结盟博弈表示，特征函数是：

$$v(\emptyset)=0$$
$$v(\{A\})=v(\{B\})=v(\{C\})=0$$
$$v(\{A,B\})=v(\{A,C\})=6,\ v(\{B,C\})=0$$
$$v(\{A,B,C\})=6$$

考虑每个局中人按不同排列顺序参与联盟，有以下 6 种排序方法(3!)：

A-B-C, A-C-B, B-A-C, B-C-A, C-A-B, C-B-A

把每个局中人新加入每个联盟时给原来联盟带来的增值列于表 8-10。

表 8-10 有 8 行 4 列。第一列 2～7 行分别列出各局中人进入联盟的 6 种顺序，我们将对应的行称为 (A-B-C) 行，(A-C-B) 行，等等；第一行 2～4 列分别列出局中人 A、B、C，我们称相应的列为 (A) 列，(B) 列，(C) 列。

表 8-10

	A	B	C
A-B-C	0	6	0
A-C-B	0	0	6
B-A-C	6	0	0
B-C-A	6	0	0
C-A-B	6	0	0
C-B-A	6	0	0
	24	6	6

表 8-10 中各行、列交汇处的数字如下得到：

第一行 (A-B-C)：A 先行加入空盟成 1 人联盟，它只有 42 张有效选票，不足以让提案通过，故给空盟带来的增值为 0，我们把这个 0 增值记在表 8-10 中 (A) 列与 (A-B-C) 行的交汇处；接着进入联盟的是 B，因为他的加入，两个选区的有效选票已经有 76 张 (42+34>60)，提案将被通过，因此盟值由 0 增加至 6 亿美元，我们把 B 加入带来的增值 6 记在 (B) 列和 (A-B-C) 行的交汇处；而最后加入的是局中人 C，显然其参与不会再让盟值增加，故其贡献为 0，我们把这个 0 增值记在表中 (C) 列与 (A-B-C) 行的交汇处。

其他各行的情况依此类推。比如 (C-B-A) 行，C 最先进入带来增值 0，因为 34<60；B 接着进入带来增值 0，因为 34+24<60；A 最后加入带来增值 6，因为 34+24+42>60。

最后一行 2、3、4 列分别是 A、B、C 每次进入联盟带来的增值之和：24、6、6；它们应与发展经费的分享成比例。

于是经费分享方案是：4 亿美元、1 亿美元、1 亿美元。

从这个例子可见，沙普利值的概念来源于直观朴素的"按劳分配"观念。下面我们要严格证明，对于 TU 合作博弈，如果要求解案满足一系列合理要求，沙普利值就是唯一的解！

8.8.1 沙普利值的一组公理

我们叙述沙普利值的一组公理，以 ϕ_i 表示局中人得到的赢得，那么：

(1) 许可性与有效性：$\Sigma \phi_i = v(N)$。

(2) 对称性：如果博弈关于局中人对称，那么 $\phi_1 = \cdots = \phi_n$。

(3) "无贡献"的局中人赢得为 0：$v(S \cup \{i\}) = v(S) \Rightarrow \phi_i = 0$。

(4) 可加性：如果全体局中人同时玩两个博弈，它们的特征函数分别是 v 和 w，那么每个局中人的总赢得等于这两个博弈的赢得之和，$\phi_i(v+w) = \phi_i(v) + \phi_i(w)$。

我们将证明满足这组公理的解存在而且唯一。它由下面的公式给出：

$$\phi_i(v) = \sum_{i \in T \subseteq N} \frac{(|T|-1)!\,(|N|-|T|)!}{|N|!} [v(T) - v(T \setminus \{i\})] \quad (8\text{-}2)$$

8.8.2 沙普利值的存在性与唯一性

我们往证下边的定理。

定理 8-19 对于 TU 合作博弈，满足上述公理(1)～(4)的沙普利值存在而且唯一。

【证明】存在性可以从直接检验公式(8-2)满足 8.7.1 小节所有公理而得证。唯一性的证明比较烦琐，我们逐步进行。

定义 8-21 给出一个以特征函数 v 表示的 TU 合作博弈。如果对于任何联盟 S 都有 $v(S) = v(S \cap T)$，称联盟 T 为这个博弈的一个载体。不属于任何载体的局中人称为傀儡，他对于任何联盟都没有贡献。

引理 8-1 对于每个联盟 S，定义 TU 结盟博弈 w_S 如下：

$$w_S(T) = \begin{cases} 0, & \text{如果 } S \text{ 不是 } T \text{ 的子集} \\ 1, & \text{如果 } S \text{ 是 } T \text{ 的子集} \end{cases}$$

那么，对于满足公理的函数 ϕ_i，有：

$$\phi_i(w_S) = \begin{cases} 1/|S|, & \forall i \in S \\ 0, & \forall i \notin S \end{cases}$$

【证明】由定义 8-20 可知，S 是这个博弈的一个载体，同时包含 S 的联盟也是博弈的载体。于是根据引理 8-1：
$$\sum_{i\in T}\phi_i(w_S)=1,\ \forall T\supseteq S$$
从而也有 $\phi_i(w_S)=0,\ \forall i\notin S$。

再由对称性公理得出：$\phi_i(w_S)=1/|S|,\ \forall i\in S$。

引理 8-2 任给正实数 c，有：
$$\phi_i(cw_S)=\begin{cases}c/|S|, & \forall i\in S\\ 0, & \forall i\notin S\end{cases}$$

【证明】与引理 8-1 的证明相似。

引理 8-3 对于任意 N 人 TU 结盟博弈 v，存在系数 $\{c_S:S\subseteq N\}$，使得
$$v=\sum_{S\subseteq N}c_S w_S$$

【证明】令
$$c_S\sum_{T\subseteq S}(-1)^{|S|-|T|}v(T)$$

任给 $U\subseteq N$，要验证
$$v(U)=\sum_{S\subseteq N}c_S w_S(U)$$

根据 w_S 的定义有：
$$\sum_{S\subseteq N}c_S w_S(U)=\sum_{S\subseteq U}c_S=\sum_{S\subseteq U}\sum_{T\subseteq S}(-1)^{|S|-|T|}v(T)$$
$$=\sum_{T\subseteq U}\Big(\sum_{T\subseteq S\subseteq U}(-1)^{|S|-|T|}\Big)v(T)$$

注意到当 $|T|<|U|$ 时：
$$\sum_{T\subseteq S\subseteq U}(-1)^{|S|-|T|}=\sum_{|S|=|T|}^{|U|}C_{|U|-|T|}^{|S|-|T|}(-1)^{|S|-|T|}=(1-1)^{|U|-|T|}=0$$

所以
$$\sum_{T\subseteq U}\Big(\sum_{T\subseteq S\subseteq U}(-1)^{|S|-|T|}\Big)v(T)=\sum_{U\subseteq S\subseteq U}(-1)^{|U|-|U|}v(U)=v(U)$$

引理 8-3 得证。

上面的引理在沙普利值定理的证明中至为关键，因它的陈述比较抽象，我们用一个具体例子加以说明。

【例 8-23】 $N=\{1,2,3\}$。

按照公式
$$c_S=\sum_{T\subseteq S}(-1)^{|S|-|T|}v(T)$$

我们有：
$$c_{\{i\}} = v(\{i\}), \ i=1, 2, 3$$
$$c_{\{i,j\}} = -v(\{i\}) - v(\{j\}) + v(\{i, j\}), \ i, j=1, 2, 3, \ i \neq j$$
$$c_{\{1,2,3\}} = v(\{1\}) + v(\{2\}) + v(\{3\}) - v(\{1, 2\}) - v(\{1, 3\}) - v(\{2, 3\}) + v(\{1, 2, 3\})$$

于是，对任意 $U=\{i\}$
$$\sum_{S \subseteq N} c_S w_S(\{i\}) = c_{\{i\}} = v(\{i\})$$

对 $U=\{i, j\}$，$i \neq j$
$$\sum_{S \subseteq N} c_S w_S(\{i, j\}) = c_{\{i\}} w_{\{i\}}(\{i, j\}) + c_{\{j\}} w_{\{j\}}(\{i, j\}) + c_{\{i,j\}} w_{\{i,j\}}(\{i, j\})$$
$$= c_{\{i\}} + c_{\{j\}} + c_{\{i,j\}} = v(\{i, j\})$$

对 $U=\{1, 2, 3\}$
$$\sum_{S \subseteq N} c_S w_S(\{1, 2, 3\}) = \sum_{i} c_{\{i\}} w_{\{i\}}(\{1, 2, 3\}) + \sum_{i<j} c_{\{i, j\}} w_{\{i, j\}}(\{1, 2, 3\}) + c_{\{1, 2, 3\}} w_{\{1, 2, 3\}}(\{1, 2, 3\})$$
$$= \sum_{\{i\}} c_{\{i\}} + \sum_{i<j} c_{\{i, j\}} + c_{\{1, 2, 3\}} = v(\{1, 2, 3\})$$

下面证明定理 8-18。

因为
$$v = \sum_{S \subseteq N} c_S w_S$$

所以
$$\phi_i(v) = \sum_{S \subseteq N} c_S \phi_i(w_S)$$

根据 w_S 的定义：
$$\phi_i(v) = \sum_{i \in S \subseteq N} \frac{1}{|S|} \sum_{T \subseteq S} (-1)^{|S|-|T|} v(T)$$

这里我们应用了
$$\phi_i(w_S) = \begin{cases} 1/|S|, & \forall i \in S \\ 0, & \forall i \notin S \end{cases}$$

调换求和顺序得：
$$\phi_i(v) = \sum_{T \subseteq N} \left\{ \sum_{\substack{S \subseteq N \\ T \cup \{i\} \subseteq S}} (-1)^{|S|-|T|} \frac{1}{|S|} v(T) \right\}$$

记
$$\gamma_i(T) = \sum_{\substack{T \cup \{i\} \subseteq S \\ S \subseteq N}} (-1)^{|S|-|T|} \frac{1}{|S|}$$

容易明白，当 $i \notin T'$ 同时 $T = T' \cup \{i\}$ 时：
$$\gamma_i(T') = -\gamma_i(T)$$

于是
$$\phi_i(v) = \sum_{i \in T \subseteq N} \gamma_i(T)[v(T) - v(T \setminus \{i\})]$$

当 $i \in T$ 时，包含 T 的人数为 $|S|$ 的不同联盟 S 共有 $C_{|N|-|T|}^{|S|-|T|}$ 个。于是

$$\gamma_i(T) = \sum_{|S|=|T|}^{|N|} (-1)^{|S|-|T|} C_{|N|-|T|}^{|S|-|T|} \frac{1}{|S|}$$

为简单计，引入记号
$$s = |S|, \quad t = |T|, \quad n = |N|$$

再注意到
$$\frac{1}{|S|} = s^{-1} = \int_0^1 x^{s-1} dx$$

于是①
$$\gamma_i(T) = \sum_{s \geq t} (-1)^{s-t} C_{n-t}^{s-t} \int_0^1 x^{s-1} dx = \int_0^1 x^{t-1} \sum_{s \geq t} (-1)^{s-t} C_{n-t}^{s-t} x^{s-t} dx$$
$$= \int_0^1 x^{t-1}(1-x)^{s-t} dx = \frac{(t-1)!(n-t)!}{n!}$$

最后得到：
$$\phi_i(v) = \sum_{i \in T \subseteq N} \frac{(t-1)!(n-t)!}{n!}[v(T) - v(T \setminus \{i\})]$$

沙普利值定理证毕。

附注： 沙普利值公式形式比较烦琐，好在我们知道，在实际计算中不需要死套公式，只需考虑每个局中人按不同顺序进入大联盟时给联盟带来的"贡献"。

【**例 8-24**】重新考察爵士乐队的例子（例 8-16）。考虑钢琴家 P、歌唱家 S 以及鼓手 D 依各种不同顺序进入大联盟时带来的"增值"，得到表 8-11。

于是沙普利值解是：
$$\phi = (400, 275, 125)$$

容易验证这个解在核内，因此是稳定的，即没有任何联盟想抵制这个收入分配方案。

表 8-11

	P	S	D
P-S-D	300	300	200
P-D-S	300	350	150
S-P-D	400	200	200
S-D-P	500	200	100
D-P-S	400	350	50
D-S-P	500	250	50
ϕ	400	275	125

---

① 这里用到伽玛函数（gamma 函数）与贝塔函数（beta 函数）的性质。

【例 8-25】重新考察牧场和农场的例子(例 8-17)。考虑局中人 A、B、C 按各种顺序进入大联盟{A，B，C}时带来的"增值"，可以得到计算沙普利值的表格(见表 8-12)。

表 8-12

	A	B	C
A-B-C	0	1 200	0
A-C-B	0	0	1 200
B-A-C	1 200	0	0
B-C-A	1 200	0	0
C-A-B	1 200	0	0
C-B-A	1 200	0	0
ϕ	800	200	200

这个解 $\phi=(800，200，200)$ 各个分量分别是 A、B、C 给大联盟带来的平均"贡献"。这个解的经济含义是：因为牧场主运送牲口要向农场借道，他应该把卖牲口获得的利润 1 200 分给每个农场。

注意，这个解不在核内，因而是不稳定的。比如 A 和 B 可以达成"协议"，每次让 A 经过 B 的农场，收"买路钱"300，让 A 留下利润 900。

一般认为，当沙普利值解在核内时，它是应该接受的唯一解。

8.9 简单合作博弈(simple games)和沙普利-舒比克指数(Shapley-Shubik index)

简单合作博弈是特征函数形式的合作博弈最重要的一个类型，它在政治学、社会学中有广泛应用。这一节我们对简单合作博弈做一个粗浅的介绍。

8.9.1 基本概念

定义 8-22 如果下列条件得到满足，一个 n 人合作博弈就叫作简单博弈：
(1) $\forall S\subseteq N$，$v(S)=0$ 或 $v(S)=1$，前者称为输联盟(losing coalition)，后者称为赢联盟(winning coalition)。
(2) 单调性：$S\subseteq T\Rightarrow v(S)\leqslant v(T)$。
(3) $v(O)=0$，$v(N)=1$。

定义 8-23 给出一个简单博弈 v。
(1) 如果任何包含 i 的联盟有盟值 1，局中人 i 称为**独裁者**(dictator)。
(2) 如果任何不包含 i 的联盟有盟值 0，局中人 i 称为**有否决权者**(veto)。
(3) 如果 i 是有否决权的独裁者，局中人 i 称为**专制独裁者**(autocratic dictator)。

注意，如果一个简单博弈有专制独裁者，他是唯一的一个；其他局中人对任何联盟的盟值都没有影响，都是**傀儡**(dummy players)。

8.9.2 投票博弈

简单博弈的一个重要案例就是**投票博弈**(voting games)。各种表决机制的设计，实际上给予投票者不同的决策权力，我们称之为**权力指数**(power index)。我们引入沙普利-舒比克指数的定义。

定义 8-24 假设某项提案的表决由 n 个人参与，表决制度由表决人的每个子集是否为获胜联盟来设计。那么，把表决看作一个简单博弈，它的沙普利值解给每人的赢得就叫作这个表决者的沙普利-舒比克指数。

【**例 8-26**】假定一个表决制度的参与人包括总统和 5 个参议员。获胜联盟必须包含总统本人，而且至少包含 3 个表决者。这时总统有"否决权"，但没有独裁权。

【**分析**】首先注意到如果总统进入大联盟的顺序排在第三位或更后，那么其他任何人对联盟的贡献均为 0。所以要考虑某个异于总统的表决人 A 在进入联盟时做出的贡献，只需要考虑总统排在第一位进入联盟和排在第二位进入联盟这两种情况。

在上述每一种情况下，在所有可能的排列中，A 第三位进入的排列占了 $4! = 24$ 种，所以 A 做出的总贡献是 48，而平均每次进入联盟的贡献是 $48/720 = 1/15$。所以，总统本身的平均贡献是 $1 - 5(1/15) = 2/3$。

也就是说，在总统有否决权的 6 人表决团中，如果通过提案要求赞成者（包括总统）达半数或以上，则总统的权力指数是 $2/3$，而其他每个成员的权力指数是 $1/15$。

与之相比，当总统有专制独裁权力时，他的权力指数为 1，其他人为 0。

练习题 8-6 如果把上例的表决规则改为"包括总统在内至少有 4 个人同意提案才被通过"，试计算每个人的权力指数。

■ 章末习题

习题 8-1 （手套博弈）三个局中人的大联盟为 $N = \{1, 2, 3\}$，其中 1 和 2 各有一只完全相同的左手用的手套，3 有一只右手用的手套，刚好可与 1 或 2 的手套配对。联盟 S 当且仅当它拥有 1 对配对手套时盟值为 1，否则盟值为 0。写出特征函数，求出博弈的核和沙普利值解。沙普利值解是在核里面吗？

习题 8-2 （牙医博弈）一个牙医给三个口腔科病人亚当斯、本森和库珀预约了手术日期，依次排在星期一、星期二、星期三。病人对不同手术日期的偏好可以由表 8-13 中的相应效用来表示。

表 8-13

	星期一	星期二	星期三
亚当斯	2	4	8
本森	10	5	2
库珀	10	6	4

假定牙医允许病人之间调整手术日期。使用合作博弈的解概念讨论这个问题。

习题 8-3　（酒鬼博弈）两个酒鬼分享 1 升人头马香槟，他们同意按纳什议价规则解决问题。酒鬼 A 的效用函数是 $u_A(x)=x$，酒鬼 B 的效用函数是 $u_B(y)=\sqrt{y}$；其中 x,y 分别是他们各自分到的酒量。试计算各人可以分到多少酒。（计算前，你能否从效用函数判断哪个酒鬼更加嗜酒如命？哪个分享的酒更多一些？）

习题 8-4　证明：一个 3 人 TU 合作博弈有非空的核当且仅当它的特征函数满足：
$$2v(\{1,2,3\}) \geqslant v(\{1,2\}) + v(\{2,3\}) + v(\{1,3\})$$

习题 8-5　考虑下面的 6 男 5 女的婚姻博弈，各人的偏好如表 8-14（表示男孩偏好）和表 8-15（表示女孩偏好）所示。

表 8-14		表 8-15	
1	5, 4, 1, 2, 3	1	6, 3, 4, 5, 1, 2
2	3, 5, 2, 4, 1	2	3, 6, 2, 5, 1, 4
3	1, 4, 2, 3, 5	3	1, 4, 6, 3, 2, 5
4	4, 3, 2, 1, 5	4	6, 3, 4, 5, 2, 1
5	5, 3, 4, 2, 1	5	1, 6, 4, 2, 5, 3
6	1, 2, 3, 4, 5		

分别计算男孩主动和女孩主动导致的稳定婚配方案。

习题 8-6　考虑 n 个房主的房子交换博弈，假定每个房主对所有房子的偏好都一样。计算这个博弈的核，证明核内只有唯一的稳定交换计划。

第 9 章

演化博弈论简介

演化博弈论起源于学者对行为生态学(behavioral ecology)和演化心理学(evolutionary psychology)的研究,其中最重要的概念是演化稳定策略(evolutionarily stable strategy)。这个概念最早由生物学家梅纳德·史密斯(Maynard Smith)和普莱斯(Price)提出。泽尔腾等学者把演化生物学中的一些概念与人类策略行为相比较,把生物学生态学中的演化稳定概念与纳什均衡概念相联系。

演化博弈中与传统博弈论"一个局中人"相应的概念是一个种群(population)。演化博弈的"纯策略"相当于种群中每个个体选择相同的行为,而"混合策略"中概率分布的含义是种群中选择不同行为的个体所占的比例。

本章对演化博弈论做一个简介。

9.1 生物遗传机制和物种演化

9.1.1 遗传学一个经典法则

先来解析一下生物遗传学一个重要经典法则,它称为哈迪·温伯格(Hardy-Weinberg)原理。

Hardy-Weinberg 原理:没有其他进化影响的情况下,群体中的等位基因和基因型频率将保持不变,代代相传。

这里所谓的进化影响包括:遗传漂变、配偶选择、自然选择、突变,等等。

作为 Hardy-Weinberg 原理一个简化论证,我们考虑一群雌雄同株生物的二倍体(diploids)，其中每个生物个体以相同的频率产生雄性和雌性配子(gametes)，并且在每个基因位点(gene locus)上有两个等位基因(alleles)。而这种生物通过配子的随机联合来繁殖下一代。假设该群体中的某个基因位点(locus)具有两等位基因，它们可能是 A 或 a，分别以初始概率 $f_0(A)=p$，$f_0(a)=1-p\equiv q$ 出现。

这群生物个体雌雄匹配时，对于上述的基因位点而言，会产生 AA 型和 aa 型两种纯合子，以及 Aa 型杂合子。注意：AA 型纯合子出现的频率是 p^2，aa 型纯合子出现的频率是 q^2，而 Aa 型杂合子出现的频率是 $2pq$，如图 9-1 所示。

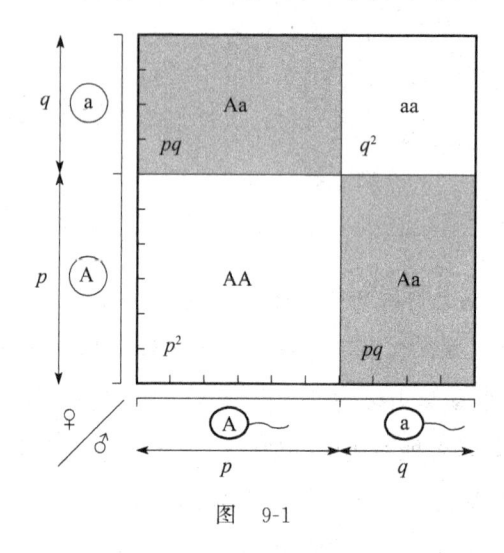

图 9-1

在合子群体中随机抽取一个个体，然后在它的上述基因位点上随机抽取一个等位基因，它恰好是 A 或 a 的概率依次是(根据全概率公式)：

$$f_1(A)=p^2\times 1+2pq\times 0.5+q^2\times 0=p(p+q)=p=f_0(A)$$
$$f_1(a)=p^2\times 0+2pq\times 0.5+q^2\times 1=q(p+q)=q=f_0(a)$$

这就是 Hardy-Weinberg 原理所述的结论。

9.1.2 适应性与自然选择[一]

现在我们考察自然选择如何引起生物群体等位基因频率逐代改变，假设不同的基因型对环境的适应性有所不同。

以上一小节讨论的模型为基础，我们假定那个基因位点上三种可能的基因型 AA、Aa 和 aa 对环境的适应性不一样。这里所谓的适应性(fitness)是指生存率。在我们讨论的模型中，重要的是相对适应性，为简便计，我们把 AA、Aa 和 aa 的相

[一] 这一小节的主要内容来自丹尼尔·弗里德曼和巴里·西纳沃(Daniel Friedman & Barry Sinervo, 2016)。

对适应性依次记为 1，$1-m_{Aa}$，$1-m_{aa}$。我们定义这些基因型的平均适应性如下：

$$\overline{W} = p^2 + 2pq(1-m_{Aa}) + q^2(1-m_{aa})$$
$$= 1 - 2m_{Aa}q + 2m_{Aa}q^2 - m_{aa}q^2$$

计算下一代等位基因 a 在群体中出现的概率 q'，通过一系列代数运算最终可得到

$$\Delta q \equiv q' - q = \frac{pq}{2\overline{W}} \times \frac{d\overline{W}}{dq}$$

上面的方程就是种群生态学中著名的费雪（Fisher）方程式。

【例 9-1】 把人体正常血红蛋白细胞（圆盘状）的基因记为 A，而镰状细胞贫血症患者相应的基因记为 a。在疟疾流行的环境下，根据世界卫生组织的测定结果：$m_{aa} \approx 0.8$，$m_{Aa} \approx -0.6$。

如果开始时病变基因 a 占的比例很低，比如 $q(0) = 0.001$，容易算出 $\overline{W} \approx W_{AA} = 1$，$\frac{d\overline{W}}{dq} \approx -2m_{Aa} = 1.2$。于是，根据 Fisher 方程式得到 $\Delta q = \frac{pq}{2\overline{W}} \times \frac{d\overline{W}}{dq} \approx \frac{0.999q}{1} \times 1.2 = 0.6q$，也就是说，开始时病变基因的份额按指数规律增长！

现在考察上述差分方程可能的**稳态解**（steady-state solutions）。容易明白，如果初始条件有 $q(0) = 0$，则 $q(t) \equiv 0$ 是个稳态解。同理，如果初始条件有 $q(0) = 1$，即 $p(0) = 0$，则 $q(t) \equiv 1$ 是个稳态解。比较有实际意义的是满足条件 $0 < q(0) < 1$ 的稳态解，从 Fisher 方程式知道，它必须使

$$\frac{d\overline{W}}{dq} = -2m_{Aa} + (4m_{Aa} - 2m_{aa})q = 0$$

从上述方程解出 $q = q^*(0) = \frac{2m_{Aa}}{4m_{Aa} - 2m_{aa}} \approx \frac{-2(0.6)}{-4(0.6) - 2(0.8)} = 0.3$

于是，第三个稳态解是 $q(t) \equiv 0.3$。有趣的是，我们还有：

$$0 < q < 0.3 \Rightarrow \frac{d\overline{W}}{dq} > 0 \Rightarrow q(t) \uparrow \ ;\ 0.3 < q < 0.1 \Rightarrow \frac{d\overline{W}}{dq} < 0 \Rightarrow q(t) \downarrow$$

于是稳态解 $q(t) \equiv 0.3$ 全局渐近稳定（globally asymptotically stable）。其生物学含义是，在疟疾流行的环境下，很多人的血红细胞中会含有 30% 的镰状细胞（比例低于 30% 者会逐渐升高，比例高于 30% 者会逐渐降低。）

下面是相应的一维动力学图解，如图 9-2 所示。

图 9-2

9.2 种群竞争与演化稳定策略

生态学中的种群竞争现象可以用演化博弈论的概念和原理来解析。当竞争行为逐渐达到某种稳定状态时，种群选择的混合策略就是所谓演化稳定策略。如果外部环境不变，这个演化稳定策略就会长期维持下去，成为生物界的一种社会规范。

9.2.1 简例

【例 9-2】考虑生活在同一森林区域内的一个鸟类群体，在获取食物的时候个体之间互相竞争（打斗）。假设存在两种竞争行为（策略）：好斗，容让。假定与每对策略相应的个体赢得可以用双矩阵博弈表示如下（见图 9-3）。

1\2	好斗	容让
好斗	0, 0	4, 1
容让	1, 4	3, 3

图 9-3

在这个双矩阵博弈的表示中，局中人 1 和 2 是两只随机相遇的觅食鸟，每只都可以选择"好斗"或"容让"的行为对待对方。

容易明白，这个博弈有两个不对称的纯策略纳什均衡。因为这是一个对称 2×2 博弈，还应该有唯一的对称均衡。容易算出，这个均衡是 $\langle(0.5, 0.5), (0.5, 0.5)\rangle$。构成这个对称均衡的策略 $(0.5, 0.5)$ 在生态学中叫作**演化稳定策略**（evolutionarily stable strategy, ESS）。这个 ESS 在生态学上可以有两种含义：第一种含义是，这个鸟群中每个个体在觅食竞争中遇到对手时，有 50% 的可能性表现为好斗，有 50% 的可能性表现为容让；第二种含义是，鸟群中有 50% 的成员是好斗的鹰，另外的 50% 是温和的鸽，而这个比例能一直保持下去。

ESS 之所以稳定，可以用上述的第二种含义解析。假如鸟群中开始时鹰占的比例为 x，那么，鹰在觅食竞争中的期望赢得可以用下面的双矩阵计算（见图 9-4）。

通过计算可知，鹰在觅食竞争中的期望赢得等于 $4(1-x)$，而鸽在觅食竞争中的期望赢得是 $x+3(1-x)=3-2x$；于是，鸟群个体的平均期望赢得是 $4x(1-x)+(1-x)(3-2x)=3-x-2x^2$。鹰的期望赢得比鸟群个体的平均期望赢得超出 $4(1-x)-(3-x-2x^2)=$

1\2	鹰(x)	鸽($1-x$)
鹰(x)	0, 0	4, 1
鸽($1-x$)	1, 4	3, 3

图 9-4

$(2x-1)(x-1)$。如果这个差大于（小于）0，就说明鹰更容易（难以）生存繁衍下去，它们在鸟群中的比例就会上升（下跌），可以设想如下的生态动力学方程：

$$\dot{x} \equiv \frac{\mathrm{d}x}{\mathrm{d}t} = x(2x-1)(x-1)$$

这是个**自治**(autonomous)的常微方程，它有三个**稳态解**(steady-state solutions)：

$$x_1(t) \equiv 0, \ x_2(t) \equiv 0.5, \ x_3(t) \equiv 1$$

容易判断：

$$0 < x < 0.5 \Rightarrow \frac{\mathrm{d}x}{\mathrm{d}t} > 0$$

$$0.5 < x < 1 \Rightarrow \frac{\mathrm{d}x}{\mathrm{d}t} < 0$$

这个微分方程的向量场如图 9-5 所示。

于是 $x_2(t) \equiv 0.5$ 是全局渐近稳定的解，其生态学的含义是：如果开始时鹰的数量少于半数，个体鹰在觅食竞争中占优势，繁衍较快，占鸟群的比例将增大；如果开始时鹰的数量大于半数，个体鹰在觅食竞争中占劣势，繁衍较慢，占鸟群的比例将减小。这就是把 $x=0.5$ 叫作 ESS 的根本原因。

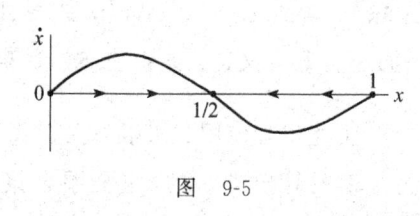

图 9-5

9.2.2 基本概念和原理⊖

为简明计，以下使用向量、矩阵记号。我们用粗体小写英文字母 **x**，**y** 表示行向量，用斜体大写英文字母 A，B 表示矩阵。本段先考虑 $B = A^T$ 的情况，描述单个群体的生态动力学。

定义 9-1 考虑一个二人对称双矩阵博弈 $[A, A^T]$，以 Σ 表示每个局中人的混合策略集合。局中人一个混合策略 $\boldsymbol{x} \in \Sigma$ 叫作演化稳定策略，如果 $\langle \boldsymbol{x}, \boldsymbol{x} \rangle$ 是这个博弈的纳什均衡并且对于任何异于 $\boldsymbol{x}$ 的策略 $\boldsymbol{y}$ 以及足够小的 $\varepsilon > 0$，有

$$\pi^1(\boldsymbol{x}, \varepsilon \boldsymbol{y} + (1-\varepsilon)\boldsymbol{x}) > \pi^1(\boldsymbol{y}, \varepsilon \boldsymbol{y} + (1-\varepsilon)\boldsymbol{x})$$

定义中不等式的含义是：如果种群发生微小变异，那么群体原来的策略对付这个微小变异比变异者的策略更为有效。

我们先来证明定理 9-1。

定理 9-1 考虑 $m \times m$ 的对称双矩阵博弈 $[A, A^T]$，假设 $\boldsymbol{x}$ 是它的一个 ESS，那么对于任何 $\boldsymbol{x} \neq \boldsymbol{y} \in \Sigma$，都有：

⊖ 这一小节内容参考了汉斯·彼得斯(Hans Peters, 2008)的作品，但例子由作者本人编写。

$$xAx^T = yAx^T \Rightarrow xAy^T > yAy^T$$

反之，如果 $\langle x, x \rangle$ 是对称双矩阵博弈 $[A, A^T]$ 的 NE，并且上述不等式成立，则 x 是它的一个 ESS。

【证明】 假定 x 是 $[A, A^T]$ 的局中人 1 的一个 ESS，且 $xAx^T = yAx^T$。如果 $xAy^T \leqslant yAy^T$，那么对任何 $\varepsilon > 0$，有 $yA(\varepsilon y + (1-\varepsilon)x)^T \geqslant xA(\varepsilon y + (1-\varepsilon)x)^T$，这和 ESS 的定义矛盾。

反之，假设 $xAx^T = yAx^T \Rightarrow xAy^T > yAy^T$。如果 $xAx^T > yAx^T$，则对于充分小的 $\varepsilon > 0$，由连续性有 $xA(\varepsilon y + (1-\varepsilon)x)^T > yA(\varepsilon y + (1-\varepsilon)x)^T$；而如果 $xAx^T = yAx^T$，那么 $xAy^T > yAy^T$，则对任何 $\varepsilon > 0$ 都有 $xA(\varepsilon y + (1-\varepsilon)x)^T > yA(\varepsilon y + (1-\varepsilon)x)^T$。按定义，$x$ 是个 ESS。证毕。

上述定理应用起来很方便，我们再来看鹰鸽博弈（见图 9-6）。

容易算出唯一的（完全混合策略）对称 NE 是 $\langle x, x \rangle : x = (x, 1-x) = (1/2, 1/2)$。容易明白，任意策略 $y = (y, 1-y)$，都是对 x 的最优回应。于是，$yAx^T = xAx^T$。要证明 x 是 ESS，只需要验证当 $y \neq x$ 时，$xAy^T > yAy^T$。因为 $xAy^T = 3.5 - 3y$ 而 $yAy^T = 3 - y - 2y^2$，或要验证的不等式是 $2y^2 - 2y + 0.5 > 0$。注意，当 $y = 1/2$ 时，二次函数 $f(y) = 2y^2 - 2y + 0.5$ 有最小值 0，所以 $y \neq 1/2$ 时不等式成立。

1\2	鹰 (x)	鸽 ($1-x$)
鹰 (x)	0, 0	4, 1
鸽 ($1-x$)	1, 4	3, 3

图 9-6

9.2.3 两个不同种群的生态演化博弈

两个不同种群竞争的生态动力学，数学上可以用非对称双矩阵 $[A, B]$ 博弈来表示。为简单计，我们只考虑如下情况：

$$A = \begin{pmatrix} a & b \\ c & d \end{pmatrix}, \quad B = \begin{pmatrix} \alpha & \chi \\ \beta & \delta \end{pmatrix}$$

我们用 T、B 表示第一个种群的两个纯策略，用 L、R 表示第二个种群的纯策略。假设第一个种群当代的混合策略是 $x = (x, 1-x)$，第二个种群当代的混合策略是 $y = (y, 1-y)$，也就是说，当前第一个种群中分别使用 T、B 的个体的比例是 $x : (1-x)$；第二个种群中分别使用 L、R 的个体的比例是 $y : (1-y)$。

第一种群中使用策略 T 的个体的期望赢得是：$ay + b(1-y)$

第一种群中使用策略 B 的个体的期望赢得是：$cy + d(1-y)$

第一种群个体的平均期望赢得是：$axy + bx(1-y) + c(1-x)y + d(1-x)(1-y)$

使用策略 T 的个体的期望赢得比种群的平均期望赢得超出：$(a-c)(1-x)y+(b-d)(1-x)(1-y)$

于是，使用策略 T 的个体所占比例增大速度可以用下面的微分方程描述：

$$\frac{\dot{x}}{x}=(a-c)(1-x)y+(b-d)(1-x)(1-y)$$

同理可以推导出第二种群的动力学方程：

$$\frac{\dot{y}}{y}=(\alpha-\chi)x(1-y)+(\beta-\delta)(1-x)(1-y)$$

我们得到

定理 9-2 用双矩阵 $[A,B]$ 博弈表示的两个种群演化的生态动力学，当

$$A=\begin{pmatrix} a & b \\ c & d \end{pmatrix},\quad B=\begin{pmatrix} \alpha & \chi \\ \beta & \delta \end{pmatrix}$$

时，可以用下面的微分方程组来描述：

$$\frac{\dot{x}}{x}=(a-c)(1-x)y+(b-d)(1-x)(1-y)$$

$$\frac{\dot{y}}{y}=(\alpha-\chi)x(1-y)+(\beta-\delta)(1-x)(1-y)$$

定义 9-2 双矩阵博弈 $[A,B]$ 的一个纳什均衡 $\langle x, y \rangle$ 叫作相应的种群动力学一个**稳定休止点**(stable rest point)，如果它是相应微分方程组的一个**渐近稳定稳态解**(asymptotically stable steady state solution)。

附注：该微分方程组的每一个渐近稳定的稳态解必是 $[A,B]$ 的 NE，但反之不然。

我们来看一个例子。

【**例 9-3**】设两个种群的演化博弈由下面的双矩阵给出(见图 9-7)。

求出所有的稳定休止点。

把数字代入定理 9-2 中的微分方程公式得：

$$\frac{\dot{x}}{x}=(1-x)(1-2y)$$

$$\frac{\dot{y}}{y}=-2x(1-y)$$

1\2	L	R
T	1, −1	3, 1
B	2, 4	2, 4

图 9-7

即：

$$\frac{\mathrm{d}x}{\mathrm{d}t} = x(1-x)(1-2y)$$

$$\frac{\mathrm{d}y}{\mathrm{d}t} = -2xy(1-y)$$

我们要求出所有**临界点**(critical points)：

$$x(1-x)(1-2y) = 0$$
$$-2xy(1-y) = 0$$

第一类：$(0, y)$：$y \in [0, 1]$

第二类：$(1, 0)$，$(1, 1)$

相应的相平面向量场如图 9-8 所示。

从相平面向量场看出只有一个渐近稳定的稳态解：$x(t) \equiv 1$，$y(t) \equiv 0$，它是唯一的稳定休止点。

附注：这个双矩阵博弈有无限多纳什均衡：$\{\langle 0, y\rangle: \forall y \geq 1/2\}$，$\langle 1, 0\rangle$。其中只有$\langle 1, 0\rangle$是相应微分方程组的渐近稳定稳态解；而$\langle 0, 1/2\rangle$是微分方程组的稳定而非渐近稳定的稳态解，其他纳什均衡$\{\langle 0, y\rangle: \forall y > 1/2\}$是微分方程组的稳态解，但都不稳定。

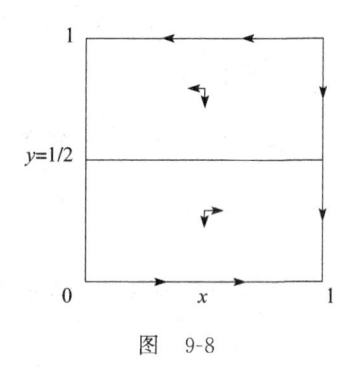

图 9-8

▪ 章末习题

习题 9-1　本书在第 7 章 7.5 节讨论传信博弈时曾提及雄蛙鸣叫的故事。现在考虑一个雄蛙群体，其中每个个体有鸣叫或不鸣叫两个纯策略。假定每只雄蛙邻近处有另一只雄蛙。当只有一只雄蛙鸣叫时，它引来一只雌蛙的概率为 1，这只雌蛙与鸣叫的雄蛙交配的概率为 0.7，与邻近不鸣叫的雄蛙交配的概率为 0.3；当两只雄蛙同时鸣叫时，引来雌蛙的概率分别为 0.8，各自配对。如果两只雄蛙都不鸣叫，则不能引来雌蛙。假设每只雄蛙鸣叫付出的成本是 c，$0 < c < 0.8$。于是，雄蛙的博弈可以用下列对称双矩阵博弈表示：

$$\begin{pmatrix} 0.8-c, \ 0.8-c & 0.7-c, \ 0.3 \\ 0.3, \ 0.7-c & 0, \ 0 \end{pmatrix}$$

讨论 c 取不同数值时，演化博弈有哪些 ESS。

习题 9-2　求出下列双矩阵博弈的全部纳什均衡和稳定休止点。

$$\begin{pmatrix} 6, \ 4 & 5, \ 5 \\ 9, \ 1 & 10, \ 0 \end{pmatrix}$$

复习题

复习题 1（猴子与椰子）大小两只猴子来到一棵椰子树下。它们要想吃到椰子，必须至少有一只猴子上树摇动树梢，让所有成熟的椰子落到地面。它们有三个方案：大猴子单独上树、小猴子单独上树和两只猴子都上树。这三种情况下，猴子在地面分吃椰子得到的效用如表 1 所示。

表 1 猴子在地面分吃椰子得到的效用

	大猴子吃椰子得到的效用	小猴子吃椰子得到的效用
大猴子上树	6	4
小猴子上树	9	1
大小猴子都上树	7	3

大猴子很笨拙，爬树损失 2 单位效用；小猴子很轻巧，爬树不会损失效用。考虑下面两种情况：

(1) 两只猴子同时各自决策是否上树。

(2) 大猴子先决策是否上树，小猴子知道大猴子的决策后再决定是否上树。

用博弈论分析并求解上述两种情况下的结果。

复习题 2（选课博弈）某学院开设两门同时分别讲授的选修课：西班牙语和法语。A，B，C 三位同学各自决定报名选读。A 和 B 喜欢西班牙语，而 C 喜欢法语。选读喜欢的课程会获得 1 单位效用，选读另外的课程获得 0 效用。另外，A 和 B 是朋友，B 和 C 是情侣；和自己的朋友选修同一门课会获得额外 9 单位效用，和自己的情侣选修同一门课也会获得 9 单位效用。试做出这个 3 人博弈的策略型，并找出所有纯策略纳什均衡（即稳定的三人选课计划）。

复习题 3（医生选址）七个邻近的小居民区通过公路连成网络，如图 1 所示。

㊀ 复习题的题目涵盖各章节的内容，解题有较大难度。

㊁ 此题类似流行的"智猪博弈"，但我们把故事略微复杂化了。

图 1

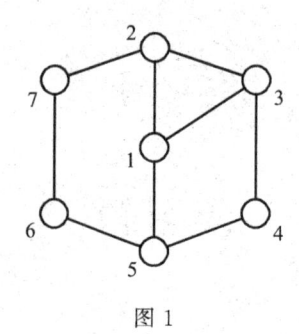

两个医生 A、B 各自选择在一个小居民区开设诊所。诊所开业后，各个居民区的居民首先选择较近的(即通往诊所的公路段数较少的)诊所看病，如果居民区到两家诊所经过的公路段数相等，则这个居民区到各诊所看病的人数各占 1/2。试做出 A、B 二人博弈的策略型，计算全部纯策略纳什均衡，假设各个医生的效用与到其诊所看病的人数成正比。

复习题 4 (舒比克式拍卖)一件物品在网上拍卖。两个买者 A、B 轮流报价，物品对他们来说，私人价值分别是 100 美元和 80 美元。拍卖规定：竞价者或者认输，或者在对手前一轮报价的基础上加价 20 美元。如果竞价者认输，物品卖给其对手(按其最高报价)；竞价最多在 10 轮后截止；输了的竞价者即使得不到物品，也必须支付他本身的最高报价。试做出扩展型博弈的示意图，计算一个子博弈完美纳什均衡。

复习题 5 某立法会议员 A、B、C 在任期最后一年通过公开投票的方式决定是否给全体议员每人增加年薪 2 万美元。只要有一票提议加薪，提议将被采纳。因为投票过程为大众所知，提议加薪者在一定程度上会使自己的面子受损，假设这个损失相当于付出 1 万美元。试用扩展型博弈描述这个故事并求出子博弈完美均衡。

复习题 6 两个学生 A、B 依次循环地参与多选一(multiple choice)测验。老师给测验题提供 4 个不同的答案，其中只有一个是正确的。第一轮从学生 A 开始；如果 A 选对答案，博弈马上结束，A 会赢得 10 元；如果 A 选错答案，她必须付给老师 5 元，然后永远退出测验，同时老师将这个错误的答案删除；A 也可以告知老师她愿意等到下一循环，这时 A 必须给老师 2 元，同时老师也删掉其中一个错误答案；接着轮到 B，等等。假设每个学生都完全分辨不出这 4 个答案之间的对错，试用扩展型博弈方法分析这个案例。

复习题 7 某所大学的学生各自选择购买微软系统笔记本电脑(m)或苹果系统电脑(a)。对任意两个学生 Ⅰ 和 Ⅱ 来说，他们采用相同系统的电脑会为他们的交流带来方便。我们用下面的双矩阵博弈表示他们决策的效果(见图 2)。

	II	
	m	a
I m	(1, 1)	(0, 0)
a	(0, 0)	(2, 2)

图 2

（1）计算所有的纳什均衡，包括混合策略均衡。

（2）把上述博弈看作演化博弈，求出所有 ESS；讨论：混合策略均衡为何不是 ESS，按照你的分析，最后采用哪种笔记本电脑的学生较多？

复习题 8 在竞争性保险市场中，两个投保者的现有财富各为 W_1、W_2，$W_1 > W_2$，事故发生时财富损失率都是 80%，而相对富有者事故发生的概率 π_1 高于相对贫穷者的概率 π_2；以上是共识，但保险公司不能辨别谁是更富有者。讨论：在什么条件下保险公司可以提供两个不同的全额保险而不会引起逆向选择。

复习题 9 求证一个简单博弈有非空的核当且仅当它至少有一个有否决权的局中人。

复习题 10 给出下面的 TU 博弈。

$$v(\{1\})=0 \quad v(\{1,2\})=7 \quad v(N)=W$$
$$v(\{2\})=0 \quad v(\{1,3\})=6$$
$$v(\{3\})=0 \quad v(\{2,3\})=5$$

当 W 满足什么条件时它的核非空？计算这个博弈的沙普利值。

参考文献

[1] RABAH A, SIDDHARTA S, MARTIN S, et al. A strategic market game with complete markets[J]. Journal of economic theory, 1990, 50(1): 126-142.

[2] AUMANN R, HART S. Handbook of game theory with economic applications: volume 1 [M]. Amsterdam: Elsevier Science Publishers, 1992.

[3] BERGE C. Topological spaces[M]. New York: Dover Publication, 2010.

[4] JOHNES G, JOHNES J. Signaling and screening[M]//BROWN S, SISSIONS J G. International handbook on the economics of education. Northampton: Edward Elgar Publishing, Inc., 2004.

[5] CHAKRABARTI S K, TOPOLYAN I. An extensive form-based proof of the existence of sequential equilibrium[J]. Economic theory bulletin, 2016, 4(2): 355-365.

[6] DRAKER W. Normandy: Game and Reality[J]. Moves, 1972, 6.

[7] ELSTER J. Marxism, functionalism, and game theory[J]. Theory and society, 1982, 11 (4): 201-205.

[8] EVANS L, BURNEL S J, YAO S T. The ultimatum game: Optimal strategies without fairness[J]. Games and economic behavior, 1999, 26(2): 221-252.

[9] FERGUSON T S. Game theory[M/OL]. 2nd ed. Los Angeles: UCLA Math, 2014.

[10] FRIEDMAN D, SINERVO B. Evolutionary games in natural, social and virtual worlds[M]. New York: Oxford University Press, 2016.

[11] FUDENBERG D, TIROLE J. Game theory[M]. Cambridge: The MIT Press, 1991.

[12] HERBERT G. Game theory evolving[M]. 2nd ed. Princeton: Princeton University Press, 2009.

[13] GIRAUD G. Strategic market games: An introduction[J]. Journal of mathematical economics, 2003, 39(5-6): 355-375.

[14] GRAVELLE H, REES R. Microeconomics[M]. 3rd ed. London: Prentice Hall, 2004.

[15] HOSTEN S. Extrem points, vertices and basic feasible solutions[Z]. Department of Mathematics, San Francisco State University, 2003.

[16] JELHE G A, RENY P J. Advanced microeconomic theory[M]. 3rd ed. London: Prentice Hall, 2011.

[17] KREPS D. A course in microeconomic theory[M]. Princeton: Princeton University Press, 1990.

[18] MAS-COLELL A, WHINSTON M D, GREEN J R. Microeconomic theory[M]. New York: Oxford University Press, 1995.

[19] MATTINGLY R B. Even order regular magic squares are singular[J]. The American mathematical monthly, 2000, 107(9): 162-168.

[20] OSBORNE M J. An introduction to game theory[M]. New York: Oxford University Press, 2003.

[21] OWEN G. Game theory [M]. 2nd ed. New York: Academic Press, 1982.

[22] PARRISH A. Exploration of the three-person Duel[M]. Cambridge: The MIT Press, 1988.

[23] PETERS H. Game theory[M]. BerLin: Springer-Verlag, 2008.

[24] PRISNER E. Game theory through examples[M]. Washington D. C. : Mathematical Association of America, 2014.

[25] ROUGHGARDEN T. Lecture notes on algorithmic game theory[Z]. Department of Computer Science, Stanford University, 2014.

[26] ROTH A E, SHAPLEY L S. The Shapley value: essays in honor of Lloyd S. Shapley[M]. Cambridge: Cambridge University Press, 1988.

[27] SAHI S, YAO S T. The non-cooperative equilibria of a trading economy with complete markets and consistent prices[J]. Journal of mathematical economics, 1989, 18(4): 325-346.

[28] STEPHEN S, HERBERT G. Game theory in action: an introduction to classical and evolutionary models[M]. Princeton: Princeton University Press, 2016.

[29] SHAPLEY L S. Game theory[Z], UCLA Lecture Notes.

[30] SHUBIK M. Game theory in the social sciences: volume 1[M]. Cambridge: The MIT Press, 1985.

[31] SHUBIK M. Game theory in the social sciences: volume 2[M]. Cambridge: The MIT Press, 1987.

[32] SHUBIK M. The theory of money and financial institutions: volume 1[M]. Cambridge: The MIT Press, 1999.

[33] SHUBIK M. The theory of money and financial institutions: volume 2[M]. Cambridge: The MIT Press, 1999.

[34] WIESE H. Applied cooperative game theory[Z]. University of Leipzig, 2010.

[35] 许淞庆. 常微分方程稳定性理论[M]. 上海: 上海科学技术出版社, 1962.

[36] 张维迎. 博弈论与信息经济学[M]. 上海: 格致出版社, 2012.

本书例题、练习题索引

例 1-1，练习题 1-2：工资方案选择，p. 2, p. 7

练习题 1-1，练习题 1-1（续）：Myerson 纸牌游戏，p. 5, p. 23

练习题 1-3："算命"选专业，p. 7

练习题 1-4：老婆婆捧鸡蛋，p. 7

例 2-1：波音与空中巴士竞争，p. 15

例 2-2：三人博弈的策略型简例，p. 16

例 2-3：手指游戏奇与偶，p. 16

例 2-4：石头—布—剪刀游戏，p. 19

例 2-5：策略型博弈简化，p. 20

例 2-6：相对劣策略与纳什均衡，p. 21

例 2-7：囚徒困境，p. 21

例 2-8：餐厅博弈，p. 22

例 2-9：王老吉与加多宝博弈，p. 23

例 2-10：2×4 双矩阵博弈求解，p. 24

例 2-11：没有纳什均衡的博弈，p. 26

例 2-12：倒推归纳法简例，p. 27

例 2-13：有作弊的奇和偶手指游戏，p. 29

例 2-14：三人决斗，p. 29

练习题 2-1：胜负博弈，p. 31

练习题 2-2：倒推归纳法练习，p. 31

练习题 2-3：公路选择博弈，p. 32

例 2-15：最优策略简例，p. 34

例 2-16：魔方阵博弈，p. 34

例 2-17：诺曼底战役，p. 35

例 2-18：趣味数字游戏，p. 36

例 2-19："Loonie or Toonie"（1 元或 2 元）游戏，p. 37

例 2-20：线性规划求解矩阵博弈简例，p. 40

例 2-21：求矩阵博弈的值和纳什均衡，p. 40

例 2A-1：非线性规划求解双矩阵博弈简例，p. 44

例 3-1：行为策略简例，p. 50

例 3-2：非完美记忆博弈简例，p. 50, p. 51

例 3-3：行为策略简例，p. 52

例 3-3′：行为策略反面例子，p. 52

例 3-4：子博弈简例，p. 53

例 3-5：子博弈完美均衡计算简例，p. 54

例 3-6：百足虫博弈，p. 56

例 3-7：最后通牒博弈简例，p. 57

例 3-8：房子议价博弈，p. 60

例 4-1：古诺竞争简例，p. 65

例 4-2：斯塔克尔伯格竞争简例，p. 66

例 4-2′：当理性遇到非理性，p. 67

例 4-3：阻挠进入，p. 68

例 4-4：双头垄断的古诺竞争，p. 70

例 4-5：双头垄断的伯川德竞争，p. 71

例 4-6：超市离散选点（先后决策），p. 73

例 4-6′：超市离散选点（同时决策），p. 73

例 4-7：豪特林超市问题，p. 74

例 4-7′：超市连续选点，p. 75

例 4-8：交换经济一般均衡简例，p. 77

例 4-8′：策略型市场博弈简例，p. 78

例 5-1：买方卖方重复博弈，p. 83

例 5-2：纳什策略与 Max-min 策略比较，p. 85

例 5-3：重复博弈的纳什均衡，p. 90

例 6-1：不完全信息下市场潜在进入者的决策，p. 95

例 6-2：自主研发参与博弈，p. 97

例 6-3：不完全信息下投资博弈，p. 98

例 6-4：旧货店古陶瓷器皿买卖，p. 99

例 6-5：信念与序贯理性简例，p. 100

例 6-6：评估均衡（assessment equilibrium）简例，p. 102

例 6-7：完美纳什均衡（perfect Nash equilibrium）简例，p. 104

例 6-8：非子博弈完美的完美均衡简例，p. 106

例 6-9：序贯均衡（sequential equilibrium）简例，p. 108

例 6-10：相似博弈的不同序贯均衡，p. 109

例 6-11：文凭传讯博弈简例，p. 109

例 7-1：古董拍卖，p. 115

练习题 7-1：一级密封拍卖，p. 118

例 7-2：共同价值标的物拍卖简例，p. 119

练习题 7-2：共同价值标的物拍卖报价公式验证，p. 120

例 7-3：竞争保险市场投保计算简例，p. 122

练习题 7-3：公平合约直线和无差异曲线斜率计算简例，p. 124

例 7-4：逆向选择下的投保选择计算，p. 125

练习题 7-4：混同均衡不存在简例 p. 127

例 7-5：分离均衡计算简例，p. 128

例 7-6：完美信息下的委托-代理博弈简例，p. 132

例 7-7：非完美信息下的委托-代理博弈简例，p. 132

例 7-8：非完美信息风险厌恶代理人的委托-代理问题简例，p. 133

例 7-9：效率工资设计简例，p. 137

例 7-10：阻挠对手进入市场计算简例，p. 139

例 7-11：非完全信息下阻挠对手进入市场计算简例，p. 140

例 7-12：进入市场的传信博弈计算简例，p. 144

例 8-1：分钱议价简例，p. 150

例 8-1′：非对称议价破裂点的分钱议价，p. 154

例 8-1″：风险厌恶局中人的分钱议价，p. 154

例 8-2：劳资议价简例，p. 155

例 8-3：保安小偷议价，p. 155

练习题 8-1：纳什议价解对议价能力的依赖性，p. 156

例 8-4：双矩阵合作博弈的纳什解，p. 157

例 8-5：公寓居住权议价，p. 158

例 8-6：双矩阵合作博弈的纳什解另例，p. 158

练习题 8-2：依沙普利定义重算例 8-5 和例 8-6，p. 159

例 8-7：换房子博弈简例，p. 160

例 8-8：水果交换的结盟博弈，p. 160

例 8-9：婚配博弈简例，p. 162

例 8-10：婚配博弈算法，p. 165

例 8-11：男女数目不等的婚配博弈算法，p. 166

例 8-12：大学招生博弈算法，p. 168

例 8-13：四人换房博弈，p. 169

例 8-14：六人换房博弈，p. 170

练习题 8-3：换房博弈的强稳定方案，p. 171

练习题 8-4：换房博弈的非强稳定方案，p. 171

例 8-15：寄钱博弈，p. 173

例 8-16：爵士乐队博弈，p. 174

例 8-17：牧场借路博弈，p. 175

练习题 8-5：平衡向量与平衡子集族简例，p. 177

例 8-18：最小平衡子集族简例1，p. 177

例 8-19：最小平衡子集族简例2，p. 177

例 8-20：三人 TU 博弈最小平衡子集族与非空核的关系，p. 181

例 8-21：四人 TU 博弈最小平衡子集族与非空核的关系，p. 181

例 8-22：有效选票与福利分享博弈，p. 182

例 8-23：TU 博弈分解成对称博弈之和，p. 184

例 8-24：爵士乐队博弈的沙普利值解，p. 186

例 8-25：牧场借路博弈的沙普利值解，p. 187

例 8-26：权力指数计算简例，p. 188

练习题 8-6：总统权力指数计算，p. 188

例 9-1：疟疾流行环境下的镰状血红细胞稳态比例，p. 193

例 9-2：鸟群习性演化博弈简例，p. 194

例 9-3：非对称双矩阵演化博弈的稳态解稳定性分析，p. 197

练习题、习题与复习题参考答案

部分练习题解答

第 2 章练习题解答

练习题 2-1 （1）对二人胜负博弈用倒推归纳法求出一个纯策略 SPNE，记为 $\langle s^*, t^* \rangle$。假设局中人 1 在这个均衡中是赢家，那么他采用的纯策略 s^* 就是必胜策略，而局中人 2 没有必胜策略。

（2）三人胜负博弈可以无人有必胜策略，见下面的博弈树：

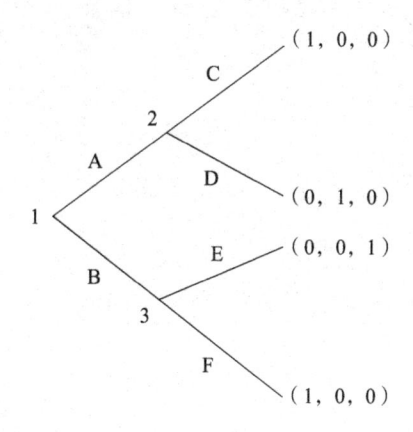

```
              C
             ╱── (1, 0, 0)
          2
         ╱  ╲D
       A     ╲── (0, 1, 0)
      ╱
     1
      ╲       E
       B     ╱── (0, 0, 1)
        ╲  ╱
         3
          ╲F
           ╲── (1, 0, 0)
```

练习题 2-2 （1）$\langle aei, dhl \rangle$，$\langle aej, dhk \rangle$，$\langle af, dg \rangle$，$\langle b, c \rangle$。

（2）$\langle aei, dhl \rangle$。

（3）$\langle aej, dhk \rangle$：k 违反理性；$\langle af, dg \rangle$：g 违反理性；$\langle b, c \rangle$：c 违反理性。

练习题 2-3 （1）有两种纯策略均衡：$\langle \langle 0, N \rangle$：没人走公路$\rangle$，$\langle \langle 1, N-1 \rangle$：1 人走公路$\rangle$。

（2）如果有正测度集的人走公路，则其中部分人改走小路会节省时间。

第 7 章练习题解答

练习题 7-1 做线性变换 τ：$\tau(v) = \dfrac{1}{2}(v-2)$，它把区间 $[2,4]$ 变为 $[0,1]$，而且 $\tau(v)$ 在 $[0,1]$ 上有均匀分布。按照书上已知结果，在 $[0,1]$ 上有私人价值 $\tau(v)$ 的买家会报价 $\dfrac{n-1}{n}\tau(v)$，把它变换回 $[2,4]$ 上的报价是 $\tau^{-1}\left(\dfrac{n-1}{n}\tau(v)\right) = 2\dfrac{n-1}{n}\tau(v) + 2 = \dfrac{n-1}{n}(v-2) + 2$，此即 $B(v) = \dfrac{n-1}{n}(v-2) + 2$。

练习题 7-4 详细参考例 7-4。

习题参考答案

第 1 章习题参考答案

习题 1-1 假设马可认为湖人赢的概率是 p。马可下赌注后,他的财富可以用下边的彩票表示:

$$L = p\ln(90\,000) + (1-p)\ln(70\,000)$$

只有当 L 满足下列条件时,他才会下注。

$$L = p\ln(90\,000) + (1-p)\ln(70\,000) > \ln(80\,000)$$

上述不等式等价于:

$$90\,000^p\, 70\,000^{1-p} > 80\,000$$

化简后可得:

$$\left(\frac{9}{7}\right)^p > \frac{8}{7}, \quad \text{或} \quad p > \frac{\ln 8 - \ln 7}{\ln 9 - \ln 7} \approx 0.53$$

也就是说,马可相信湖人赢的概率大于 53%。

习题 1-2 先证明离散的情况:把区间 $[a,b]$ 用点划分为 $a = x_0 < x_1 < \cdots < x_n = b$,记 $\Delta x_i = x_i - x_{i-1}$。我们先证明对任何自然数 n: $u\left(\sum_{i=1}^{n} x_i f(x_i) \Delta x_i\right) > \sum_{i=1}^{n} u(x_i) f(x_i) \Delta x_i$,记 $\Delta F_i = f(x_i) \Delta x_i$,注意有 $\sum_{i=1}^{n} \Delta F_i = 1$,$F$ 是概率分布函数。我们要证 $u\left(\sum_{i=1}^{n} x_i \Delta F_i\right) > \sum_{i=1}^{n} u(x_i) \Delta F_i$。

使用归纳法:当 $n=2$ 时,结论直接由效用函数 u 的严格凹性得到。假设当 $n=k$ 的情况已经证明,考虑 $n=k+1$ 的情况:

$$u\left(\sum_{i=1}^{k+1} x_i \Delta F_i\right) = u\left(\sum_{i=1}^{k} x_i \Delta F_i + x_{i+1} \Delta F_{i+1}\right)$$

$$= u\left((1-\Delta F_{i+1}) \sum_{i=1}^{k} x_i \Delta F_i / (1-\Delta F_{i+1}) + \Delta F_{i+1} x_{i+1}\right)$$

$$> (1-\Delta F_{i+1}) u\left(\sum_{i=1}^{k} x_i \Delta F_i\right) / (1-\Delta F_{i+1}) + \Delta F_{i+1} u(x_{i+1})$$

$$> (1-\Delta F_{i+1}) \sum_{i=1}^{k} u(x_i) \Delta F_i / (1-\Delta F_{i+1}) + \Delta F_{i+1} u(x_{i+1})$$

$$= \sum_{i=1}^{k+1} u(x_i) \Delta F_i$$

我们在上式第 2 行到第 3 行使用了 $n=2$ 的凹性定义;在第 3 行到第 4 行用了 $n=k$ 的

归纳假设。注意：如果记 $G=F/(1-F_{i+1})$，则 $\sum_{i=1}^{k}\Delta G_i = \sum_{i=1}^{k}\Delta F_i(1-F_{i+1})=1$，即 G 是区间 $[a, b-x_{i+1}]$ 上的概率分布函数。于是我们已经证明了

$$u\left(\sum_{i=1}^{n}x_i\Delta F_i\right) > \sum_{i=1}^{n}u(x_i)\Delta F_i$$

在上式中令 $n\to\infty$，$\max\Delta x_i\to 0$，则由积分定义得

$$u\left(\int_a^b xf(x)\mathrm{d}x\right) > \int_a^b u(x)f(x)\mathrm{d}x$$

习题 1-3 如果娜拉不买保险，期望效用是 $0.75\ln 10\,000 + 0.25\ln 6\,400 \approx 9.098\,7$；如果她买全额公平保险，效用是 $\ln 9\,100 \approx 9.116\,0$。所以她会买全额公平保险。如果保险金是 p，她买保险的条件是 $\ln(10\,000-p) > 9.098\,7$，解出 $p < 1\,056$。

习题 1-4 注意：从期望效用函数可知，农场主认为正常季节和多雨季节的概率相同。

(1) 只种小麦时期望效用是 $\ln 28\,000 + \ln 10\,000 \approx 19.45$；只种玉米时期望效用是 $\ln 15\,000 + \ln 19\,000 \approx 19.47$。所以他决定种玉米。

(2) 这时期望效用是 $\ln(14\,000+7\,500) + \ln(5\,000+9\,500) \approx 19.557\,7$，他会小麦和玉米各种一半。

(3) 假设种小麦的份额为 x，他的期望效用为 $\ln(28\,000x+15\,000(1-x)) + \ln(10\,000x+19\,000(1-x))$，化简后对 x 求导得到一阶条件

$$\frac{13}{13x+15} = \frac{9}{19-9x}$$

解得 $x = \frac{112}{234} \approx 48\%$，期望效用是 $19.557\,9$。

(4) 买保险后期望效用是 $\ln 24\,000 + \ln 14\,000 \approx 19.63$。他会选择保险。

第 2 章习题参考答案

习题 2-1 博弈树如图 1 所示，斜向上的线段表示局中人拿走 1 张纸牌，斜向下的线段表示局中人拿走 2 张纸牌。

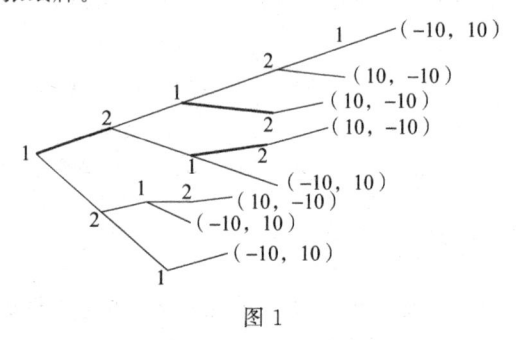

图 1

局中人 1 共有 16 个纯策略，局中人 2 有 8 个纯策略；局中人 1 的必胜策略如粗线段所示。

习题 2-2 博弈策略型如图 2 所示。

1\2	A	B	C
A	5, −5	−20, 20	−20, 20
B	−20, 20	2.5, −2.5	−20, 20
C	−20, 20	−20, 20	7.5, −7.5

图 2

应用"均等化"原则，可以算出局中人 1 的均衡混合策略是 $\left(\frac{99}{299}, \frac{110}{299}, \frac{90}{299}\right)$，局中人 2 的均衡混合策略是 $\left(\frac{99}{299}, \frac{110}{299}, \frac{90}{299}\right)$。期望赢得是 $\left(-\frac{3\,505}{299}, \frac{3\,505}{299}\right)$。

习题 2-3 博弈策略型如图 3 所示。

I\II	1	2	3
1	−2, 2	1, −1	2, −2
2	1, −1	−4, 4	1, −1
3	2, −2	1, −1	−6, 6

图 3

应用"均等化"原则，可以算出局中人 1 的均衡混合策略是 $\left(\frac{1}{2}, \frac{1}{4}, \frac{1}{4}\right)$，局中人 2 的均衡混合策略是 $\left(\frac{1}{2}, \frac{1}{4}, \frac{1}{4}\right)$。期望赢得是 $\left(-\frac{1}{4}, \frac{1}{4}\right)$。

习题 2-4 博弈树类似书中的图 1-1，但机会选择的概率不同，加注的数量也不同（见图 4）。

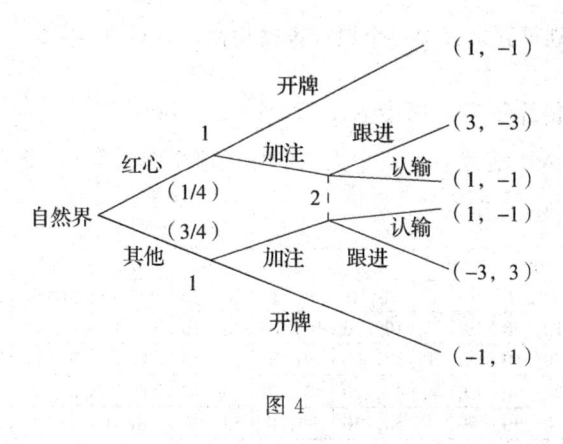

图 4

它的策略型如图 5 所示。

1\2	跟进	认输
开牌-开牌	-0.5, 0.5	-0.5, 0.5
开牌-加注	-2, 2	1, -1
加注-开牌	0, 0	-0.5, 0.5
加注-加注	-1.5, 1.5	1, -1

图 5

容易看出，当局中人 1 拿到红心牌，"加注"弱优于"开牌"，所以双矩阵的第 1、2 行可以不考虑。计算得局中人 1 的混合均衡策略是 $(0, 0, 5/6, 1/6)$，局中人 2 的混合均衡策略是 $(1/2, 1/2)$。

习题 2-5 局中人Ⅰ有两个纯策略："选择均匀硬币 (H)"或"选择不均匀硬币 (NH)"；局中人Ⅱ有 4 个纯策略："正 H-反 H""正 H-反 NH""正 NH-反 H"和"正 NH-反 NH"；比如，纯策略"正 H-反 NH"表示：看见硬币正面猜硬币均匀，而看见硬币反面猜硬币不均匀。

博弈的策略型如图 6 所示。

1\2	正H-反H	正H-反NH	正NH-反H	正NH-反NH
H	-24, 24	-3, 3	-3, 3	18, -18
NH	18, -18	-10, 10	4, -4	-24, 24

图 6

注意：局中人 2 的策略"正 NH-反 H"弱劣于"正 H-反 NH"，上边双矩阵可简化为 2×3 双矩阵。用作图法可以求出一个混合策略均衡：$\langle(28/49, 21/49, 0, 0), (7/49, 42/49)\rangle$，期望赢得是 $(-6, 6)$。

习题 2-6 用线性规划可算出其中一个混合策略均衡 $\langle(3/4, 1/4, 0), (1/2, 1/2, 0)\rangle$。

习题 2-7 只考虑简化纯策略，局中人Ⅰ有 $\{aj, ak, bm, bn, cq\}$，因为 cp 明显劣于 cq。并且只要局中人Ⅰ选择 cq，局中人Ⅱ的最优回应就包含 h，期望赢得是 $(50, 30)$。只需列出简化策略型（见图 7）。

Ⅰ\Ⅱ	dfh	dfi	dgh	dgi	efh	efi	egh	egi
ai	70, 0	70, 0	70, 0	70, 0	20, 30	20, 30	20, 30	20, 30
ak	10, 70	10, 70	10, 70	10, 70	30, 10	30, 10	30, 10	30, 10
bm	50, 50	50, 50	30, 60	30, 60	50, 50	50, 50	30, 60	30, 60
bn	70, 40	70, 40	40, 20	40, 20	70, 40	70, 40	40, 20	40, 20
ca	50, 30	90, 0	50, 30	90, 0	50, 30	90, 0	50, 30	90, 0

图 7

第一行没有 NE。第二行局中人 I 的赢得都小于 50，策略劣于 cq。第三行明显没有 NE。第四行有两个 NEs：$\langle bn, dfh \rangle$，$\langle bn, efh \rangle$；第五行有 NE：$\langle cq, egh \rangle$。

习题 2-8

$$A = \begin{pmatrix} 0 & 1 & 2 \\ 2 & -1 & -2 \\ 3 & -3 & 0 \end{pmatrix}$$

使用 Lemke-Howson 算法，可以求出一个混合策略均衡：$\left\langle \left(\frac{3}{8}, 0, \frac{5}{8}\right), \left(0, \frac{4}{7}, \frac{3}{7}\right) \right\rangle$。

习题 2-9 原来博弈的策略型如图 8 所示。

A\B	足球赛	音乐会
足球赛	4, 1	0, 0
音乐会	0, 0	1, 4

图 8

(1) 有三个纳什均衡：$\langle$足球赛，足球赛$\rangle$，$\langle$音乐会，音乐会$\rangle$，$\langle (0.8, 0.2), (0.2, 0.8) \rangle$。

(2) 如果 A、B 两人有一个听从 C 的建议，那么另一个的最优回应显然也是听从 C 的建议。这时期望赢得向量是 $(2.5, 2.5)$，比原来博弈混合策略纳什均衡的赢得向量 $(0.8, 0.8)$ 好得多！

(3) 添加了"烧钱"部分后，新的博弈树如图 9 所示。

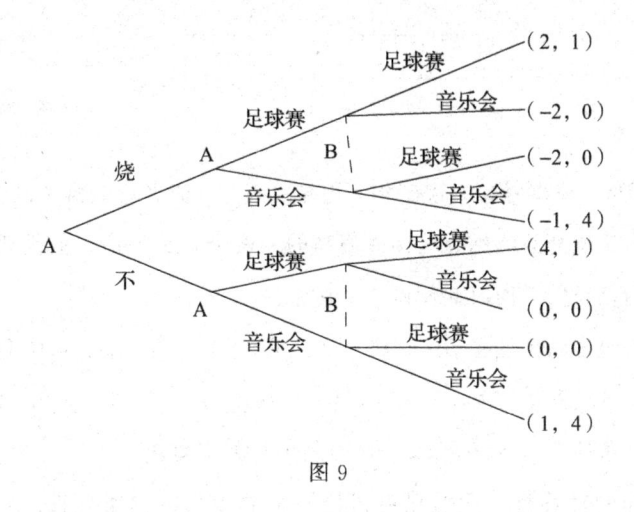

图 9

它的策略型如图 10 所示。

A\B	足球赛-足球赛	足球赛-音乐会	音乐会-足球赛	音乐会-音乐会
烧钱-足球赛	2, 1	2, 1	-2, 0	-2, 0
烧钱-音乐会	-2, 0	-2, 0	-1, 4	-1, 4
不烧钱-足球赛	4, 1	0, 0	4, 1	0, 0
不烧钱-音乐会	0, 0	1, 4	0, 0	1, 4

图 10

容易理解 A 的四个策略的含义。对 B 而言，每个策略的前半部是看到 A 烧钱后的选择，后半部是看到 A 没烧钱后的选择；比如"足球赛-音乐会"的含义是：A 烧钱我就看球赛，A 不烧钱我就听音乐。

下面逐步消除劣策略和相对劣策略。先注意 A 的策略"烧钱-音乐会"劣于"不烧钱-足球赛"，"烧钱-音乐会"一行即第二行的赢得向量可以划去。当 A 不玩"烧钱-音乐会"时，B 的策略"音乐会-足球赛"相对劣于"足球赛-足球赛"，同时"音乐会-音乐会"相对劣于"足球赛-音乐会"，所以可以划去第三列和第四列。接着，"不烧钱-音乐会"劣于"烧钱-足球赛"，可以划去第四行。接着，"足球赛-音乐会"相对劣于"足球赛-足球赛"，划去"足球赛-音乐会"一列后只剩下第一、三两行和第一列，容易看出，只剩下一个纳什均衡：〈不烧钱-足球赛，足球赛-足球赛〉。

习题 2-10 策略型博弈如图 11 所示。

1\2	C	D
C	6, 6	2, 7
D	7, 2	0, 0

图 11

这个"胆小鬼博弈"常常被用来说明相关均衡的概念。读者可以参考网上的讨论。[一] 这些讨论大多指出比混合策略纳什均衡效率高的一两个相关均衡，但是却没有说明它们是如何找出来的。我们下面对此例做详细讨论。

这个博弈的策略组合的集合是 $S=\{(C, C), (C, D), (D, C), (D, D)\}$。考虑 S 上的对称概率分布 p，假设 $p(C, D)=p(D, C)=x$，$p(C, C)=y$，$p(D, D)=z$；我们先来看在什么条件下 $p=(y, x, x, z)$ 是个相关均衡。

因为博弈和分布的对称性，我们只需讨论一个局中人的决策理性。给出 p 的信息，

一 例如：https://en.wikipedia.org/wiki/Correlated_equilibrium。

一个局中人采用策略 C 时，他知道对手采用策略 C 和策略 D 的条件概率分别是 $\dfrac{y}{x+y}$ 和 $\dfrac{x}{x+y}$，而他自己的期望赢得是 $\dfrac{6y+2x}{x+y}$；如果他偏离到策略 D，其期望赢得变为 $\dfrac{7y}{x+y}$，要保证策略 C 是他的最优选择，必须有 $6y+2x \geqslant 7y$，即 $y \leqslant 2x$。现在来看他采用策略 D 的情况，根据 p 的信息，这时对手分别采用策略 C 和策略 D 的条件概率分别是 $\dfrac{x}{x+z}$ 和 $\dfrac{z}{x+z}$，他自己的期望赢得是 $\dfrac{7x}{x+z}$；如果他偏离到策略 C，期望赢得为 $\dfrac{6x+2z}{x+z}$，要保证选择策略 D 为理性的，必须有 $7x \geqslant 6x+2z$，即 $x \geqslant 2z$。于是我们要解的是一个没有目标函数的线性规划问题：

$$2x \geqslant y$$
$$x \geqslant 2z$$
$$2x+y+z=1$$
$$x, y, z \geqslant 0$$

注意：$z=1-2x-y$，上边的问题等价于：

$$2x \geqslant y$$
$$5x+2y \geqslant 2$$
$$2x+y \leqslant 1$$
$$x, y \geqslant 0$$

这个问题的解是图 12 中的容许集，即图 12 中右下方的四边形，包括边界和内部。它的四个顶点是：

A(0.25, 0.5)：$x=0.25, y=0.5, z=0$
B(2/9, 4/9)：$x=2/9, y=4/9, z=1/9$
C(0.4, 0)：$x=0.4, y=0, z=0.2$
D(0.5, 0)：$x=0.5, y=0, z=0$

注意：$p=(y, x, x, z)$ 的期望赢得向量是：$y(6, 6)+x(2, 7)+x(7, 2)+z(0, 0)=(6y+9x, 6y+9x)$。显然，在 A 点的相关均衡有最高效率，它的期望赢得向量是 (5.25, 5.25)；在 B 点相应的相关均衡有期望赢得向量 (14/3, 14/3)；在 C 点相应的相关均衡效率最低，期望赢得向量为 (3.6, 3.6)；在 D 点，相应的相关均衡由协调地混合两个纯策略纳什均衡而得到，期望赢得向量为 (4.5,

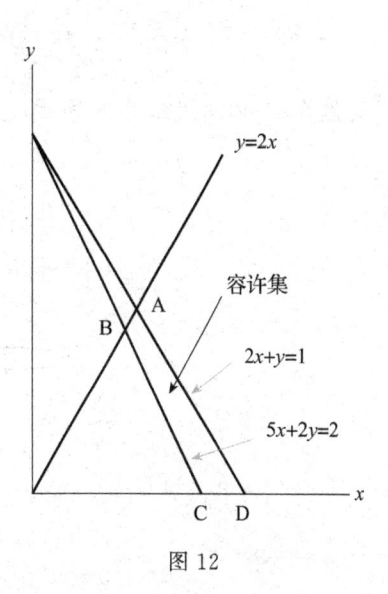

图 12

4.5)。另外，很多讨论相关均衡的文章提及相关均衡(1/3, 1/3, 1/3, 0)，它其实在线段 AD 上，期望赢得向量是(5, 5)。这个博弈的混合策略纳什均衡⟨(2/3, 1/3), (2/3, 1/3)⟩的期望赢得向量是(14/3, 14/3)，刚好就是 B 点的相关均衡。

从这个例子可以知道，相关均衡实在太多了。除了有最高效率的那个，其他没有多少研究价值。

第 3 章习题参考答案

习题 3-1 博弈树如图 13 所示。

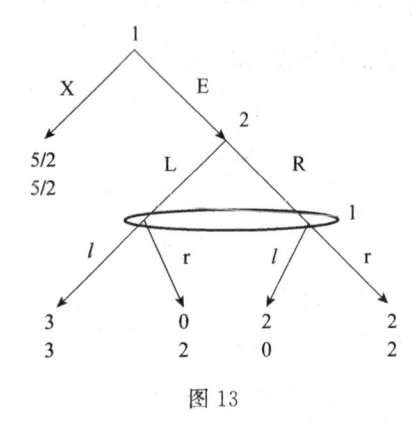

图 13

在局中人 2 开始决策的子博弈中，有两个纯策略均衡：⟨l, L⟩, ⟨r, R⟩，期望赢得分别是(3, 3), (2, 2)；另有一个混合策略均衡：⟨(1/3, 2/3), (1/3, 2/3)⟩，期望赢得是(2, 2)。用倒推归纳法，原博弈一共有三个子博弈完美均衡：⟨E-l, L⟩, ⟨X-r, R⟩, ⟨(1/3, 2/3), X-(1/3, 2/3), (1/3, 2/3)⟩。

习题 3-2 博弈树如图 14 所示。

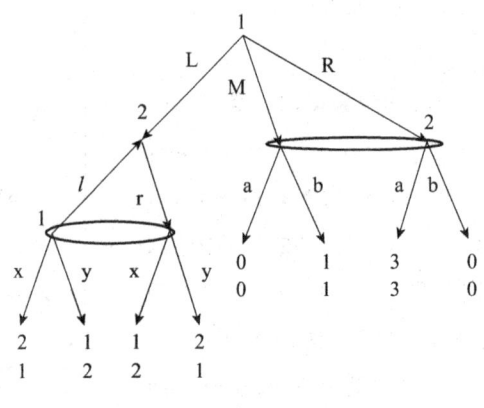

图 14

在局中人 2 开始决策的子博弈中，唯一的均衡是⟨(1/2, 1/2), (1/2, 1/2)⟩，期望赢得是(3/2, 3/2)。把原博弈简化后得策略型(见图 15)。

1\2	a	b
L	3\2, 3/2	3\2, 3/2
M	0, 0	1, 1
R	3, 3	0, 0

图 15

有两个 NEs：⟨R, a⟩, ⟨L, b⟩。原博弈得 SPNEs 有：⟨L−(1/2, 1/2), (1/2, 1/2)−b⟩, ⟨R, a⟩。

习题 3-3 下面是议价的示意图(见图 16)，斜向上的线段表示报价，斜向下的线段表示接受对方的报价。

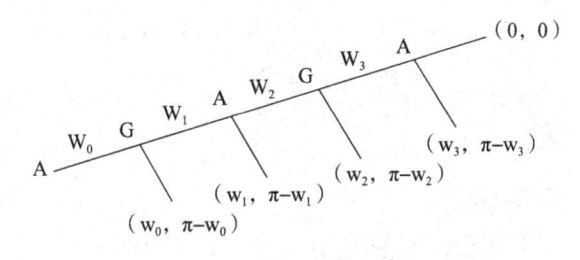

图 16

A 是 Alice，G 是 Google。容易明白，$w_3 = r$，$\pi - w_3 = \pi - r$。倒推一轮，$\pi - w_2 = \delta(\pi - r)$，得 $w_2 = \delta r + (1-\delta)\pi > r$。再倒推一轮，$w_1 \geq \max\{r, \delta(\delta r + (1-\delta)\pi)\}$。

注意：$r - \delta(\delta r + (1-\delta)\pi) = (1-\delta)(1+\delta)\left[r - \dfrac{\delta}{1+\delta}\pi\right] > (1-\delta)(1+\delta)\left[r - \dfrac{1}{2}\pi\right] > 0$

所以：$w_1 \geq \max\{r, \delta(\delta r + (1-\delta)\pi)\} = r$。最后倒推出 $w_0 = \delta r + (1-\delta)\pi$。

习题 3-4 显然，第一阶段的胜者在第二阶段与凯茜的博弈中，只有两个纯策略均衡：⟨T, L⟩, ⟨B, R⟩，期望赢得分别是(3, 1), (1, 3)。在第一阶段，包含⟨T, L⟩的子博弈均衡策略只能有 $p_A = p_B = 3$，导致艾丽丝与鲍勃最终赢得都是 0；这是因为出价高于 3 显然构成相对劣策略，而如果对方出价小于 3，自己出价比对手略高但仍然小于 3 则可以使最终赢得为正。这个 SPNE 中艾丽丝和鲍勃的行为策略都是[3, T]。

同理，包含⟨B, R⟩的子博弈均衡策略只能有 $p_A = p_B = 1$，导致艾丽丝与鲍勃最终赢得都是 0。这个 SPNE 中艾丽丝和鲍勃的行为策略都是[1, B]。

两个 SPNEs 比较，第二个对艾丽丝与鲍勃的风险较低，所以出现的可能性较大。

习题 3-5 博弈树如图 17 所示。

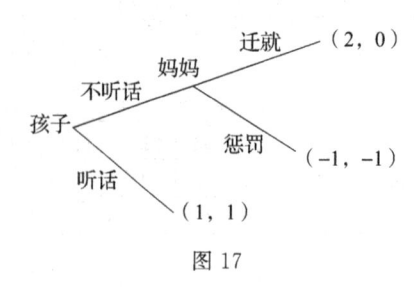

图 17

容易用倒推归纳法得出子博弈完美均衡：〈不听话，迁就〉。妈妈的策略"惩罚"支撑另一个 NE：〈听话，惩罚〉，它不是 SPNE，因为选择"惩罚"时妈妈实际上也心里不安(赢得为 -1)，所以是个不可信的恐吓。

习题 3-6 博弈树如图 18 所示。

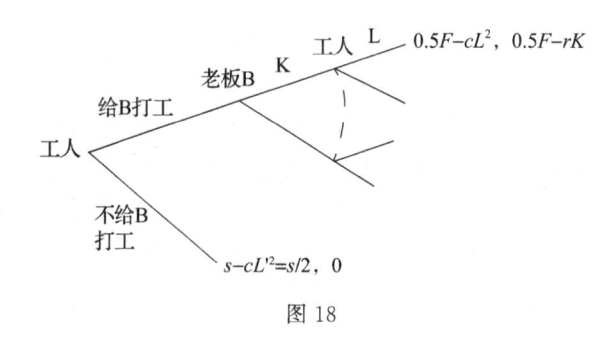

图 18

令 $c=r=1/4$，$F(K, L)=(KL)^{1/2}$，$s=1/4$。那么当工人不替 B 打工时，他的效用是 $1/8$。如果工人为 B 打工，他和老板各自同时选定 L、K，容易算出 $K=1$，$L=1$ 是子博弈的 NE。工人的效用是 $1/4$，老板的利润是 $1/4$。

习题 3-7 当 $N=3$ 时，第一阶段买方出价 358 万元，留下 8 万盈余给卖方，后者接受任何不小于 358 万元的提案；第二阶段卖方要价 360 万元，留给买方 40 万元盈余，后者接受任何不高于 360 万元的提案；第三阶段买方出价 350 万元，卖方同意。

当 $N=\infty$ 时，$\dfrac{1}{1+0.8}=\dfrac{5}{9}$，$\dfrac{0.8}{1+0.8}=\dfrac{4}{9}$。买方每次都出价 $350+50(4/9)=372.22$；卖方每次都要价 372.77。

第 4 章习题参考答案

习题 4-1 显然各厂商不会把价格定得低于平均成本 ATC。如果某厂商 i 的定价 p_i 高于 ATC 而另一厂商 j 的定价 $p_j \geqslant p_i$，那么厂商 j 的利润 $\pi_j \leqslant (p_i-ATC) \times D(p_i)/2$，

其中 $D(p_i)$ 是价格为 p_i 时的市场总需求。这时厂商 j 只要把价格下调到比 p_i 低一点点的 p_j'，则新的市场总需求 $D(p_j')$ 不比 $D(p_i)$ 小，而 $D(p_j')$ 全归于厂商 j。这样厂商 j 的利润会比原来高：
$\pi_j' = (p_j' - ATC) \times D(p_j') > (p_i - ATC) \times D(p_i)/2$。所以唯一的均衡是 $p_i^* = p_j^* = ATC$。

习题 4-2 (1) $\pi_i = (p_i - c)(1 - p_i + 0.5 p_j)$，$\dfrac{\partial \pi_i}{\partial p_i} = -2p_i + (1 + c + 0.5 p_j)$，最优回应是 $p_i = \dfrac{2(1+c) + p_j}{4}$。由对称性，$p_i^* = p_j^* = \dfrac{2(1+c)}{3}$，$\pi_i^* = \pi_j^* = \dfrac{4 - 4c + c^2}{9}$。

(2) $p_2 = \dfrac{p_1}{4} + \dfrac{1+c}{2}$，$\pi_1 = (p_1 - c)\left(1 - \dfrac{7}{8} p_1 + \dfrac{1+c}{4}\right)$，$p_1^* = \dfrac{10 + 9c}{14}$，$p_2^* = \dfrac{9.5 + 9.25c}{14}$；$\pi_1^* = 14^{-2}(10-5c)(8.75 - 4.375c)$，$\pi_2^* = 14^{-2}(9.5 - 4.75c)^2$；$\pi_2^* > \pi_1^*$。

(3) 当某厂商定价 $p > \dfrac{2(1+c)}{3}$ 时，另一厂商按 $p' = \dfrac{p}{4} + \dfrac{1+c}{2}$ 修改价格，容易验证 $p > p' > \dfrac{2(1+c)}{3}$；一直轮流修改价格的序列收敛于 $p^* = \dfrac{2(1+c)}{3}$。

习题 4-3 计算分界点 $\widetilde{x}$：$p_A + (\widetilde{x} - a)t = p_B + (1 - a - \widetilde{x})t$，$\widetilde{x} = \dfrac{p_B - p_A + t}{2t}$。$\pi_A = (p_A - c) \dfrac{p_B - p_A + t}{2t}$，$\pi_B = (p_B - c) \dfrac{p_A - p_B + t}{2t}$。由一阶条件，$p_A^* = p_B^* = c + t$，$\pi_A^* = \pi_B^* = t/2$。但必须注意，如果 $a > 1/4$，上面的结果不是 NE！实际上，比如厂商 A 可以把价格下调到比 $c + t - (1 - 2a)t$ 低一点点，那么所有顾客会到厂商 A 处购买，于是其利润接近 $[c + t - (1 - 2a)t] \times 1 = 2at > t/2$。这时 NE 不存在！

习题 4-4 假定在策略均衡中第一类 n 个交易者每人出售 q 数量的商品 A 以交换商品 B，第二类 n 个交易者每人出售 q 数量的商品 B 以交换商品 A。要确定数量 q，考虑其中某个第一类交易者，假设其他人都按照均衡策略决策而这个交易者出售 x 数量的商品 A，于是商品 A 相对于 B 的价格为 $\dfrac{nq}{x + (n-1)q}$，这个交易者的消费篮子是 $\left(2 - x, \dfrac{nqx}{x + (n-1)q}\right)$，她的效用是 $u(x) = \dfrac{nqx(2-x)}{x + (n-1)q}$。从 $u'(q) = 0$ 得到 $q = \dfrac{2n-2}{2n-1}$。容易明白，$n \to \infty \Rightarrow q \to 1$。

第 5 章习题参考答案

习题 5-1

(1)、(2)：NCFS=CFS，如图 19a 所示。

(-2, 2)

(0, 1)

(1, -1)

(-1, -3)

a)

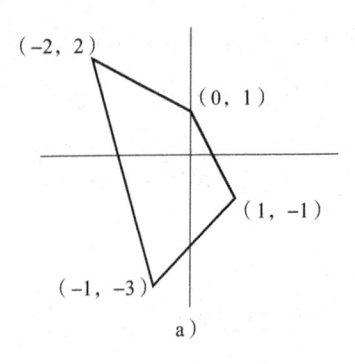

(3) 严格个人理性赢得子集 V，如图 19b 所示。

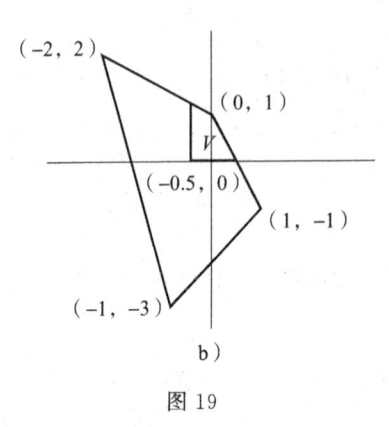

(-2, 2)

(0, 1)

V

(-0.5, 0)

(1, -1)

(-1, -3)

b)

图 19

习题 5-2 策略型如图 20 所示。

	A	B	C
A	3, 3	0, 4	-2, 0
B	4, 0	1, 1	-2, 0
C	0, -2	0, -2	-1, -2

图 20

(1) 每个局中人的策略：第一轮选择策略 A；只要对方在历史上不偏离策略 A，则继续选择策略 A，否则永远选择策略 C。

(2) 每个局中人的策略：第一轮选择策略 A；如果对方在第一轮选择策略 A，则自己在第二轮选择策略 B，否则在第二轮选择策略 C。

习题 5-3 策略型如图 21 所示。

1\2	C	D
C	2, 2	0, 3
D	3, 0	1, 1

图 21

"tit for tat"策略支持一个 NE，但不是 SPNE。考虑局中人 1 在第二轮偏离到策略 D 的离开主路径的子博弈，局中人 1 依次采用策略 C、策略 D、策略 C……而局中人 2 依次采用策略 D、策略 C、策略 D……注意：局中人 1 在这个子博弈中的策略不是最优回应，他的最优回应是策略 D、策略 C、策略 D、策略 C……

习题 5-4 考虑设局中人 1 在第二轮偏离到策略 D 的离开主路径的子博弈，局中人 2 依次采用策略 D、策略 D、策略 D……而局中人 1 采用策略 C、策略 D、策略 D……局中人 1 在这个子博弈中的策略不是最优回应，最优回应是策略 D、策略 D、策略 D……

第 6 章习题参考答案

习题 6-1

a) 可以用图 22 表示这个 3 人博弈的策略型。

局中人3	L		R	
局中人2	a	d	a	d
局中人A1	3, 3, 0	5, 5, 0	3, 3, 0	2, 2, 2
局中人D1	4, 4, 4	4, 4, 4	1, 1, 1	1, 1, 1

图 22

有两个 NE：⟨D, a, L⟩, ⟨A, a, R⟩，它们都是 SPNE，⟨D, a, L⟩不是评估均衡（a 的选择违背序贯理性），当然不是序贯均衡，不是完美均衡。⟨A, a, R⟩是评估均衡，是序贯均衡（3 的信念为博弈到达右边节点），也是完美均衡。

b) 博弈的策略型如图 23 所示。

1\2	L	r
A	2, 6	2, 6
L	0, 1	3, 2
R	−1, 3	1, 5

图 23

有两个 NE：⟨A, L⟩, ⟨L, r⟩，都是 SPNE。前者不是评估均衡（L 的选择违背序贯理性），当然不是序贯均衡，不是完美均衡。后者是评估均衡，是序贯均衡，是完美均衡。

习题 6-2 博弈的策略型如图 24 所示。

有 3 个 NE：⟨不进入-斗争, 斗争⟩, ⟨不进入-容纳, 斗争⟩, ⟨进入-容纳, 容纳⟩。第一个不是 SPNE，但是评估均衡。第二个不是 SPNE，也不是评估均衡。第三个是

SPNE，是评估均衡、序贯均衡、完美均衡。

E\I	斗争	容纳
不进入-斗争	0, 2	0, 2
不进入-容纳	0, 2	0, 2
进入-斗争	-3, -1	1, -2
进入-容纳	-2, -1	3, 1

图 24

习题 6-3 博弈的策略型如图 25 所示。

E\I	小位置	大位置
不进入-小位置	0, 2	0, 2
不进入-大位置	0, 2	0, 2
进入-小位置	-6, -6	-1, 1
进入-大位置	1, -1	-3, -3

图 25

有 3 个 NE：〈不进入-小位置，大位置〉，〈不进入-大位置，大位置〉，〈进入-大位置，小位置〉。前两个都是评估均衡，但其中只有第一个是 SPNE，而它们都不是序贯均衡。第三个是序贯均衡，也是完美均衡。

习题 6-4 博弈的策略型如图 26 所示。

E\I	L-小	L-大	R-小	R-大
不进入	-10, -10	-10, -10	0, 2	0, 2
小	-6, -6	-1, 1	-6, -6	-1, 1
大	1, -1	-1, -1	1, -1	-1, -1

图 26

图中的策略组合是〈不进入，R-大〉，是个 SPNE，评估均衡、序贯均衡、完美均衡。

习题 6-5 博弈的策略型如图 27 所示。

E\I	斗争	容纳
不进入	0, 2	0, 2
进入1	-1, 0	3, 0
进入2	-1, -1	2, 1

图 27

〈不进入，斗争〉是个 NE，是个 SPNE，也是序贯均衡(I 的信念是在左边节点决策)；

但它不是完美均衡。设想 E 使用混合策略 $\left(1-\dfrac{1}{n},\ 0,\ \dfrac{1}{n}\right)$，则 1 的最优回应是"容纳"，而非"斗争"。

第 7 章习题参考答案

习题 7-1 考虑其中一个投标者，假定他的对手按照 $b=0.8v$ 投标。如果物品对他的价值为 1，那么他出价 0.8 时，有 0.5 的概率与对方抽签（当物品对对方的私人价值也是 1 时），有 0.5 的概率将物品卖给对方，他自己的期望盈余是 $0.5\times(1-0.8)=0.1$。如果他出价 0.9，他有 0.5 的概率买到物品，但期望盈余只有 $1-0.9=0.1$，结果与出价 0.8 一样。其他的出价只会更差。所以出价 0.8 是个最优回应。

现在考虑物品对他价值为 2 的情况：如果他出价 0.8，他的期望盈余是 0.1；如果他出价高于 0.8 而低于 1.6，有 0.5 的概率买到物品，但期望盈余小于 0.1；如果他出价 1.6，他有 0.5 的概率直接买到物品，有 0.5 的概率与对方抽签，期望盈余为 $0.5(2-1.6)+0.5(0.5)(2-1.6)=0.3$；如果他出价 1.7 或更高，盈余不会超过 0.3，所以出价 1.6 也是最优回应。

习题 7-2 我们证明 $b=v$ 给出一个 NE。假设对方按这个策略投标，如果物品对你的私人价值为 1，无论怎样出价都导致期望盈余为 0，于是出价 1 为最优回应。如果物品对你的私人价值为 2，出价低于 1 导致盈余为 0；出价 1 导致期望盈余为 0.25；出价高于 1 且低于 2 导致期望盈余为 $0.5(2-1)=0.5$；出价 2 或更高依然导致期望盈余为 0.5；因此出价 2 是一个最优回应。

习题 7-3 参考例 7-5。

习题 7-4 要诱导代理人努力工作，条件是：

$$\min 0.8w_H + 0.2w_L$$
$$0.8(2\ln w_H) + 0.2(2\ln w_L) \geqslant 3$$
$$0.6(2\ln w_H - 2\ln w_L) \geqslant 2$$

设 $x=2\ln w_H$，$y=2\ln w_L$，相应数学规划的容许集如图 28 所示。

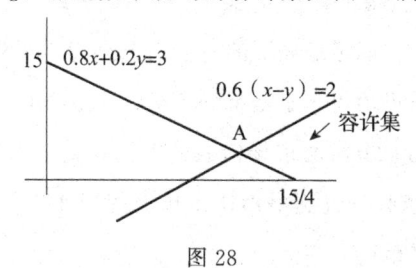

图 28

雇主付给代理人的期望薪水是 $0.8e^{x/2}+0.2e^{y/2}$,它沿着线段 $0.8x+0.2y=3$ 自左至右先递减至点(3,3)达最小值,然后递增,因为点(3,3)已经超出容许集,A点给出最优解:即 $x=2\ln w_H = 11/3$, $y=2\ln w_L = 1/3$, $w_H = e^{11/6} = 6.52$, $w_L = e^{1/6}$。

习题 7-5   参阅 David M Kreps. A Course in Microeconomic Theory. Chapter 13,p473. Princeton University Press,1990。

习题 7-6   优质产品的卖家以"全额退款"作为讯号让顾客放心买其产品,伪劣产品的卖家不敢承诺"全额退款",下面以"柠檬市场"为例:

柠檬市场:两种旧车,对买家 B 而言价值分别是 10 000 美元与 0,各占比例 0.5。买家不能区分车的质量。两种旧车对卖家 S 的价值都是 0,卖家可以选择卖或不卖。买家只有价格略低于期望价值时才买。假设这种旧车的市场价格是 5 000 美元,刚好等于随机抽选一辆旧车对买主的期望价值。博弈树与策略型如图 29 所示。

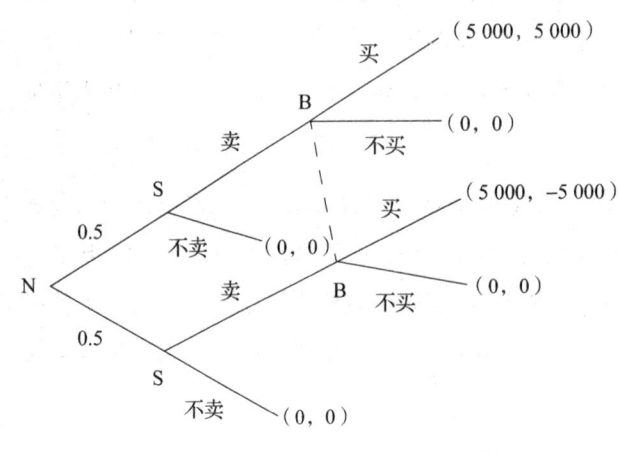

S\B	买	不买
卖-卖	5 000, 0	0, 0
卖-不卖	2 500, 2 500	0, 0
不卖-卖	2 500, -2 500	0, 0
不卖-不卖	0, 0	0, 0

图 29

卖家一个纯策略包含好车卖家和坏车卖家各自决策,比如,"卖-不卖"指的是,好车卖家选"卖"而坏车卖家选"不卖",等等。这个博弈有 3 个纳什均衡:〈卖-卖,买〉,〈不卖-卖,不买〉,〈不卖-不卖,不买〉;第一个是混同均衡,第二个是分离均衡,第三个依赖于买家的信念也可以是混同均衡。

三个均衡中,只有第一个均衡〈卖-卖,买〉是市场活跃的。然而,这个市场活跃的混同均衡不是持久不变的。我们考虑如下的一个动态过程:买到坏车的部分买家发现吃了亏,把坏车重新放到市场出售,于是市场坏车的数量略有增加,旧车的市场价格随之下跌一点,于是又得到一个新的市场活跃的混同均衡。随着这个动态过程的持续,市场上坏车的比例越来越高,直到最后,市场上的旧车全是坏车,使得市场完全崩塌,此所谓"劣币驱逐良币"。

好车的卖家为了解决上述问题，同时想把旧车卖个更好的价格，他们可以向买家承诺"全额退赔"，即当买家发现车子不好时，卖家退款 10 000 美元(等于车子对买家的价值)。这时好车的要价可以提高至比 10 000 美元略低，留下一点剩余给买家。这样一来，坏车卖家要把车投放市场，也必须承诺"全额退赔"，否则只能选择"不卖"。因为"全额退赔"会给坏车卖家带来损失，实际上他们只会选择"不卖"(见图 30)。

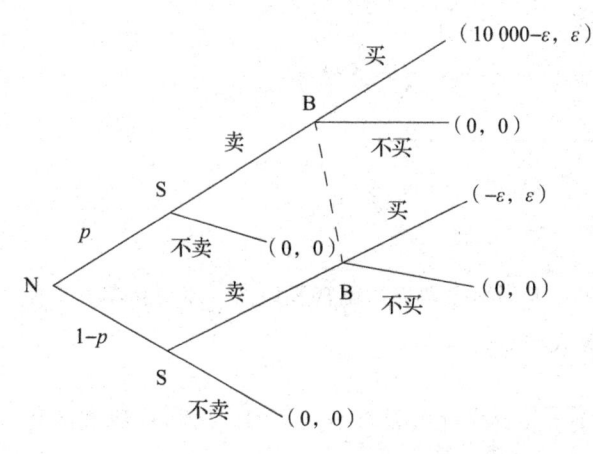

S\B	买	不买
卖-卖	5 000-ε, ε	0, 0
卖-不卖	5 000-ε/2, ε/2	0, 0
不卖-卖	-ε/2, ε/2	0, 0
不卖-不卖	0, 0	0, 0

图 30

这时有一个市场活跃的分离均衡：〈卖-不卖，买〉。

第 8 章习题参考答案

习题 8-1 $v(\{1\})=v(\{2\})=v(\{3\})=0$，$v(\{1,2\})=0$，$v(\{1,3\})=v(\{2,3\})=v(\{1,2,3\})=1$。它的核 $C(v)=\{(0,0,1)\}$，沙普利值是 $\phi(v)=(1/6,1/6,2/3)$。

习题 8-2 病人对不同手术日期的偏好如图 31 所示。

	星期一	星期二	星期三
亚当斯	2	4	8
本森	10	5	2
库珀	10	6	4

图 31

$v(\{A\})=2$，$v(\{B\})=5$，$v(\{C\})=4$；$v(\{A,B\})=14$，$v(\{A,C\})=18$，$v(\{B,C\})=9$；$v(\{A,B,C\})=24$。

可以用作图法绘出核 $C(v)$，如图 32 所示。

上述分析是假定病人之间效用可以转移，即可以有旁支付。比如，安排亚当斯星期三，本森星期一，库珀星期二；然后让本森支付库珀效用 4。

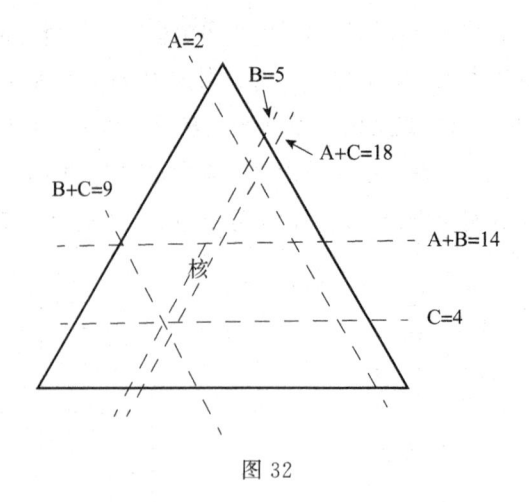

```
                    A=2
                         B=5
                          ↙
                           A+C=18
              B+C=9
                            A+B=14
                    核
                           C=4
```

图 32

如果效用不可转移，则有严格核结果：亚当斯星期三，本森星期二，库珀星期一，任何结盟都不可能让盟内有人变好而无人变坏。

习题 8-3 议价区域的边界是 $u_B = \sqrt{1-u_A}$。议价破裂点是 $(0, 0)$。由切线原理解得 $u_A = 2/3$，即酒鬼 A 分得 2/3 的酒。因为酒鬼 B 嗜酒如命，更怕议价破裂，结果反而分得较少的酒。

习题 8-4 $(x, y, z) \in C(v)$，$x+y+z = v(\{1, 2, 3\})$

$x+y \geqslant v(\{1, 2\})$，$x+z \geqslant v(\{1, 3\})$，$y+z \geqslant v(\{2, 3\})$

$2(x+y+z) \geqslant v(\{1, 2\}) + v(\{1, 3\}) + v(\{2, 3\})$

习题 8-5 男生主动：1-5，2-2，3-4，4-3，6-1；女生主动：结果一样。男生 5 没有女伴。

习题 8-6 答案是每个房东要回自己的房子！

第 9 章习题参考答案

习题 9-1 $0 < c < 0.5$，纯策略 ESS：鸣叫；$0.5 < c < 0.7$，混合策略 ESS：鸣叫的概率是 $3.5-5c$，不鸣叫的概率是 $5c-2.5$；$0.7 < c < 0.8$，纯策略 ESS：不鸣叫。

习题 9-2 只有一个纯策略纳什均衡：$\langle(0, 1), (1, 0)\rangle$。它也是唯一的稳定休止点。

复习题参考答案

复习题

复习题 1 同时决策有两个均衡：〈上树，不上树〉，〈不上树，上树〉；依次决策只有一个均衡：〈不上树，上树〉。

复习题 2 博弈的策略型如图 1 所示。

两个稳定选课计划：〈西语，西语，西语〉，〈法语，法语，法语〉。

学生C	西语		法语	
学生B	西语	法语	西语	法语
学生A 西语	10, 19, 9	1, 0, 0	10, 10, 1	1, 9, 10
学生A 法语	0, 10, 9	9, 9, 0	0, 1, 1	9, 18, 10

图 1

复习题 3 因为总赢得为 7，把两个诊所设在同一小区则每个医生刚好平分赢得，各得 3.5，某医生赢得小于 3.5 的赢得向量不支持纳什均衡，因为他可以把诊所选在对方所在的小区。所以只需要检查赢得为(3.5，3.5)的策略组合是否 NE(见图 2)。

	1	2	3	4	5	6	7
1	3.5, 3.5	3.5, 3.5	4, 3	4.5, 2.5	3.5, 3.5	4, 3	4.5, 2.5
2	3.5, 3.5	3.5, 3.5	4, 3	4, 3	3.5, 3.5	4, 3	4.5, 2.5
3	3, 4	3, 4	3.5, 3.5	4, 3	3, 4	4, 3	4, 3
4	2.5, 4.5	3, 4	3, 4	3.5, 3.5	2.5, 4.5	3.5, 3.5	3.5, 3.5
5	3.5, 3.5	3.5, 3.5	3.5, 3.5	4.5, 2.5	3.5, 3.5	4.5, 2.5	4, 3
6	3, 4	3, 4	3, 4	3.5, 3.5	2.5, 4.5	3.5, 3.5	3.5, 3.5
7	2.5, 4.5	2.5, 4.5	3, 4	3.5, 3.5	3, 4	3.5, 3.5	3.5, 3.5

图 2

经过细心检验，可得到 9 个纳什均衡：〈1，1〉，〈1，2〉，〈1，5〉，〈2，1〉，〈2，2〉，〈2，5〉，〈5，1〉，〈5，2〉，〈5，5〉。

复习题 4 博弈树如图 3 所示。

最后一轮决策者 B 选择"加价"，倒数第二轮决策者 A 选择"认输"……倒推下去，第一轮 A 应该立刻认输，B 出价 20，赢得向量为(0，60)。

复习题 5 博弈树如图 4 所示。

唯一的 SPNE 是：〈不投票，不投票，投票〉。

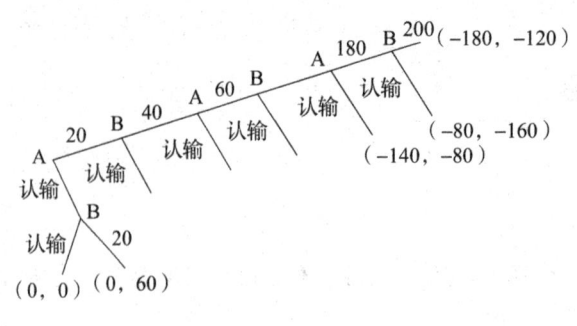

图 3

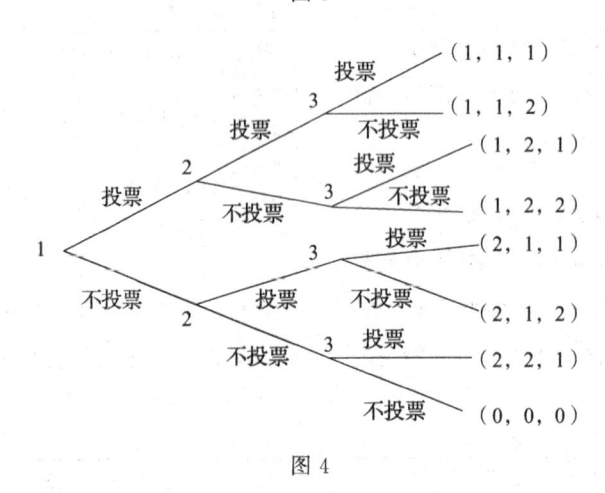

图 4

复习题 6 注意，如果一个学生猜错出局，只要还剩下多于一个答案，未出局的学生最好每次花 2 元购买"等待"，让老师逐次删除错误答案直至剩下那个正确答案。考虑到这一点，博弈树可以简化成，斜向上的线段表示"猜测"，斜向下的线段表示"等下一轮"，"N"表示自然界，如图 5 所示。

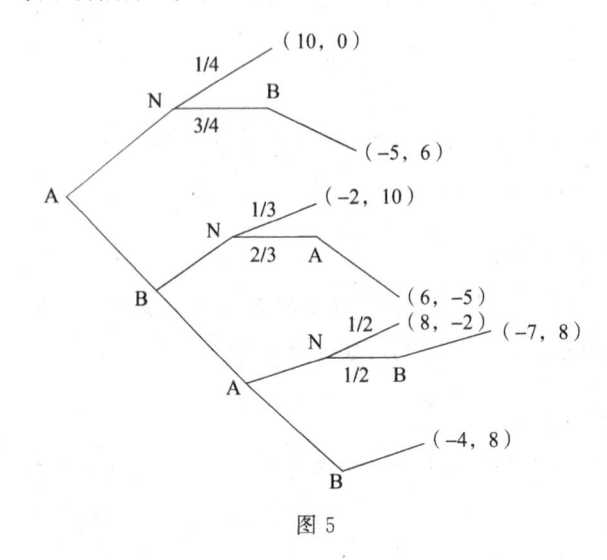

图 5

子博弈完美均衡如箭号所示，期望赢得是(0.5, 3)，如图 6 所示。

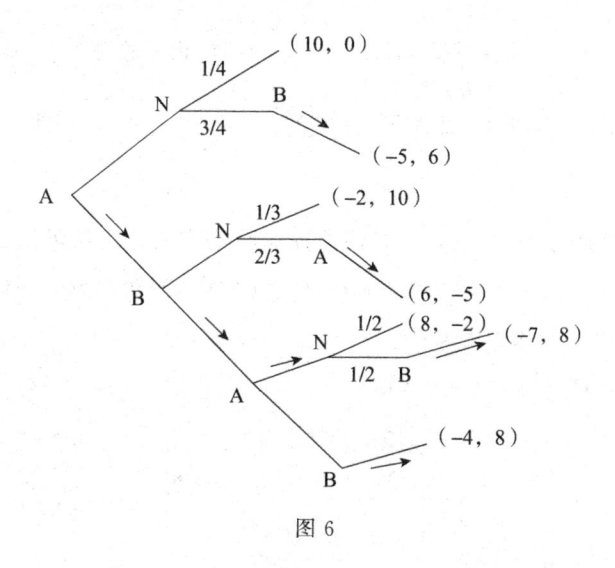

图 6

复习题 7 有三个 NEs：$\langle m, m \rangle$，$\langle a, a \rangle$，$\langle (2/3, 1/3), (2/3, 1/3) \rangle$，一维动力学见图 7。

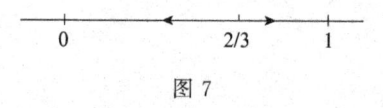

图 7

从动力学图可知第三个均衡不是 ESS，其他两个都是。另外，选择苹果电脑的学生会较多(2/3)。

复习题 8 当 $\pi_1 - \pi_2$ 不太大，而 $W_1 - W_2$ 足够大时，可以得到没有逆向选择的分离均衡 $\langle G, D \rangle$；如果富人购买为穷人设计的保险包，虽然保险金"超公平"，但保险额太低，结果 E 比不上 G，见图 8。

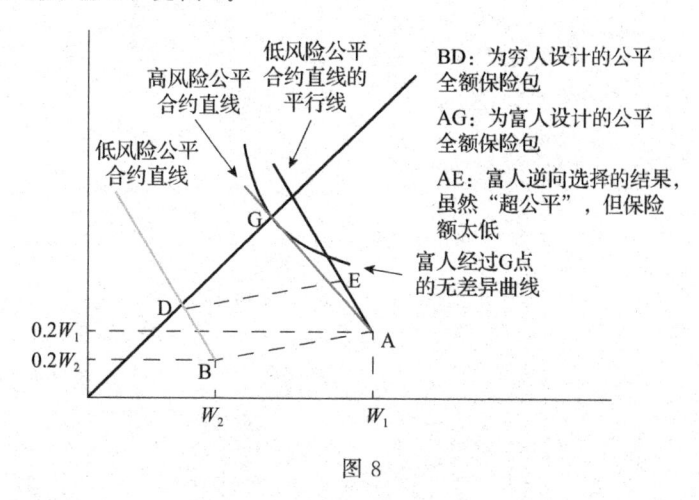

图 8

复习题 9 假定 v 是个 n 人简单博弈。如果某些局中人有否决权，不妨把他们记作 1，2，$\cdots$，k。令 $x_1 = \cdots = x_k = \dfrac{1}{k}$，$x_{k+1} = \cdots = x_n = 0$，我们验证 $(x_1, \cdots, x_n) \in C(v)$：记 $T = \{1, \cdots, k\}$，如果 S 包含 T，则 $\sum\limits_{i \in S} x_i = 1 \geq v(S)$；如果 S 不包含 T，则 $\sum\limits_{i \in S} x_i \geq 0 = v(S)$。

反之，如果没有局中人有否决权，我们要证明核是空集。用反证法：如果 $(x_1, \cdots, x_n) \in C(v)$，那么，$x_1 + \cdots + x_n = v(N) = 1$。但因无人有否决权，任何 $(n-1)$ 人的结盟都是"赢"联盟。按核的定义：

$$x_1 + \cdots + x_{n-1} \geq v(\{1, \cdots, n-1\}) = 1, \cdots, x_2 + \cdots + x_n \geq v(\{2, \cdots, n\}) = 1$$

把 n 个不等式相加得：

$$(n-1)(x_1 + \cdots + x_n) \geq n$$

这是不可能的。

复习题 10 根据习题 8-4 得 $2w \geq v(\{1, 2\}) + v(\{1, 3\}) + v(\{2, 3\}) = 18$，得 $w \geq 9$。沙普利值是 $\left(\dfrac{2w+3}{6}, \dfrac{2w}{6}, \dfrac{2w-3}{6}\right)$。